铜基合金的高温腐蚀

曹中秋 著

科学出版社

北 京

内 容 简 介

本书针对铜基合金高温腐蚀问题进行介绍，重点描述 Cu-Ni、Cu-Ni-Co、Cu-Ni-Cr、Cu-Co-Cr 和 Cu-Ag-Cr 合金的高温氧化动力学及氧化膜结构，以及晶粒细化和添加组元对其高温腐蚀行为的影响机制，探讨铜基合金的高温腐蚀机理及其在含较低活泼组元浓度条件下表面形成保护性氧化膜的途径。本书内容丰富，列出了较多的实验数据、图表和结果，这是高温腐蚀方面的基础研究结果，为深化高温腐蚀理论、发展新型耐高温腐蚀合金材料打下了坚实的基础。

本书适用于从事高温腐蚀及热腐蚀、高温涂层与防护相关工作的技术人员和研究人员，以及材料科学工程专业的研究生和本科生阅读。

图书在版编目（CIP）数据

铜基合金的高温腐蚀/曹中秋著. —北京：科学出版社，2019.6
ISBN 978-7-03-061413-1

Ⅰ. ①铜… Ⅱ. ①曹… Ⅲ. ①铜基合金-高温腐蚀 Ⅳ. ①TG146.1

中国版本图书馆 CIP 数据核字（2019）第 108548 号

责任编辑：裴 育 陈 婕 纪四稳 / 责任校对：杨 赛
责任印制：吴兆东 / 封面设计：蓝 正

科 学 出 版 社 出版

北京东黄城根北街16号
邮政编码：100717
http://www.sciencep.com

北京厚诚则铭印刷科技有限公司 印刷

科学出版社发行 各地新华书店经销

*

2019 年 6 月第 一 版 开本：720×1000 1/16
2021 年 5 月第二次印刷 印张：14 1/2
字数：290 000

定价：90.00 元

（如有印装质量问题，我社负责调换）

前　言

金属的腐蚀(氧化)是自然界中最普遍、最基本的化学反应现象，几乎所有的金属在室温或高温环境工作时都存在不同程度的腐蚀。因此，通常将金属腐蚀分为两类：一类是室温水溶液腐蚀(湿腐蚀)，即金属在水溶液中发生电化学反应而遭受破坏的过程；另一类是高温腐蚀(干腐蚀)，即金属在高温条件下无液相水存在时，与环境介质中的气相或凝聚相物质发生化学反应而遭受破坏的过程。高温腐蚀又称为高温氧化。高温氧化这一领域范围较广，涉及的问题也很多，但目前对它的研究和认识还很不够。

随着现代科学技术的飞速发展，人们对金属材料的高温服役性能的要求越来越高，不仅要求它们有良好的力学性能，而且要求它们具有较高的抗高温腐蚀能力。环境的多样性导致材料的腐蚀机理极其复杂，目前存在的未知问题还很多，并有互相矛盾之处，因此在一些情况下材料的高温腐蚀已成为新技术发展的障碍。为此，迫切需要弄清材料腐蚀的一些基本理论，寻找和探索新材料及防护措施，以促进新技术的发展。

本书共 9 章，选择了有代表性的铜基合金，结合作者十几年的研究成果和学术前沿，重点介绍 Cu-Ni、Cu-Ni-Co、Cu-Ni-Cr、Cu-Co-Cr 和 Cu-Ag-Cr 合金的高温氧化动力学、氧化膜结构、晶粒细化以及添加组元对其高温腐蚀行为的影响机制，探讨铜基合金的高温氧化机理以及在含较低活泼组元浓度条件下合金表面形成保护性氧化膜的途径，试图主动赋予合金/涂层形成保护性氧化膜并维持其持久的连续性和再生性，这些对于深化高温氧化理论、进一步研究复相合金的氧化机理、发展新型耐高温材料都具有重要的学术价值。

与本书内容相关的研究，得到了中国科学院金属研究所吴维�研究员和牛焱研究员的指导和帮助，以及沈阳师范大学张轲老师、鲁捷老师以及沈莹、李凤春、于龙、孙洪津、孙玥、李昌蔚、顾雪、于佳蕊和徐欢等同学的支持和协助，在此表示感谢。此外，感谢国家自然科学基金项目(50771068)、辽宁省重点研发计划项目(2018304025)和沈阳师范大学 2014 年度学术文库专著资助出版项目的支持。

由于作者的水平有限，本书内容若有不妥之处，恳请广大读者批评、指正。

目　　录

第1章 高温腐蚀基础

在实际环境中，大多数金属在热力学上是不稳定的，通常会发生氧化或腐蚀。金属腐蚀包括溶液腐蚀(湿腐蚀)和高温腐蚀(干腐蚀)两大类。在室温或低温干燥气氛下，由于反应速率很低，对于许多金属来说，这种不稳定性的影响很小，但随着温度的升高，反应速率增长很快，金属的高温腐蚀(氧化)问题就变得相当重要。因此，金属的高温腐蚀已成为腐蚀学科的一个重要分支学科，涉及金属学、固体物理、表面物理化学及冶金学等内容。

1.1 高温的定义

在研究高温腐蚀之前，首先介绍一下高温的定义。高温是一个相对的概念，对不同的材料，高温的含义是不同的，目前还没有统一准确的定义。高温与材料的熔点有关，例如，α-Fe 的熔点为 909℃，450℃以上就可认为是高温；Al 的熔点为 660℃，200℃以上就可认为是高温；β-Ti 的熔点为 1660℃，500℃以上就可认为是高温；Nb 的熔点为 2470℃，500℃以上就可认为是高温；Cr 的熔点为 1875℃，400℃以上就可认为是高温；Cu 的熔点为 1083℃，300℃以上就可认为是高温[1]。

1.2 高温氧化的定义

高温腐蚀就是通常说所的高温氧化，高温氧化的定义有狭义和广义之分。

1.2.1 高温氧化的狭义定义

高温氧化的狭义定义是指纯金属或合金与纯氧气或空气在高温下形成氧化物的反应过程，其反应可用式(1.1)来表示：

$$aM + \frac{b}{2}O_2 = M_aO_b \tag{1.1}$$

式中，M 为纯金属或合金，如 Fe 或 Fe-Cr 合金等；O_2 为纯氧气或空气。

1.2.2　高温氧化的广义定义

高温氧化的广义定义是指金属或合金与氧化性气体，如氧气、卤素，以及含硫、氮及碳等气体介质在高温下反应形成化合物的过程，可用式(1.2)表示：

$$aM + bX \Longrightarrow M_aX_b \tag{1.2}$$

式中，M 为纯金属或合金，如 Fe 或 Fe-Cr 合金等；X 为卤素，含硫、氮及碳的气体，具体为 Cl_2 和 HCl，含硫气体 SO_2、H_2S 和 SO_3，含氮气体 N_2 和 NH_3，含碳气体 CO、CH_4 和 CO_2。

1.3　高温氧化的基本过程

高温氧化反应首先是一个化学反应，其过程也包括传质过程和化学反应过程，但过程极其复杂，整个过程可以分为五个阶段：①气相氧分子碰撞金属或合金表面；②氧分子与金属或合金靠范德瓦耳斯力形成物理吸附；③氧分子分解为氧原子并与基体金属或合金化学键结合形成化学吸附；④氧化膜形成初始阶段，包括氧化物形核和晶核沿横向生长形成连续的薄氧化膜；⑤氧化膜的生长阶段，即氧化膜沿着垂直于表面方向生长使其厚度增加，其中氧化物晶粒长大是由正、负离子持续不断通过已形成的氧化物的扩散提供保证的[2-5]。

1.4　影响金属高温氧化性能的因素

影响金属高温氧化性能的因素有内因和外因，其中内因有合金成分、微观结构和表面处理状态等，外因有温度、气体成分、压力以及流速等。尽管各种金属的氧化行为千差万别，但对氧化过程的研究都是从热力学和动力学两方面入手的，通过热力学分析可以判断氧化反应的可能性，通过动力学测量可以确定反应的速率[6]。

1.5　金属的高温氧化热力学

一个化学反应的方向和限度通常需要用热力学第二定律来判断，同样一个高温氧化反应能否自发地进行、生成的氧化物稳定性如何也需要用热力学第二定律进行判断。

由热力学第二定律可知，通常采用 $\Delta_r S$、$\Delta_r G$ 和 $\Delta_r F$ 来判断反应的方向，其中 $\Delta_r S$ 只适用于绝热或孤立体系。对于实际体系，$\Delta_r S$ 等于环境的熵变加上体系的熵变，计算比较复杂；$\Delta_r G$ 适用于等温等压条件；$\Delta_r F$ 适用于等温等容条件。

而大多数的化学反应是在等温等压条件下进行的，故通常使用 $\Delta_{\mathrm{r}}G$ 来判断一个高温氧化反应能否自发地进行以及生成氧化物的稳定性。

1.5.1　金属高温氧化的自由能判据

对于任意给定的一个反应

$$a\mathrm{A} + b\mathrm{B} = c\mathrm{C} + d\mathrm{D} \tag{1.3}$$

在给定温度时的反应自由能 $\Delta_{\mathrm{r}}G$ 可表示为

$$\Delta_{\mathrm{r}}G = \Delta_{\mathrm{r}}G^{\ominus} + RT\ln\left(\frac{a_{\mathrm{C}}^{c} \times a_{\mathrm{D}}^{d}}{a_{\mathrm{A}}^{a} \times a_{\mathrm{B}}^{b}}\right) \tag{1.4}$$

式中，$\Delta_{\mathrm{r}}G^{\ominus}$ 为反应标准自由能变化值，$\Delta_{\mathrm{r}}G^{\ominus} = -RT\ln K$，$K$ 为反应的标准平衡常数；a_i 为反应物或生成物的活度，对于纯固体，$a_i = 1$，对于气体，$a_i = P_i / P_i^{\ominus}$，$P_i$ 为气体的压力，$P_i^{\ominus}$ 为气体的标准压力。

如果令反应的活度熵为

$$Q_a = \frac{a_{\mathrm{C}}^{c} \times a_{\mathrm{D}}^{d}}{a_{\mathrm{A}}^{a} \times a_{\mathrm{B}}^{b}}$$

则式(1.4)可表示为

$$\Delta_{\mathrm{r}}G = \Delta_{\mathrm{r}}G^{\ominus} + RT\ln Q_a = -RT\ln K + RT\ln Q_a \tag{1.5}$$

根据热力学第二定律，在等温条件下，上述反应也可表示为

$$\Delta_{\mathrm{r}}G = \Delta_{\mathrm{r}}H - T\Delta_{\mathrm{r}}S \tag{1.6}$$

其中，$\Delta_{\mathrm{r}}H$ 为反应的焓变；$\Delta_{\mathrm{r}}S$ 为反应的熵变。

$\Delta_{\mathrm{r}}G$ 的值为式(1.3)是否自发进行的判据：

(1) 当 $\Delta_{\mathrm{r}}G = 0$ 时，反应达到平衡状态，反应可逆进行；

(2) 当 $\Delta_{\mathrm{r}}G < 0$ 时，反应正向可以自发进行；

(3) 当 $\Delta_{\mathrm{r}}G > 0$ 时，反应正向不能自发进行。

1.5.2　反应物化学热力学稳定性判据

1. 反应的平衡常数判据

对于给定的化学反应，在一定温度 T 时反应达到平衡，其平衡常数可表示为

$$K = \frac{\left(a_{\mathrm{C}}^{c}\right)_e \times \left(a_{\mathrm{D}}^{d}\right)_e}{\left(a_{\mathrm{A}}^{a}\right)_e \times \left(a_{\mathrm{B}}^{b}\right)_e} \tag{1.7}$$

当平衡常数 K 很小时，只需生成极少量产物就能达到可逆平衡状态，即反应物质

接近于原始量，可以认为反应物是稳定的。

反应的平衡常数可通过 $\Delta_r G^{\ominus} = -RT \ln K$ 由 $\Delta_r G^{\ominus}$ 求得，$\Delta_r G^{\ominus}$ 由反应物和生成物的标准生成自由能来求得

$$\Delta_r G^{\ominus} = -\sum \gamma_i \Delta_f G^{\ominus} \tag{1.8}$$

式中，$\Delta_f G^{\ominus}$ 为反应物或生成物的标准生成自由能；γ_i 为化学反应的计量系数，对于反应物为负，对于生成物则为正。

2. 平衡氧分压判据

对于给定的氧化反应：

$$2M + O_2 \Longrightarrow 2MO \tag{1.9}$$

根据 van't Hoff 等温式[7]

$$\Delta_r G = -RT \ln \frac{a_{MO}^2}{p_{O_2}^{\ominus} a_M^2} + RT \ln \frac{a_{MO}^2}{p_{O_2} a_M^2} \tag{1.10}$$

式中，$p_{O_2}^{\ominus}$ 是 MO 的平衡氧分压；p_{O_2} 是气相中的氧分压。由于 M 和 MO 是纯固体，a_M 和 a_{MO} 都等于 1，所以式(1.10)变为

$$\Delta_r G = -RT \ln \frac{1}{p_{O_2}^{\ominus}} + RT \ln \frac{1}{p_{O_2}} \tag{1.11}$$

可见，当 $p_{O_2} > p_{O_2}^{\ominus}$ 时，$\Delta_r G < 0$，反应向生成 MO 的方向进行；当 $p_{O_2} < p_{O_2}^{\ominus}$ 时，$\Delta_r G > 0$，反应向 MO 分解的方向进行；当 $p_{O_2} = p_{O_2}^{\ominus}$ 时，$\Delta_r G = 0$，反应达到平衡。

1.5.3 金属氧化的 $\Delta_r G^{\ominus}$-T 图

一个反应能否发生，可借助于 $\Delta_r G$ 值给予判断。由于实际反应的复杂性，计算起来非常复杂。方便起见，1944 年，Ellingham[8]最先提出直接将 $\Delta_r G^{\ominus}$ 与温度的关系绘制成 $\Delta_r G^{\ominus}$-T 图，称为 Ellingham 图。1948 年，Richardson 和 Jeffes[9]在 $\Delta_r G^{\ominus}$-T 图上添加了 p_{O_2}、p_{CO}/p_{CO_2} 和 p_{H_2}/p_{H_2O} 三个辅助坐标构成了 Ellingham-Richardson 图，如图 1.1 所示[10]。

1. $\Delta_r G^{\ominus}$-T 图

根据热力学原理，$\Delta_r G^{\ominus} = \Delta_r H^{\ominus} - T \Delta_r S^{\ominus}$，其中 $\Delta_r H^{\ominus}$ 为标准焓变，$\Delta_r S^{\ominus}$ 为

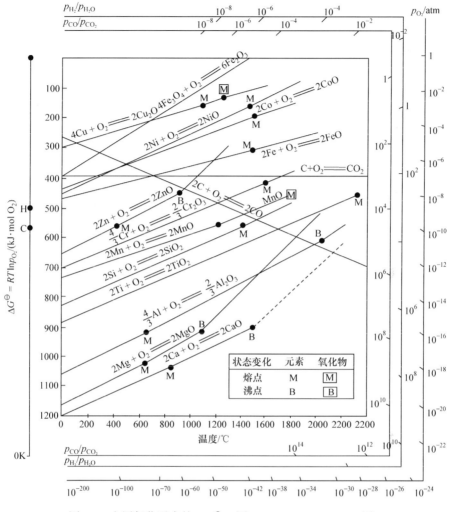

图 1.1　金属氧化反应的 $\Delta_r G^\ominus$-T 图(Ellingham-Richardson 图)

标准熵变，$\Delta_r H^\ominus$ 和 $\Delta_r S^\ominus$ 随温度没有显著的变化，$\Delta_r G^\ominus$ 与 T 呈线性关系，直线的斜率为 $-\Delta_r S^\ominus$。关于 $\Delta_r G^\ominus$-T 图需做如下说明：

(1) 为了便于比较，图中所有氧化物的 $\Delta_r G^\ominus$ 都以 1mol O_2 的消耗量为标准。例如，Al 在 1000K 下氧化反应为 $4Al + 3O_2 \Longrightarrow 2Al_2O_3$，$\Delta_r G^\ominus = -1360kJ$，在相同温度下，Ca 氧化反应为 $Ca + \dfrac{1}{2}O_2 \Longrightarrow CaO$，$\Delta_r G^\ominus = -534kJ$，不能说明 Al_2O_3 就比 CaO 稳定，如果以 1mol O_2 的消耗量为标准，$\dfrac{4}{3}Al + O_2 \Longrightarrow \dfrac{2}{3}Al_2O_3$，$\Delta_r G^\ominus = -453.3kJ$，$2Ca + O_2 \Longrightarrow 2CaO$，$\Delta_r G^\ominus = -1068kJ$，显然 CaO 比 Al_2O_3 稳定。

(2) 对于反应 $2M + O_2 \xlongequal{} 2MO$ ，$\Delta_r S^\ominus = 2S_{MO}^\ominus - 2S_M^\ominus - S_{O_2}^\ominus$ ，O_2 是气体，其熵值 $S_{O_2}^\ominus$ 比固体 $S_{MO}^\ominus$ 和 $S_M^\ominus$ 大得多，所以 $\Delta_r S^\ominus$ 通常为负。因此，图中直线的斜率多为正值，即向上倾斜，但有两条直线比较特殊，一条是 CO_2 ，其几乎是水平线，因为 $C + O_2 \xlongequal{} CO_2$ ，$\Delta_r S^\ominus = S_{CO_2}^\ominus - S_C^\ominus - S_{O_2}^\ominus$ ，CO_2 和 O_2 均为气体，其熵值几乎相等且比固体 C 的熵值大得多，$\Delta_r S^\ominus$ 近似等于零；另一条是 CO，斜率为负，因为 $2C + O_2 \xlongequal{} 2CO$ ，$\Delta_r S^\ominus = 2S_{CO}^\ominus - 2S_C^\ominus - S_{O_2}^\ominus$ ，CO 和 O_2 均为气体，熵值几乎相等且比固体 C 的熵值大得多，$\Delta_r S^\ominus$ 为正，图中直线的斜率为负值，即向下倾斜。

(3) 通过 $\Delta_r G^\ominus$-T 图可求出金属氧化反应的标准自由能变化值，在图中找到给定反应的直线，过给定温度作垂线与给定的直线相交，交点对应的纵坐标即该氧化物在给定温度下的标准自由能变化值。

(4) 通过 $\Delta_r G^\ominus$-T 图可以直接比较各种金属氧化物的热力学稳定性。例如，取 500℃作垂线，则有

$$\frac{4}{3}Al + O_2 \xlongequal{} \frac{2}{3}Al_2O_3 , \quad \Delta_r G^\ominus = -950kJ \tag{1.12}$$

$$\frac{4}{3}Cr + O_2 \xlongequal{} \frac{2}{3}Cr_2O_3 , \quad \Delta_r G^\ominus = -650kJ \tag{1.13}$$

Al_2O_3 在热力学上更稳定，由反应(1.12)$\times \dfrac{3}{2}$ 和(1.13)$\times \dfrac{3}{2}$ 相减得反应(1.14)，即

$$2Al + Cr_2O_3 \xlongequal{} 2Cr + Al_2O_3 , \quad \Delta_r G^\ominus = -450kJ \tag{1.14}$$

当合金中 Cr 与 Al 共存时，Al 优先发生选择性氧化。

2. $\Delta_r G^\ominus$-p_{O_2} 坐标系

对于金属 M 与 O_2 的高温氧化反应 $2M + O_2 \xlongequal{} 2MO$ ，有

$$\Delta_r G = \Delta_r G^\ominus + RT \ln Q_a = \Delta_r G^\ominus - RT \ln p_{O_2} \tag{1.15}$$

其中，$\Delta_r G^\ominus = RT \ln p_{O_2}^\ominus$ ，当 $p_{O_2}^\ominus$ 一定时，$\Delta_r G^\ominus$ 与 T 呈线性关系，对于每一个给定的 $p_{O_2}^\ominus$ 都存在一条直线，其斜率为 $R \ln p_{O_2}^\ominus$ ；当 $T = 0$ 时，$\Delta_r G^\ominus = 0$ ，这条直线通过坐标原点 $O(0, 0)$ 。可见，在 $\Delta_r G^\ominus$-T 图上可绘制一系列的等平衡氧分压线，这些线与坐标原点 $O(0, 0)$ 相交，其斜率对应不同的平衡氧分压。

有了 $\Delta_r G^\ominus$-p_{O_2} 坐标系后，可以方便地求出某一金属在给定温度下的平衡氧分压，在温度坐标以给定温度 T 作垂线，其与某一金属的氧化反应的 $\Delta_r G^\ominus$-T 线相

交，交点与坐标原点 $O(0, 0)$ 相连，延长至 $p_{O_2}^{\ominus}$ 坐标，交点即该金属氧化物的平衡氧分压。例如，Al_2O_3 在 1000℃时的平衡氧分压为 10^{-36}atm，环境气氛中的氧分压大于此值，Al 即可被氧化。

3. $\Delta_r G^{\ominus}$-(p_{H_2} / p_{H_2O}) 坐标系

对于金属与水蒸气的高温氧化反应，同时存在如下反应：

$$M + 2H_2O = MO_2 + 2H_2, \quad \Delta_r G^{\ominus} \quad (1.16)$$

该反应的 $\Delta_r G^{\ominus} = -RT \ln(p_{H_2} / p_{H_2O})^2 = -2RT \ln(p_{H_2} / p_{H_2O})$。

反应(1.16)也可由下列反应获得

$$M + O_2 = MO_2, \quad \Delta_r G^{\ominus}_{MO_2} \quad (1.17)$$

$$2H_2 + O_2 = 2H_2O, \quad \Delta_r G^{\ominus}_{H_2O} \quad (1.18)$$

也就是反应(1.16) = 反应(1.17)–反应(1.18)，即 $\Delta_r G^{\ominus} = \Delta_r G^{\ominus}_{MO_2} - \Delta_r G^{\ominus}_{H_2O}$，所以有

$$\Delta_r G^{\ominus}_{MO_2} = \Delta_r G^{\ominus}_{H_2O} + \Delta_r G^{\ominus} = \Delta_r G^{\ominus}_{H_2O} - 2RT \ln(p_{H_2} / p_{H_2O})$$

当 p_{H_2} / p_{H_2O} 一定时，$G^{\ominus}_{MO_2}$ 与 T 呈线性关系，对于每一个给定的 p_{H_2} / p_{H_2O} 都存在一条直线，其斜率为 $-2R \ln(p_{H_2} / p_{H_2O})$；当 $T=0$ 时，$\Delta_r G^{\ominus}_{MO_2} = \Delta_r G^{\ominus}_{H_2O}(T=0)$，这条直线通过 H 点$(0, \Delta_r G^{\ominus}_{H_2O}(T=0))$。由此，在 $\Delta_r G^{\ominus}$-T 图上可绘制一系列的等压线，这些线与 H 点$(0, \Delta_r G^{\ominus}_{H_2O}(T=0))$ 相交，其斜率对应不同的平衡 p_{H_2} / p_{H_2O} 压。

有了 $\Delta_r G^{\ominus}$-(p_{H_2} / p_{H_2O}) 坐标系后，可以方便地求出某一金属在给定温度下的平衡 p_{H_2} / p_{H_2O} 压，在温度坐标上沿给定温度 T 作垂线，其与某一金属的氧化反应的 $\Delta_r G^{\ominus}$-T 线相交，交点与 H 点$(0, \Delta_r G^{\ominus}_{H_2O}(T=0))$ 相连，延长至 p_{H_2} / p_{H_2O} 坐标，交点即该金属氧化物的平衡 p_{H_2} / p_{H_2O} 压。

4. $\Delta_r G^{\ominus}$-(p_{CO} / p_{CO_2}) 坐标系

对于金属与二氧化碳的高温氧化反应，同时存在如下反应：

$$M + 2CO_2 = MO_2 + 2CO, \quad \Delta_r G^{\ominus} \quad (1.19)$$

该反应的 $\Delta_r G^{\ominus} = -RT \ln(p_{CO} / p_{CO_2})^2 = -2RT \ln(p_{CO} / p_{CO_2})$。

反应(1.19)也可由下列反应获得

$$M + O_2 = MO_2, \quad \Delta_r G^{\ominus}_{MO_2} \quad (1.20)$$

$$2CO + O_2 \Longrightarrow 2CO_2, \quad \Delta_r G_{CO_2}^{\ominus} \tag{1.21}$$

也就是反应(1.19)=反应(1.20)–反应(1.21)，即 $\Delta_r G^{\ominus} = \Delta_r G_{MO_2}^{\ominus} - \Delta_r G_{CO_2}^{\ominus}$，所以有

$$\Delta_r G_{MO_2}^{\ominus} = \Delta_r G_{CO_2}^{\ominus} + \Delta_r G^{\ominus} = \Delta_r G_{CO_2}^{\ominus} - 2RT \ln(p_{CO} / p_{CO_2})$$

当 p_{CO} / p_{CO_2} 一定时，$\Delta_r G_{MO_2}^{\ominus}$ 与 T 呈线性关系，对于每一个给定的 p_{CO} / p_{CO_2} 都存在一条直线，其斜率为 $-2R \ln(p_{CO} / p_{CO_2})$；当 $T=0$ 时，$\Delta_r G_{MO_2}^{\ominus} = \Delta_r G_{CO_2}^{\ominus}$，这条直线通过 C 点 $(0, \Delta_r G_{CO_2}^{\ominus} (T=0))$。由上可见，在 $\Delta_r G^{\ominus}$-T 图上可绘制一系列的等压线，这些线与 C 点 $(0, \Delta_r G_{CO_2}^{\ominus} (T=0))$ 相交，其斜率对应不同的平衡 p_{CO} / p_{CO_2} 压。

有了 $\Delta_r G^{\ominus}$-p_{CO} / p_{CO_2} 坐标系后，可以方便地求出某一金属在给定温度下的平衡 p_{CO} / p_{CO_2} 压，在温度坐标以给定温度 T 作垂线，其与某一金属的氧化反应的 $\Delta_r G^{\ominus}$-T 线相交，交点与 C 点 $(0, \Delta_r G_{CO_2}^{\ominus} (T=0))$ 相连，延长至 p_{CO} / p_{CO_2} 坐标，交点即该金属氧化物的平衡 p_{CO} / p_{CO_2} 压。

1.5.4　金属及其氧化物稳定性的其他判据

前面已经介绍了金属氧化物的热力学稳定性可从其自由能变化值和平衡氧分压来判断。此外，也可从其蒸气压和熔点等来判断。

1. 金属及其氧化物的蒸气压

金属及其氧化物与它们的蒸气达到平衡时，存在下列平衡：

$$M(s) \Longrightarrow M(g) \tag{1.22}$$

$$MO_2(s) \Longrightarrow MO_2(g) \tag{1.23}$$

$$\Delta G = \Delta G^{\ominus} + RT \ln p_{\text{蒸气}} \tag{1.24}$$

$$\Delta G = -RT \ln p_{\text{蒸气}}^{\ominus} + RT \ln p_{\text{蒸气}} \tag{1.25}$$

当蒸气的压力 $p_{\text{蒸气}}$ 小于平衡蒸气压 $p_{\text{蒸气}}^{\ominus}$ 时，$\Delta G < 0$，金属或氧化物将升华。

2. 蒸气压与温度的关系

蒸气压与温度的关系可由 Clapeyron 关系式给出：

$$\frac{dp}{dT} = \frac{\Delta S^{\ominus}}{\Delta V} = \frac{\Delta H^{\ominus}}{T(V_g - V_l)} \tag{1.26}$$

式中，$\Delta S^{\ominus}$ 为氧化物的标准熵变；V 为氧化物的体积；$\Delta H^{\ominus}$ 为氧化物蒸发热。

如果固体的体积忽略不计，将蒸气看成理想气体，则将式(1.26)积分后为

$$\ln p = \frac{-\Delta H^{\ominus}}{RT} + C \tag{1.27}$$

由上可见，当温度不变时，金属氧化物的蒸发热越大，蒸气压越小，金属氧化物越稳定；金属氧化物的蒸气压随温度的升高而增大，氧化物的稳定性则降低。

3. 物质的蒸发量

在给定温度 T 下，单位时间(s)、单位面积(cm^2)上，物质的蒸发量 m(g)可由式(1.28)给出：

$$m = \frac{p - p'}{\sqrt{2\pi RT / M}} = 4.44(p - p')\sqrt{\frac{M}{T}} \tag{1.28}$$

式中，p 为固体物质的蒸气压；p' 为分压；M 为该固体物质蒸气的分子量。当氧化产物蒸发量大时，产物膜的完整性被破坏，黏附性下降，容易引起失稳氧化或灾难性氧化。

4. 金属及其氧化物蒸气压与氧分压的平衡图

金属表面形成挥发性氧化物对金属的高温氧化行为有重要影响，挥发性物质的蒸气压与氧分压的平衡图可在指定温度下采用 $\lg p_{蒸气}$-$\lg p_{O_2}$ 坐标表示，常见的有 Cr-O、Si-O、Mo-O、Al-O、Mo-O 和 W-O 等体系，下面以 Cr-O 体系在 1250℃时蒸气压与氧分压的平衡图(图 1.2)为例，分析它们的绘制原理。

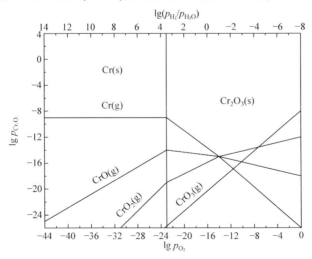

图 1.2　Cr-O 体系在 1250℃时蒸气压与氧分压平衡图(压力单位为 atm, 1atm=1.01×10^{5}Pa)

Cr 的氧化物有 CrO(g)、CrO$_2$(g)、CrO$_3$(g) 和 Cr$_2$O$_3$(s)，固相与气相存在如下平衡：

$$Cr(s) = Cr(g) \tag{1.29}$$

$$2Cr(s) + O_2 = 2CrO(g) \tag{1.30}$$

$$Cr(s) + O_2 = CrO_2(g) \tag{1.31}$$

$$\frac{2}{3}Cr(s) + O_2 = \frac{2}{3}CrO_3(g) \tag{1.32}$$

$$\frac{4}{3}Cr(s) + O_2 = \frac{2}{3}Cr_2O_3(s) \tag{1.33}$$

$$\frac{4}{3}Cr(g) + O_2 = \frac{2}{3}Cr_2O_3(s) \tag{1.34}$$

$$4CrO(g) + O_2 = 2Cr_2O_3(s) \tag{1.35}$$

$$4CrO_2(g) = 2Cr_2O_3(s) + O_2 \tag{1.36}$$

$$\frac{4}{3}CrO_3(g) = \frac{2}{3}Cr_2O_3(s) + O_2 \tag{1.37}$$

Cr-O 体系在 1250℃时相应的热力学平衡常数如表 1.1 所示。

表 1.1　Cr-O 体系在 1250℃时相应的热力学平衡常数

物质	Cr$_2$O$_3$(s)	Cr(g)	CrO(g)	CrO$_2$(g)	CrO$_3$(g)
lgK_p	33.95	−8.96	−2.26	4.96	8.64

1) Cr(s) 与 Cr$_2$O$_3$(s) 的平衡线

Cr(s) 与 Cr$_2$O$_3$(s) 处于平衡时，有

$$2Cr(s) + \frac{3}{2}O_2 = Cr_2O_3(s) \tag{1.38}$$

$$K_p(Cr_2O_3) = 1/p_{O_2}^{3/2}$$

$$\lg p_{O_2} = -\frac{2}{3}\lg K_p(Cr_2O_3) = -22.63$$

在图 1.2 中过横坐标−22.6atm 作垂线，在垂线左侧为低氧分压，仅有 Cr(s)存在，Cr 不发生氧化。在垂线的右侧为高氧分压，仅有 Cr$_2$O$_3$(s)存在，Cr 发生氧化反应生成 Cr$_2$O$_3$(s)。

2) Cr 的蒸气压与平衡氧分压的关系线

在低氧分压下，Cr(s) 与 Cr(g)的平衡反应为

$$Cr(s) = Cr(g) \tag{1.39}$$

Cr(g)的蒸气压与 p_{O_2} 无关，且有

$$\lg p_{Cr} = \lg K_p(Cr(g)) = -8.96 \tag{1.40}$$

在高氧分压下，即氧分压大于 Cr(s)与 Cr_2O_3(s)的平衡氧分压–22.6atm 时，存在下列平衡反应式：

$$Cr_2O_3(s) \Longrightarrow 2Cr(g) + \frac{3}{2}O_2 \tag{1.41}$$

反应(1.41) = 2 × 反应(1.39) – 反应(1.38)，所以有

$$\lg K_p(Cr_2O_3(s)) = 2\lg K_p(Cr(g)) - \lg K_p(Cr_2O_3) = -51.87$$

$$2\lg p_{Cr} + \frac{2}{3}\lg p_{O_2} = -51.87$$

$$\lg p_{Cr} = -25.94 - \frac{4}{3}\lg p_{O_2} \tag{1.42}$$

根据式(1.40)和式(1.42)可画出 Cr 的蒸气压与平衡氧分压的关系线。

3) CrO_3 的蒸气压与平衡氧分压的关系线

在低氧分压下，存在下列平衡：

$$Cr(s) + \frac{3}{2}O_2 \Longrightarrow CrO_3(g) \tag{1.43}$$

$$K_p(CrO_3(g)) = p_{CrO_3} / p_{O_2}^{3/2}$$

$$\lg p_{CrO_3} = 8.64 + \frac{3}{2}\lg p_{O_2} \tag{1.44}$$

在高氧分压下，存在下列平衡：

$$Cr_2O_3(s) + \frac{3}{2}O_2 \Longrightarrow 2CrO_3(g) \tag{1.45}$$

反应的平衡常数为

$$\lg K = 2\lg K_p(CrO_3(g)) - \lg K_p(Cr_2O_3(s)) = -16.67$$

$$2\lg p_{CrO_3} - \frac{3}{2}\lg p_{O_2} = -16.67$$

$$\lg p_{CrO_3} = \frac{3}{4}\lg p_{O_2} - 8.34 \tag{1.46}$$

根据式(1.44)和式(1.46)可画出 CrO_3 的蒸气压与平衡氧分压的关系线。

4) CrO 的蒸气压与平衡氧分压的关系线

在低氧分压下，存在下列平衡：

$$Cr(s) + \frac{1}{2}O_2 = CrO(g) \tag{1.47}$$

$$K_p(CrO(g)) = p_{CrO} / p_{O_2}^{1/2}$$

$$\lg p_{CrO} = -2.26 + \frac{1}{2}\lg p_{O_2} \tag{1.48}$$

在高氧分压下，存在下列平衡：

$$Cr_2O_3(s) = 2CrO(g) + \frac{1}{2}O_2 \tag{1.49}$$

反应的平衡常数为

$$\lg K_p = 2\lg K_p(CrO(g)) - \lg K_p(Cr_2O_3(s)) = -38.47$$

$$2\lg p_{CrO} + \frac{1}{2}\lg p_{O_2} = -38.47$$

$$2\lg p_{CrO} = -\frac{1}{2}\lg p_{O_2} - 38.47$$

$$\lg p_{CrO} = -\frac{1}{4}\lg p_{O_2} - 19.24 \tag{1.50}$$

根据式(1.48)和式(1.50)可画出 CrO 的蒸气压与平衡氧分压的关系线。

5) CrO$_2$ 的蒸气压与平衡氧分压的关系线

在低氧分压下，存在下列平衡：

$$Cr(s) + O_2 = CrO_2(g) \tag{1.51}$$

$$K_p(CrO_2(g)) = p_{CrO_2} / p_{O_2}$$

$$\lg p_{CrO_2} = 4.96 + \lg p_{O_2} \tag{1.52}$$

在高氧分压下，存在下列平衡：

$$Cr_2O_3(s) + \frac{1}{2}O_2 = 2CrO_2(g) \tag{1.53}$$

反应的平衡常数为

$$\lg K = 2\lg K_p(CrO_2(g)) - \lg K_p(Cr_2O_3(s)) = -24.03$$

$$2\lg p_{CrO_2} - \frac{1}{2}\lg p_{O_2} = -24.03$$

$$2\lg p_{CrO_2} = \frac{1}{2}\lg p_{O_2} - 24.03$$

$$\lg p_{CrO_2} = \frac{1}{4}\lg p_{O_2} - 12.02 \tag{1.54}$$

根据式(1.52)和式(1.54)可画出 CrO_2 的蒸气压与平衡氧分压的关系线。

1.6　金属的高温氧化动力学

一个金属氧化反应能否自发进行以及进行到什么程度需要根据热力学方法来确定，但热力学不能解决氧化速率和氧化机理的问题，氧化速率和氧化机理问题需要由动力学来解决。金属氧化反应速率受金属与气体的界面反应或反应物质经由氧化膜扩散传质控制。当合金表面未能形成连续的氧化膜时，金属氧化反应速率受金属与气体的界面反应控制；当合金表面形成连续的氧化膜时，金属氧化反应速率受反应物质经由氧化膜扩散传质速率控制。

1.6.1　氧化膜的生长速率

氧化膜的生长速率可用单位面积上的增重 Δw(mg/cm^2)来表示，也可用氧化膜的厚度 y 来表示。以氧化膜增重 w 或厚度 y 与氧化时间 t 的关系绘图可以得到氧化动力学曲线(恒温动力学曲线)。氧化动力学曲线大体上遵循直线、抛物线、立方、对数和反对数等规律[11-15]。

1. 直线规律

金属氧化时，若不能生成保护性氧化膜，或在反应期间形成气相或液相产物而脱离金属表面，则氧化速率直接由形成氧化物的化学反应所决定，因而氧化速率恒定不变。氧化增重(试样单位面积的质量变化)或氧化膜厚度与时间成正比，即

$$y = kt \tag{1.55}$$

式中，k 为氧化速率常数。将式(1.55)微分，得出

$$dy / dt = k \tag{1.56}$$

2. 抛物线规律

氧化增重或氧化膜厚度的平方与时间成正比，即

$$y^2 = kt \tag{1.57}$$

式中，k 为氧化速率常数。将式(1.57)微分，得出

$$dy / dt = k' / t \tag{1.58}$$

氧化速率与氧化膜增重或厚度成正比，即随着氧化时间延长，氧化膜厚度增加，氧化速率减小。当氧化膜足够厚时，氧化速率很小，可忽略。因此，符合这

种氧化规律的金属是具有抗高温氧化性的。

3. 立方规律

在一定温度范围内，某些金属的氧化服从立方规律，即

$$y^3 = kt + C \qquad (1.59)$$

式中，k 为氧化速率常数；C 为常数。例如，铜在 100～300℃、标准大气压下、氧气中的恒温氧化与锆在 600～900℃、标准大气压下、氧气中的恒温氧化均服从立方规律[1]。

4. 对数和反对数规律

金属在低温氧化时或在氧化的最初阶段，氧化膜很薄，氧化动力学行为可能遵从对数规律或反对数规律。对数规律的表达式可以写为

$$y = k \ln t + c_1 \qquad (1.60)$$

反对数规律的表达式可以写为

$$\frac{1}{y} = k \ln t + c_1 \qquad (1.61)$$

室温下，铜、铁、铝、银的氧化符合反对数规律。

1.6.2　金属氧化速率的测量方法

化学反应的速率通常用单位时间内反应物浓度的减少或生成物浓度的增加来表示，金属与氧气反应生成氧化物的反应可用单位时间内金属和氧气的消耗量或者生成氧化物的量来表示。当氧化速率高时，单位时间内金属或合金和氧气的消耗量就大，生成的氧化物也就多。如果金属表面生成的氧化物不剥落、不挥发，则金属试样的增量就是消耗的全部氧的质量。因此，金属氧化速率可通过下面几种方法得到[16]。

(1) 测量金属消耗量的方法。通过测量不同时间氧化后金属试样剩余的量，就可以知道氧化反应速率。这种方法要终止反应，需要除去金属表面的氧化产物，而金属表面氧化膜不容易被干净地除掉，特别是金属发生内氧化时，这种内部氧化物更难除去，因此这种方法不常用。

(2) 测量氧气消耗量的方法。通过测量氧的实际消耗量或测量试样增重，就可以确定消耗氧气的速率。这种方法不需要破坏试样，并能连续测量，目前氧化速率的确定主要采用这种方法。

(3) 测量氧化物生成量的方法。这种方法需要测量氧化物的质量或厚度，才能获知氧化物的生成速率。这种方法也需要破坏试样，并要终止反应。另外，直接测量氧化物的质量或厚度比较困难，所以这种方法也不常用。

　　上述三种测量氧化速率的方法中，方法(2)操作比较方便，它主要采用热重分析法，测量包括不连续测量和连续测量两种方法。不连续测量法，也称为间断称重法，是将已经称重并测知尺寸的多个试样同时放入高温炉中，氧化一段时间后取出冷却、称重，然后放回炉中腐蚀，冷却再称重，如此循环即可测得不同时刻样品的质量变化也可将若干平行试样同时置于同一高温条件下腐蚀，在不同的时间间隔依次取出一个或数个冷却、称重。这样通过若干个实验数据就可得到一条样品重量随时间变化的氧化动力学曲线。所需仪器装置、实验简单，尤其在混合复杂气氛、熔盐腐蚀或长时间氧化腐蚀时更接近实际服役条件，适合大批量样品测量。不连续测量法的缺点是每个样品只能给出一个数据点，整个实验需要多个样品，由于数据点来源于不同试样，实验数据之间相关性差；因为发生冷热循环产生裂纹，负面影响大；无法观察各个实验点之间的反应过程。连续测量法是研究材料在高温氧化环境下氧化机理和动力学的常用方法，可以在整个实验过程中连续不断地记录样品重量随时间的变化，不必将试样取出经冷却再称重，一个试样就可提供完整的反应动力学曲线，显示其他方法无法揭示的许多细节。方法(2)所用设备主要由测量系统、混合气系统、尾气处理系统、加热系统和冷却系统组成，如图 1.3 所示。

　　Cahn2000 型热天平由称量部分和控制部分组成。将准备好的样品挂入天平并配平，实验时由称量部分称出样品质量的变化，经控制部分将质量变化转换成电信号并传给记录仪，即可连续监测一定实验条件下样品的质量变化。天平的精度为 0.01mg，最大载荷为 3.5g。混合气系统由混气瓶、电子流量计、数字真空计、真空表、真空泵、石英管、真空胶管及数个灵敏的真空阀组成。其中，电子流量计可精确地同时监控四种气体的流量，根据实验所需的气氛条件，利用相应的软件计算出一定混合气流量下各种气体(包括保护气)的流量，经电子流量计控制后进入混气瓶混合，从炉子的下端通入系统的反应部位，即炉内石英管。同时沿另一气路按计算的流量从天平的一端通入逆流的氮气以保护天平免遭腐蚀性气体的腐蚀。充气前的管路及天平中均处于真空状态，在充气的过程中由数字真空计准确地反映出管路及天平中的压力，当内外压力一致时，打开放气阀，使混合气顺畅流通。此过程也为实验的一个关键环节。实验的尾气经与硫酸铜水溶液反应后排入大气，以免造成环境污染。加热系统由柱状的加热炉和自动控温仪组成。该加热炉的均热带较长，加热速率快，最高加热温度可达 1100℃。自动控温仪配有电子显示系统，能准确地控制实验温度及时间，设定实验温度、实验时间、加热时间、保温时间等后，炉子按相应的程序加热与保温。为避免炉温对天平及石英管两端磨口的影响，炉子的上下两端均设有冷却系统。

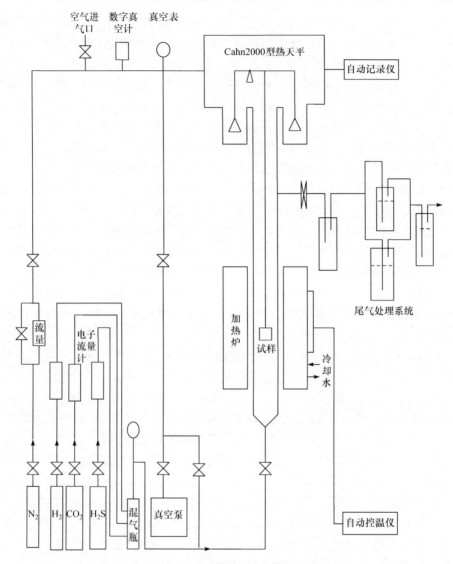

图 1.3　方法(2)所用设备结构原理图

　　图 1.4 为 Cahn Versa Therm HM 型热分析天平结构原理图。Cahn Versa Therm HM 型热分析天平由称量、测温和控温等部分组成。将准备好的样品挂入天平，实验时由称量部分称出样品质量的变化，天平的精度为 1μg，最大载荷为 100g，最大容积为 35mL。测温部件位于加热炉体，加热炉体负责对实验样品进行加热处理，最高加热温度可达到 1100℃。保护气路部分主要为天平提供保护气体，防止天平在高温下氧化损坏，反应气路提供实验所需要的反应气体等。其中的电子流量计可精确地同时监控三种气体的流量，根据实验所需的气氛条件，利用相

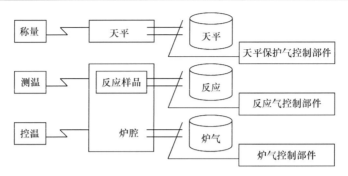

图 1.4　Cahn Versa Therm HM 型热分析天平结构原理图

应的软件计算出混合气体流量下的各种气体(包括保护气)的流量，气体经电子流量计控制进入混气瓶混合，在炉子的下端通入逆流的氮气以保护天平免遭腐蚀性气体的侵蚀。控制与检测电路系统负责对实验的各种数据进行检测，对气路和天平进行控制，以及主机与软件的通信。

1.7　氧化膜的结构及形貌分析

　　除了从氧化动力学曲线上可以了解样品在实验过程中的腐蚀程度外，还可以通过多种方法观察样品的腐蚀程度、腐蚀产物的显微组织形貌，如腐蚀后的样品可用 X 射线衍射(XRD)、扫描电子显微镜(SEM)和能量色散 X 射线光谱仪(EDX)等方法鉴别氧化膜的相组成、形貌以及相和元素的分布等。

　　对于氧化膜较厚的样品，通过一般的 XRD 法只能获得外表面腐蚀产物的组成，而不能得到内层丰富的信息。通过每次磨掉几微米的腐蚀产物，进行多次 XRD 分析可获得不同深度腐蚀产物的相组成。

　　为观察腐蚀产物膜的断面形貌，将腐蚀后的样品经环氧树脂封装固化后，进行预磨、抛光处理。为了增强氧化膜的导电性，对表面进行喷碳或喷金。最后，利用 SEM 观察腐蚀产物膜的断面形貌，辅助 EDX 及 XRD 分析，可以获得腐蚀产物膜组成、空间分布等结构信息。

参 考 文 献

[1] 李美栓. 金属的高温腐蚀[M]. 北京: 冶金工业出版社, 2001.

[2] Langmuir I. The constitution and fundamental properties of solids and liquids. Part I. Solids[J]. Journal of the American Chemical Society, 1916, 38(11): 2221-2295.

[3] Langmuir I. The adsorption of gases on plane surface of glass, mica and platinum[J]. Journal of the American Chemical Society, 1918, 40(9): 1361-1403.

[4] Garner W E. Chemistry of the Solid State[M]. London: Butterworth Science Publisher, 1955.

[5] 苏勉曾. 固体化学导论[M]. 北京: 北京大学出版社, 1987.

[6] 李铁藩. 金属高温氧化和热腐蚀[M]. 北京: 化学工业出版社, 2003.

[7] 傅献彩, 沈文霞, 姚天杨, 等. 物理化学[M]. 5 版. 北京: 高等教育出版社, 2007.

[8] Ellingham H D H. Reducibility of oxides and sulfides in metallurgical processes[J]. Journal of Society Chemical Industry, 1944, 63: 125-133.

[9] Richardson F D, Jeffes E. The thermodynamics of substances of interest in iron and steel making from 0℃ to 2400℃[J]. Journal of Iron and Steel Institute of Japan, 1948: 160: 261-273.

[10] Birk N, Meier G H. Introduction to High Temperature Oxidation of Metals[M]. London: Edward Arnold, 1983.

[11] Hauffe K. Oxidation of Metals[M]. New York: Plenum, 1966.

[12] Kofstad P. High-Temperature Oxidation of Metals[M]. New York: Wiley, 1966.

[13] Kofstad P. High-Temperature Corrosion[M]. London: Elsevier Applied Science, 1988.

[14] Wagner C. Types of reaction in the oxidation of alloys[J]. Zeitschrift fur Elektrochemstry, 1959, 63: 772-782.

[15] Wagner C. Theoretical analysis of the diffusion process determining the oxidation rate of alloys[J]. Journal of the Electrochemical Society, 1952, 99(10): 369-380.

[16] 朱日彰, 何业东, 齐慧滨. 高温腐蚀及耐高温腐蚀材料[M]. 上海: 上海科技出版社, 1993.

第 2 章 高温腐蚀研究进展

金属腐蚀是自然界中最普遍、最基本的化学反应现象，几乎所有的金属处在室温或高温环境时都会发生不同程度的腐蚀(氧化)。因此，高温腐蚀涉及的领域较广，需要解决的问题也很多，但目前对其研究和认识还不够。随着现代技术的发展，要求金属材料拥有较好的高温服役性能，如具有良好的力学性能和较高的抗高温腐蚀能力等。环境的多样性导致金属材料的高温腐蚀机理极其复杂，目前存在的未知问题还很多，并有互相矛盾之处，在一些情况下材料的高温腐蚀问题已成为新技术发展的障碍。因此，迫切需要掌握材料高温腐蚀的一些基本理论，寻找和探索新材料及防护措施，以促进新技术的发展。

2.1 纯金属的氧化

表 2.1 和表 2.2 分别是一些金属氧化物的平衡氧分压[1,2]。可见，大多数金属氧化物的平衡氧分压都很低，这使得金属在高温与氧化性气体接触时都不稳定，瞬间便形成相应的金属氧化物。固态金属氧化物将金属与氧化性气体隔开，如果金属表面反应所生成的氧化膜是具有挥发性、疏松多孔、不完整或是黏附性差的氧化物，则这些氧化膜就不具有保护性，金属就会进一步与氧化性气氛直接接触发生反应，使金属不断被腐蚀。相反，如果它们表面生成的氧化膜是连续、慢速生长且黏附性好的 Cr_2O_3、Al_2O_3 或 SiO_2，则这些氧化膜就成为金属与氧化性气氛接触的障碍，抑制内部金属的氧化，具有保护性。氧化膜的保护性，即生长速率的大小受界面反应、传质过程、氧化物的形核与长大、内氧化物生成以及内氧化物向外氧化物转化等各种因素控制。显而易见，控制步骤不同，各种金属的氧化将呈现不同的机理和动力学规律，如直线规律、抛物线规律、对数与反对数规律等[3]。

表 2.1　一些金属氧化物的平衡氧分压(1273K)[1]

反应方程式	平衡氧分压/atm
$FeO = Fe + \dfrac{1}{2}O_2$	1.7×10^{-15}
$Fe_3O_4 = 3FeO + \dfrac{1}{2}O_2$	2.8×10^{-13}

反应方程式	平衡氧分压/atm
$Fe_2O_3 = \dfrac{2}{3}Fe_3O_4 + \dfrac{1}{6}O_2$	1.7×10^{-6}
$CoO = Co + \dfrac{1}{2}O_2$	1.6×10^{-12}
$Co_3O_4 = 3CoO + \dfrac{1}{2}O_2$	2.7×10^{-10}
$NiO = Ni + \dfrac{1}{2}O_2$	1.7×10^{-10}
$Cr_2O_3 = 2Cr + \dfrac{3}{2}O_2$	2.5×10^{-22}
$Al_2O_3 = 2Al + \dfrac{3}{2}O_2$	1.3×10^{-35}
$MnO = Mn + \dfrac{1}{2}O_2$	1.1×10^{-24}
$Mn_3O_4 = 3MnO + \dfrac{1}{2}O_2$	2.2×10^{-6}
$Mn_2O_3 = \dfrac{2}{3}Mn_3O_4 + \dfrac{1}{6}O_2$	1.3×10^{-10}
$SiO_2 = Si + O_2$	1.1×10^{-28}

表 2.2 几种金属氧化物在不同温度下按相应反应式分解时的平衡氧分压[2](单位：atm)

温度/K ＼ 氧化物	Ag_2O	Cu_2O	PbO	NiO	ZnO	FeO
300	8.4×10^{-5}	—	—	—	—	—
400	6.9×10^{-1}	—	—	—	—	—
500	249	5.6×10^{-31}	3.1×10^{-38}	1.8×10^{-46}	1.3×10^{-68}	—
600	360	8.0×10^{-24}	9.4×10^{-31}	1.3×10^{-37}	4.6×10^{-56}	5.1×10^{-42}
800	—	3.7×10^{-16}	2.3×10^{-21}	1.7×10^{-26}	2.4×10^{-40}	9.1×10^{-30}
1000	—	1.5×10^{-11}	1.1×10^{-15}	8.4×10^{-20}	7.1×10^{-31}	2.0×10^{-22}
1200	—	2.0×10^{-8}	7.0×10^{-12}	2.6×10^{-15}	1.5×10^{-24}	1.6×10^{-19}
1400	—	3.6×10^{-6}	3.8×10^{-9}	4.4×10^{-12}	5.4×10^{-20}	5.9×10^{-14}
1600	—	1.8×10^{-4}	4.4×10^{-7}	1.2×10^{-9}	1.4×10^{-16}	2.8×10^{-11}
1800	—	3.8×10^{-3}	1.8×10^{-5}	9.6×10^{-8}	6.8×10^{-14}	3.3×10^{-9}
2000	—	4.4×10^{-1}	3.7×10^{-4}	9.3×10^{-6}	9.5×10^{-12}	1.6×10^{-7}

当金属表面形成的氧化膜是致密连续的黏附层,在金属氧化物与氧化性气体、金属与金属氧化物界面以及整个氧化膜中热力学处于平衡状态,氧化膜较厚且体扩散是速率控制步骤时,金属氧化物的生长量 X 与时间 t 遵循抛物线规律,即著名的 Wagner 抛物线规律:

$$X^2 = kt \tag{2.1}$$

或

$$\frac{dX}{dt} = k't \tag{2.2}$$

其中,k 为抛物线速率常数,单位为 cm^2/s。

然而,实际的氧化速率经常偏离抛物线规律,主要有以下几方面原因:

(1) 氧化膜与金属剥离,在金属与氧化膜之间形成空腔,该空腔成为金属离子扩散的屏障,使氧化速率减小[3-5]。

(2) 在氧化膜内除体扩散外,还存在晶界扩散,这使得氧化速率增大[6,7]。

(3) 当氧化膜增厚到一定程度时,在氧化膜中产生应力,促使氧化膜破裂,氧化速率增大[8,9]。

纯金属的高温氧化大体上可以分为五种类型[4,10,11]:

(1) 碱金属和碱土金属的氧化。界面反应为速率控制步骤,氧化动力学曲线呈直线规律,生成的氧化物与金属的体积比(PBR)小于 1,氧化膜疏松多孔,不具有保护性。当温度足够高时,会出现加速氧化甚至自燃现象。金属在空气中的氧化速率按 K、Na、Li、Ba、Sr、Ca、Mg 顺序递减。

(2) 广泛被工程应用的金属如 Fe、Ni、Co,它们的氧化动力学曲线遵循抛物线规律,但由于某些条件下氧化膜的破裂,其氧化动力学曲线可能出现突变,当温度升高或时间延长时,其氧化动力学曲线还可能向直线规律转变。它们的抗氧化能力按 Mn、Fe、Ti、Co、Zr、Cu、Ni 的顺序递增。

(3) 非贵金属元素的氧化膜生长缓慢,高温热稳定性好,这些元素通常被用作成膜元素添加到合金基体中。它们的氧化速率按 Zn、Si、Be、Cr、Al 的顺序递减。

(4) ⅦB 族难熔金属与部分贵金属的氧化物具有较高的蒸气压,包括 V、Mo、W、Re、Os、Ru、Ir,其中 V、Mo、W 的氧化物熔点很低,液相出现加速了氧化速率,称为毁灭性氧化。

(5) 部分贵金属的氧化物具有较高的分解压,因此它们的高温热力学性质不稳定,稳定性按 Ag、Pd、Pt、Au 的顺序递增。

高温合金中常见的金属成分的高温氧化性能如下:

(1) Fe 的高温氧化性能。Fe 的氧化物有 FeO、Fe_3O_4 和 Fe_2O_3 三种,其平衡氧分压按 FeO、Fe_3O_4 和 Fe_2O_3 的顺序递增。金属 Fe 在高温空气中氧化，金属表面将形成由 FeO、Fe_3O_4 和 Fe_2O_3 组成的多层氧化膜结构。在 570℃以下氧化，氧化膜由 FeO 和 Fe_2O_3 两层组成；在 570℃以上氧化，氧化膜由 FeO、Fe_3O_4 和 Fe_2O_3 三层组成，最富 Fe 的 FeO 紧靠金属生成，最富氧的 Fe_2O_3 则靠近气相生成。FeO 是金属不足的 p 型半导体，其偏离化学计量可能性很大，如此高的阳离子空位浓度，阳离子和电子的迁移率是极高的。Fe_3O_4 具有反尖晶石结构，八面体和四面体位置处都存在缺陷，Fe 离子可以通过这两个位置迁移。伴随 Fe 离子向外迁移，电子经由电子空穴也向外迁移。Fe_2O_3 有菱形六面体结构的 $\alpha\text{-}Fe_2O_3$ 和立方结构的 $\gamma\text{-}Fe_2O_3$ 两种结构。在 400℃以上，Fe_3O_4 氧化形成 $\alpha\text{-}Fe_2O_3$。菱形六面体结构中，通常认为处于间隙位置的 Fe 离子容易发生迁移，但也有人提出相反的观点。570℃以上氧化时，FeO 层占整个氧化膜的 95%左右，这一层的生长控制总的氧化速率。FeO 中缺陷浓度受 Fe/FeO 和 FeO/Fe_3O_4 两个相界上的平衡氧分压控制，任意给定温度下，FeO 的生长速率不受外界氧分压的影响。因此，Fe 总的氧化速率也几乎与外界氧分压无关[12]。

(2) Ni 的高温氧化性能。Ni 的氧化物只有 NiO 一种，它是金属不足氧化物，可表示为 $Ni_{1-y}O$，NiO 中存在 Ni 离子空位和电子空穴，但浓度较低，缺陷浓度对环境氧分压十分敏感，氧化速率常数与氧分压成正比，在高氧分压下与 $p_{O_2}^{1/6}$ 成正比。Ni 的纯度对其氧化速率有很大影响，纯 Ni 在氧气中高温氧化生成单相 NiO 双层结构的氧化膜，外层为粗大柱晶，内层为薄的细等轴晶。氧化速率受 Ni 经外层向外扩散控制[10]。

(3) Co 的高温氧化性能。Co 有两种氧化物，即 CoO 和 Co_3O_4。Co_3O_4 的平衡氧分压高于 CoO 的平衡氧分压。Co_3O_4 具有尖晶石结构。当氧化性气体的压力高于 Co_3O_4 的平衡氧分压时，金属表面形成外层为 Co_3O_4、内层为 CoO 的双层氧化膜结构，氧化膜内的传输部分通过晶界扩散进行[1]。当氧化性气体的压力低于 Co_3O_4 的平衡氧分压时，金属表面仅形成由 CoO 组成的单层结构。CoO 具有 NaCl 型结构，为阳离子不足 p 型半导体，存在本征 Frenkel 缺陷和偏离化学计量比导致的非本征缺陷，因此其氧化速率常数随氧分压和温度的变化相对复杂[13-18]。

(4) Cu 的高温氧化性能。Cu 的氧化物有 Cu_2O 和 CuO 两种。CuO 的平衡氧分压大于 Cu_2O 的平衡氧分压。当气氛中的氧分压低于 CuO 的平衡氧分压时，金属 Cu 表面氧化只生成 Cu_2O，它是金属不足 p 型半导体，其生长的抛物线速率常数与外界氧分压有关。当气氛中的氧分压高于 CuO 的平衡氧分压时，金属 Cu 表面形成由 Cu_2O 和 CuO 组成的双层氧化膜结构，Cu_2O 层紧靠金属 Cu 表面，而 CuO 层位于最外面，Cu_2O 的生长速率与外界氧分压无关，受两界面 Cu/Cu_2O 和 Cu_2O/CuO 平衡氧分压的控制，氧化速率几乎不受氧分压变化的影响[12]。

(5) Cr 的高温氧化性能。Cr 在高温时形成的稳定氧化物只有 Cr_2O_3。金属或合金表面形成的 Cr_2O_3 膜与 Al_2O_3 和 SiO_2 一样致密且生长速率缓慢,最具有抗氧化性。因此,了解 Cr 的高温氧化行为,对依赖于形成 Cr_2O_3 膜作保护的高温材料是极其重要的。金属 Cr 与氧化性气体反应只生成单一的 Cr_2O_3 氧化物,过程简单,但随着温度的升高,Cr_2O_3 继续与氧气反应生成挥发性 CrO_3 气体,情况变得复杂,挥发会造成氧化膜减薄致使通过它的扩散传输速率加快。Tedmon 分析了 CrO_3 气体挥发对其氧化动力学行为的影响,发现膜厚度的瞬时变化是扩散增厚和挥发减薄两个因素的叠加。开始时,当通过薄氧化膜的扩散较快时,CrO_3 气体挥发的影响不明显,随着氧化膜增厚,挥发速率变得越来越接近,最后等于扩散生长速率。存在一临界膜厚度,氧化温度越高,临界膜厚度越大。总体来说,CrO_3 气体的挥发是制约形成 Cr_2O_3 膜的合金和涂层在高温下应用的重要因素[18,19]。

(6) Al 的高温氧化性能。Al_2O_3 是唯一热力学稳定的铝的氧化物。Al_2O_3 有 α-Al_2O_3、γ-Al_2O_3、θ-Al_2O_3 和 δ-Al_2O_3 四种同素异形体。在高温下 α-Al_2O_3 相稳定,其他相处于亚稳态。α-Al_2O_3 为刚玉结构。在接近大气分压下,α-Al_2O_3 非化学计量程度非常小,其性质往往受杂质控制。Al_2O_3 膜生长速率缓慢,氧化膜中或部分氧化膜中电子的传输是氧化膜生长的控制步骤。在不同材料、不同温度和不同气氛等条件下,Al_2O_3 膜都表现出复杂的生长机制,目前关于 Al_2O_3 膜生长机制仍是一个重要的研究课题,有待新技术的应用或新理论的发展,才能对 Al_2O_3 生长机制有一个清晰的认识[12]。

(7) Si 的高温氧化性能。Si 在高温时形成的稳定氧化物只有 SiO_2。在高温和氧化性气氛中,金属 Si、含 Si 的合金和硅基陶瓷材料的表面能形成连续的 SiO_2 氧化膜,其氧化速率很低。但在低氧分压下,受到氧化物挥发性的显著影响,与 $SiO_2(s)$ 和 Si 平衡的 $SiO(g)$ 的蒸气压较大,导致 SiO 快速从表面挥发,形成不具有保护性的 SiO_2 烟气,反应快速进行[18,20]。

2.2　合金的氧化

许多描述纯金属氧化规律及其影响因素的理论同样适用于合金的氧化,但合金的氧化较纯金属复杂,其主要原因如下:

(1) 合金在氧化过程中可能形成不同的氧化物,或更复杂的复合氧化物。

(2) 各种氧化物具有不同的性质,包括热力学稳定性和动力学生长速率等。

(3) 合金的显微组织复杂,包括相的多少、相的成分、相的大小、相的形状及分布等。

(4) 在合金的氧化过程中,溶解到合金内部的氧可能引起一种或多种组元发生不同程度的内氧化[12, 21,22]。

2.2.1 单相合金的氧化

合金抗高温氧化性能好坏通常取决于合金表面能否生成连续的、具有良好的黏附性且慢速生长的氧化膜。合金的氧化类型可以是在合金表面上发生连续的活泼组元的外氧化，也可以是在基体相上弥散分布的活泼组元的内氧化。

事实上，在高温材料中不希望发生内氧化，因为内氧化不仅可能损害材料的抗氧化性能，也可能损害材料的力学性能。

有关内氧化的研究报道较多[23-25]。内氧化过程是由氧扩散到合金中引起一种或多种活泼组元的氧化物在惰性组元基体上的析出[3]。内氧化动力学是受扩散控制的，其深度与时间呈抛物线关系。内氧化速率随着较活泼组元浓度的增加和氧分压的降低而减小，因此合金中存在活泼组元浓度的一个极限值，超过此值，活泼组元便向外扩散，形成一个活泼组元氧化物的连续阻挡层并使内氧化停止，发生由内氧化向外氧化的转变。

Wagner 研究活泼组元发生选择性氧化和从内氧化向外氧化转变的机制时指出[26,27]，假定 A 为惰性组元，B 为活泼组元，AO 与 BO 稳定性相差较大，AO 与 BO 不互溶且不形成三元复杂氧化物，发生选择性外氧化的条件要从两个方面考虑：①在合金中所需活泼组元 B 的浓度应该足够大，以避免任何非保护性氧化物的产生；②合金中活泼组元的浓度存在一个临界值，高于此值，活泼组元可能向外扩散，以形成活泼组元氧化物的连续层并阻止内氧化发生。同时指出，形成外氧化膜所需活泼组元 B 的临界浓度随氧在合金中的溶解度和扩散速率的增大而增大，但随活泼组元 B 在合金中扩散速率的增大而减小，并给出了实现这种转变的临界浓度方程(Wagner 方程)：

$$N_{B(W)}^* = \frac{1}{2}\left(\frac{\pi k_c}{D}\right)^{1/2} = \frac{1}{2}\pi^{1/2}u \tag{2.3}$$

其中，$u = (k_c D)^{1/2}$，k_c 为合金氧化的抛物线速率常数，D 为互扩散系数。当 u 较小时，由 Wagner 方程得出的临界浓度与实验结果符合得很好，但是当 u 较大时，在某些实际合金中计算的临界浓度值偏大，有时甚至大于1，这主要是由于 Wagner 在处理中忽略了合金/氧化膜界面的迁移效应，使其临界浓度方程具有一定的局限性。Wang 等考虑了由氧化膜的生长而引起的合金氧化膜界面的迁移[28]，对 Wagner 方程进行了修正并给出方程：

$$N_{B(mi)}^* = N_{B(W)}^* \exp(u^2)\mathrm{erfc}(u) \tag{2.4}$$

可见，$N_{B(mi)}^* < N_{B(W)}^*$，且 u 越大，两者差别越大，当 $u=0$ 时，$N_{B(mi)}^* = N_{B(W)}^*$，其临界浓度 N_B^* 与合金氧化的抛物线速率常数 k_c 和互扩散系数 D 之比有关，当 u

值较小时，金属表面迁移效应可以忽略，即修正结果与 Wagner 方程的结果一致，而当 u 值十分大时，这一修正结果明显低于 Wagner 方程的结果。显然，Wang 的处理使 Wagner 的理论得到了进一步的完善。

此外，当合金中两组元形成的氧化物的热力学稳定性相差不大时，例如，Ti 基富铝合金[29-31]，铝很难发生选择性氧化，这是由于铝在 Ti_3Al 中活度十分低，Ti 的氧化物和 Al_2O_3 的热力学稳定性十分相近，故难以通过铝的选择性氧化生成单一的 Al_2O_3 膜。所以，Ti_3Al 和 TiAl 合金通常都形成 TiO_2 和 Al_2O_3 膜。可见，合金中活泼组元的选择性氧化不仅依赖于活泼组元在合金中的浓度，而且受合金中各组元氧化物的热力学性质及其他诸多因素的影响。

几种常见单相合金的高温氧化性能如下：

(1) Fe-Cr 合金的高温氧化性能。Fe-Cr 合金中 Fe 为惰性组元，Cr 为活泼组元。当 Fe-Cr 合金中活泼组元 Cr 的含量低时，不但形成富 Cr 的氧化物，还形成 Fe 的氧化物，岛状尖晶石结构的复合 $FeCr_2O_4$ 分布在 FeO 氧化层内侧。例如，Fe-5Cr①合金表面形成的氧化膜外层是 Fe_2O_3，紧接着是 Fe_3O_4 层，内层是 FeO 层，其内侧分布着岛状尖晶石结构的 $FeCr_2O_4$ 复合氧化物。当 Cr 含量增加时，如 Fe-10Cr 合金表面 FeO 逐渐被 $FeCr_2O_4$ 堵塞，Fe_3O_4 层的厚度增加，FeO 层的厚度变薄；当 Cr 含量进一步增加时，如合金表面氧化膜外层为 Fe_2O_3，中间层为 $FeCr_2O_4$ 复合氧化物，而内层为一混尖晶石层 $Fe(Fe,Cr)_2O_4$ 氧化物。当 Fe-Cr 合金中 Cr 含量大于内氧化向外氧化转变的临界浓度时，开始形成外氧化膜 Cr_2O_3，同时伴随着抛物线速率常数的下降。但 Fe-Cr 合金在氧化较长时间后仍形成一个相当纯的铁的氧化层[20,32]。

(2) Ni-Cr 合金的高温氧化性能。Ni-Cr 合金中 Ni 为惰性组元，Cr 为活泼组元。低 Cr 含量的 Ni-Cr 合金通常在 Ni 基体中形成岛状的 Cr 的内氧化物 Cr_2O_3，外氧化膜外层是 NiO，内层是含岛状复合氧化物 $NiCr_2O_4$ 的 NiO。Cr 离子在内层 NiO 中固溶，与第二相 $NiCr_2O_4$ 平衡，提供了阳离子空位，增加了 Ni 离子的移动性。与纯 Ni 的氧化相比，这种掺杂效应导致合金的氧化速率常数增加，同时 Cr 的内氧化的形成也增加了合金的氧化物。与 NiO 相比，阳离子在 $NiCr_2O_4$ 尖晶石中的扩散速率低，因此氧化膜中的岛状尖晶石成为 Ni 离子的外扩散障碍。随着合金中 Cr 含量的增加，尖晶石体积分数的增加减少了 Ni 的外扩散流量，氧化速率随之下降。当 Cr 含量达到 10%时，合金在 1000℃的氧化行为发生改变，形成完整的 Cr_2O_3 外氧化膜，合金的氧化速率急剧下降[18,20]。

(3) Co-Cr 合金的高温氧化性能。Co-Cr 合金中，Co 为惰性组元，Cr 为活泼组元。当合金中 Cr 的含量低于 30%时，合金表面形成的氧化膜外层由 CoO 组成，而氧化膜内层由 CoO 和 Cr_2O_3 组成，同时有 Cr 的内氧化物形成。相反，当合金

---

① 5 代表质量分数 5%，为简便，省略%，本章如无特别说明，都指质量分数。

中 Cr 的含量高于 30%时，合金表面形成了溶解 Co、CoCr₂O₄ 的 Cr₂O₃ 外氧化膜。可见，Co-Cr 合金需要含 30%的 Cr 才能有效地形成 Cr₂O₃ 选择性外氧化膜，从而抑制合金的进一步氧化[32]。

(4) Cu-Ni 合金的高温氧化性能。Cu 与 Ni 形成单相固溶体合金，其氧化物 CuO、Cu₂O 和 NiO 的热力学稳定性依次增强，Cu 为惰性组元，Ni 为活泼组元。动力学上，CuO 或 Cu₂O 的生长速率较 NiO 快。Cu-Ni 合金的高温氧化行为研究结果表明，由于 Cu 的扩散较快，合金表面形成的氧化膜外层都是 CuO，而内层则随合金成分的不同而不同。例如，富 Cu 的 Cu-2Ni 和 Cu-5Ni 在 800～1050℃、5×10⁻⁴～1atm 氧分压下氧化，合金表面形成的氧化膜主要分为两层，氧化膜外层由 CuO 组成，而内层由 Cu₂O 及其上分散的 NiO 颗粒组成。NiO 以内氧化颗粒形式存在，两层之间的界面反映了原始合金表面，这表明外层氧化膜生长是通过 Cu 经过空位向外扩散控制的，而内层的氧化膜生长通过 Cu 向外扩散和借助于溶解扩散机制气体向内扩散控制。孔洞数量与氧化膜总厚度相比，内层相对厚度以及与 Ni 含量有关的氧化速率取决于反应条件[33]。另外，晶粒尺寸差异显著的两种富 Cu 的 Cu-10Ni 合金在 800～900℃空气中氧化的氧化膜结构类似，外层由 CuO 和内侧较厚的 Cu₂O 组成，内层为多孔的分布着 NiO 颗粒的 Cu₂O，并发生了 Ni 的内氧化。具有较小晶粒尺寸的合金内外氧化膜生长速率均高于粗晶合金，这种差异在于细晶合金中合金与氧化膜的晶粒尺寸降低后提供了更多的晶界短路扩散通道，从而增加了氧在合金中以及氧与 Cu 在氧化膜中的有效扩散系数[34]。富 Ni 的 Cu-80Ni(原子分数)合金在 800℃纯氧气中氧化，合金表面形成双层的氧化膜结构，外层是 CuO 层，而内层是纯的 NiO 层。两层是紧凑的，合金和氧化物界面是比较平整的[35]。中等含镍量的 Cu-50Ni(原子分数)和 Cu-60Ni(原子分数)合金在 800℃空气中氧化，合金表面形成的外层是 CuO 层，而内层是由 Cu₂O 和 NiO 组成的混合氧化层。事实上，在合金中存在一个临界值，当合金中 Ni 的含量大于此值时，合金表面氧化膜内层应由 Cu₂O 和 NiO 混合氧化层向单一的 NiO 层过渡。依据 Wagner 理论计算这个临界值为 0.47～0.86，与实验结果吻合得比较好[36]。

2.2.2　双相合金的氧化

上述合金氧化理论都是以单相合金为出发点的，然而工业高温环境中以增加高温强度和抗腐蚀能力而设计的材料大部分都是双相或多相材料，从简单的低合金耐热铬钢、镍或钴基超合金到先进的 Ti-Al、Ni-Al 金属间化合物合金以及高温涂层材料[3,37,38]如 Ni-Al-Pt、M-Cr-Y 和 Ni-Cr-Si-B 等都包含两相甚至三相。分布在基体上的第二相化合物，如耐热钢中的 M₃C/M₂₃C₆，铝化物涂层中的 PtAl₂、CoAl 或富铬涂层中的 CrB 等通过自身的溶解以释放保护性元素，作为铬或铝的供应源支持着 Cr₂O₃ 或 Al₂O₃ 的连续形成和稳定存在，表明这些材料和涂层的有效寿命直接取决于这些沉淀相粒子的溶解速率。因此，对两相或多相合金高温氧化行为的研究具有理论和实际双重意义。

二元双相 A-B 合金的高温氧化行为与单相合金相比具有以下特点：

(1) 合金中各组元相互间的溶解度有限，且其导致的扩散能力极低。

(2) 合金显微组织对氧化行为有重要影响，包括合金的平均成分、基体特性、各相的成分、体积分数、分布类型、颗粒的大小和性质以及局部偏离平均成分等。图 2.1 是三元 A-B-O 系等温相图，其中 A 为稳定组元，B 为活泼组元；AO 和 BO 不互溶且不形成三元复合氧化物。可见，双相合金的氧化明显不同于单相合金。

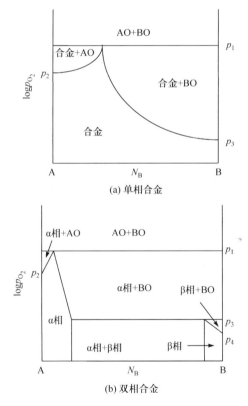

(a) 单相合金

(b) 双相合金

图 2.1　三元 A-B-O 系等温相图(假设 BO 比 AO 稳定，两种氧化物不互溶、不形成复合氧化物)

(3) 在二元双相合金中，两组元氧化物的热力学稳定性不同，两氧化物的性质不同，导致生长速率产生差异，使合金中各相的氧化行为强烈地依赖于各相的成分而有显著差别，特别是氧化速率。

(4) 各相内的化学成分又不随合金中 B 含量的变化而改变，B 含量的增加，只改变两相的相对含量，而双相间在热力学上是平衡的。因此，双相合金的氧化比单相合金要复杂得多，也无法用单相合金的氧化理论来正确地解释双相合金的氧化行为。

过去对两相或多相材料的高温氧化行为有一些报道[39-56]。Espevik 等[53,54]研究了在 Ni-Cr-W 和 Co-Cr-W 的氧化过程中，合金元素第二相对选择性 Cr_2O_3 膜形成的影响。Stott 等[55,56]研究了定相凝固的共晶合金的高温氧化行为，包括氧化膜的成分、形貌，保护性氧化膜剥落的原因及第二相对氧化过程的影响等。虽然他们所研究的体系各不相同，但共同结论是这些合金的氧化行为是相当复杂的，尤其是氧化膜的结构。

双相及多相合金的氧化问题已经引起人们的关注，有研究者在假定合金和氧化膜之间存在着具有不规则厚度的富 A 的单相α层的条件下，研究了在二元 A-B 双相合金中，两组元同时形成 AO + BO 混合氧化物到形成单一的稳定氧化物 BO 的转化条件，这表明双相合金中每相的成分受热力学平衡所限制，合金组元相对含量的改变会引起两相中成分和第二相粒子的数量变化，而且随着第二相粒子体积分数的增加，最终能够形成组元 B 的外氧化膜，而且氧化膜结构也受第二相粒子尺寸和形状的影响。此外，假定氧化速率较小的氧化物生长所引起的合金氧化膜界面的迁移可以忽略不计，同时假定形成稳定的氧化物 BO 时，B 在氧化膜与贫 B 的α层的界面中的浓度为 0，在贫 B 的α层与合金界面的浓度为 B 在α相中的溶解度 $N^s_{B(\alpha)}$，且贫 B 的单相α层的厚度是规则的，这样就忽略了双相合金结构的细节，特别是α相尺寸和形状的影响，并给出临界浓度方程：

$$N^*_{B(av,fix)} = N^*_{B(W)}[1 + \pi^{1/2}\gamma\mathrm{erf}(\gamma)]/(\pi^{1/2}\gamma) \tag{2.5}$$

$$N^s_{B(\alpha)} = N^*_{B(W)}\mathrm{erf}(u) = \pi^{1/2}u\mathrm{erf}(\gamma) \tag{2.6}$$

$$N^s_{B(\alpha)}/(N^*_{B(av,fix)} - N^s_{B(\alpha)}) = \pi^{1/2}\gamma\mathrm{erf}(\gamma) \tag{2.7}$$

其中，γ 为动力学参数。在两相合金中 N^*_B 是 $N^s_{B(\alpha)}$ 与 u 的函数。不同于单相合金，当 u 一定时，$N^*_{B(av,fix)}$ 随 $N^s_{B(\alpha)}$ 减小而增大；当 $N^s_{B(\alpha)}$ 一定时，$N^*_{B(av,fix)}$ 随 u 的减小而增大。双相合金的 $N^*_{B(av,fix)}$ 总是比单相合金的 $N^*_{B(W)}$ 大。可见，在二元双相合金中，这一转变比单相更加困难。同样原因，当 u 很大时，$N^*_{B(av,fix)}$ 也大于 1，该方程失去其物理意义。

Gesmundo、Douglass 和 Niu 等进行了一些实际体系的实验研究[57-73]和基于实验的理论分析[74-81]：从与单相合金差别入手，观察与分析了 Fe-44Cu[58]、Co-54.86Cu[59]合金的氧化动力学性能和氧化膜结构，进而寻找适应高硫化、低氧气氛的耐蚀材料，并系统研究了 Fe-Nb、Co-Nb 和 Ni-Nb 合金在纯氧气中[65-67]及低氧分压下[62-64]的氧化、硫蒸气的硫化[65]及 Fe、Co、Ni-Mo 合金的硫化等[71]。

Gesmundo 等[74,75]以热力学、动力学理论为基础对二元双相合金氧化反应的多种可能模型作了理论探讨，并考虑了界面移动，给出了双相合金氧化中形成连续稳定的 BO 氧化膜所需 B 的最小临界浓度的定量计算方程：

$$N_{B(\alpha)}^{s} = N_{B}^{*}[1 - \mathrm{erfc}(\gamma)\mathrm{erf}(u)] \tag{2.8}$$

$$N_{B(\alpha)}^{s} / (N_{B(av,mi)}^{*} - N_{B(\alpha)}^{s}) = \pi^{1/2}\gamma\exp(u^{2})[\mathrm{erfc}(u) - \mathrm{erfc}(\gamma)] \tag{2.9}$$

$$B_{B(av,mi)}^{*} = N_{B(mi)}^{*}\{1 + \pi^{1/2}\gamma\exp(u^{2})[\mathrm{erfc}(u) - \mathrm{erfc}(\gamma)]\} / \pi^{1/2}\gamma\exp(u^{2})\mathrm{erfc}(u) \tag{2.10}$$

其中，N_{B}^{*} 是考虑氧化物与膜的界面移动在单相合金表面形成稳定氧化物 BO 时 B 的临界浓度。

$N_{B(av,mi)}^{*}$ 不仅依赖于组元 B 在α(A)相中的溶解度，而且强烈地取决于界面迁移的影响。在界面移动速率与组元 B 的扩散速率相近的情况下，BO 膜的形成变得更加困难，甚至可能完全被抑制。

对于单相合金，影响其氧化膜结构的主要因素是氧在α相中的溶解度、氧与合金元素的扩散能力及合金的成分。对于双相合金，不同金属间相的成分、结构和各组元的扩散等物理性质的差别决定了其氧化膜结构种类的多样性和复杂性。合金中的两相是平衡的，在两相之间没有物质的驱动力，尽管它们的成分不同，也没有扩散传质发生。另外，即使合金在氧化中形成富 A 的α单相层，但在单相层中活泼组元 B 的浓度梯度受 B 在 A 中溶解度的限制，故支持 BO 形成的有效 B 浓度梯度很小。因此，双相合金中各组元的扩散过程是相当有限的，并且当两组元相互固溶度很小时，可以忽略体系扩散的影响，这是区别于单相合金氧化膜结构的最重要的特征。此外，两金属相的成分、体积分数、合金基体相的特性及合金的显微结构包括两相的大小、形状和空间分布，也对氧化膜的结构有明显影响。

综合这些参数的作用，在两个组元固溶度很小的条件下，双相合金在低氧分压下所形成的最典型的氧化膜结构是"无扩散"或"原位"内氧化，即在α(A)基体上 B 的内氧化如图 2.2 所示。其形态完全不同于单相合金的内氧化，虽然都是通过氧在α基体中溶解并向内扩散与 B 反应而形成的，但确实有所不同。对于单相合金，其内氧化物颗粒在合金中的分布与 B 在原始合金中的分布无联系，在任何情况下都是均匀且无序的，同时合金基体中的活泼组元通过扩散移向内氧化的前沿，这种内氧化的动力学仅由氧在α基体中的扩散速率控制。然而，对于双相合金，内氧化反应不包括组元 B 向外的明显扩散，其内氧化物 BO 的大小和空间分布形态与原始合金中β一致。许多实际二元双相合金系，如 Fe-Cu、Fe-Ce 和 Co-Ce 等内氧化[49,64,65]后形成的结构就属于这种类型，由于合金内界面处的氧分压低于基体金属氧化物的平衡氧分压，合金中的较活泼组元 Fe、Ce 发生内氧化生

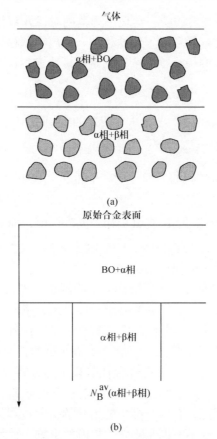

图 2.2　双相 A-B 合金在低氧分压下和缺少扩散情况下在α合金
基体上氧化膜生长的结构示意图

成 FeO/Fe_3O_4 和 CeO_2，且这种内氧化产物的尺寸、形状及分布与原始合金中的β相
相同，并且在内氧化过程中，合金/内氧化区界面上并不伴随有 Fe、Ce 的贫化现象。

　　当体系中的扩散过程不可忽略时，典型的氧化膜结构是在合金/氧化膜的界面
处形成一单相的贫 B 层，即富 A 固溶体层，这种内氧化具有与单相合金相似的组
织形态，即第二相氧化物粒子 BO 在α基体上的无序重新分布。但其内氧化动力
学机制与单相合金不同，在α单相层中 B 的最高浓度是 B 在α相中的溶解度 $N_{B(\alpha)}^{*}$，
而不是 B 在合金中的总浓度，致使内氧化层中支持 BO 生长的有效 B 浓度总是小
于相同条件下的单相合金。文献[74]进一步半定量地探讨了这一差别，并指出二
元双相合金中活泼组元 B 由内氧化向外氧化转变的临界浓度远高于相同环境条件
下的单相合金中的，且 B 在α相中的溶解度越小，临界浓度差别越大，其转变过
程越困难。

　　当气氛中的氧分分压高于稳定组元氧化物 AO 的平衡氧分压时，合金中的两

个组元在热力学上均能发生氧化, 在外氧化膜中可能出现两种或两种以上的氧化物, 由于各种氧化物的性质不同, 氧及各组元在各种氧化物中的扩散速率不同, 各种氧化物的生长速率不同。这些动力学原因, 使双相合金在氧化膜与合金的内界面处频繁出现宏观非平衡产物结构, 加之前述的各种因素的影响, 进而产生多种亚稳态氧化膜结构, 形成区别于单相合金氧化的另一重要特征。在扩散影响很小时, 典型的氧化膜结构之一是在 AO 和 BO 混合外层膜下 B 的原位内氧化。如前所述, 这种内氧化的形成不包含 B 的向外扩散, BO 颗粒在大小和分布上对应于原始合金中的β相。这种结构在 Fe-Cu 合金于 600~800℃、纯氧气下的氧化[57]中可观察到, 即在混合外氧化膜下, Fe 在 Cu 基体上的原位内氧化。另一典型的结构是在合金与膜的界面出现非平衡现象时, 最活泼组元 B 的颗粒能够在不稳定氧化物 AO 基体中以金属状态存在且弥散分布, 它一种亚稳态结构, 由动力学原因所致。这种非平衡组织在双相合金的氧化过程中频繁出现, 如 M-Nb[65] 和 M-Mo[69-71] 的高温硫化等。

当扩散作用变得明显时, 典型的氧化膜结构是在外层 AO 下 B 的内氧化, 在内氧化层与合金的界面处存在α相的单相层。Cu-Ag 合金在 650~750℃空气中的氧化[82]即属于这种情况, 它与经典的单相合金的内氧化相似, 即 BO 颗粒在内氧化区中的分布与原始合金中β颗粒的分布无关, 内氧化动力学行为与氧在合金中的溶解度和扩散系数及 B 在合金中的扩散系数有关, 当 B 相对于氧的扩散能力强时, 内氧化层变薄。但有两点不同: ①两相合金中的单相α层的厚度有限, 且与时间有关; ②在此单相层中, B 的最高浓度是 $N_{B(\alpha)}^s$, 而非合金中 B 的平均含量。

无论单相合金还是双相合金, 从 B 的内氧化到外氧化的转变都包括混合氧化膜的形成, 此现象在基体合金表面形成贫 B 的单相层且 BO 的体积分数超过某一临界值时都有可能发生。在两相合金中, 由于两相的存在及其对扩散强烈的限制, 实现这一转变需要合金中具有更高的 B 的平均浓度。文献[74]对此进行了半定量的理论分析, 结果表明, 有限的 B 在 A 中的溶解度使 B 向外的扩散受限制, 从而导致内氧化速率增加, 向外氧化转变的 B 的临界浓度较单相合金增加, 且 B 在 A 中的溶解度越低, 这一影响越大。如果通过 B 在单相α层中的扩散, 使在合金与膜的界面处 B 的量足以维持 BO 的生长, 那么就有可能在以α相为基的合金中形成 B 的选择性氧化。在此方面, Wahl[78]首先探讨了双相合金发生选择性氧化所需要的活泼组元的最小浓度, 假定体系为稳态扩散, 即在合金与膜的界面处活泼组元的通量不变, 并相应于富活泼组元第二相的溶解速率, 且假定 BO 膜在生长过程中引起的合金/氧化膜界面是静止不动的。Gesmundo 和 Niu 等[79-81]系统地揭示与讨论了这一假定的局限性, 从理论上阐明, 无论是单相合金还是双相合金, 在计算用于形成单一 BO 外氧化膜所需的临界 B 浓度时, 都必须考虑合金/氧化膜界面的移动效应, 因为作为合金表面随氧化反应不断消耗的结果, 合金/氧化膜界面是在逐渐向内移动的。

由于合金中存在两相对扩散限制的结果和合金显微组织的影响,双相合金的氧化行为相当复杂,并且明显不同于单相合金。相对于单相固溶体合金,双相合金的氧化过程具有较少的活泼组元 B 的富集率和较快的氧的渗透率,从而导致较高的内、外氧化转变的临界浓度,并且这种效应随 B 在 A 中溶解度的降低而剧烈增强,意味着双相合金实现其活泼组元的选择性外氧化要比相应的单相合金难得多,而且在一些极端条件下,双相体系不可能形成单一的选择性 BO 氧化膜。

二元双相 Cu-Co 合金在 600~800℃空气中的氧化研究结果表明,Cu-25Co、Cu-50Co 和 Cu-75Co 合金动力学曲线遵循抛物线规律,且同温度下的抛物线速率常数随 Co 含量增加而降低,这主要是由于富 Co 合金中外氧化膜中 Co 氧化物的体积分数较大,而 Co 的氧化物的生长速率比 Cu 的氧化物的生长速率小且更具有保护性。三种合金表面形成了由 Cu 和 Co 氧化物组成的混合氧化层,最外层主要是 Cu 的氧化物,Cu-25Co 和 Cu-50Co 内层是 Co 的内氧化区,而 Cu-75Co 合金的内层是 CoO 母体上弥散分布着金属 Cu 颗粒。依据 Wagner 理论,计算固溶体合金发生由内氧化向外氧化转变的临界浓度为 18%和 56%,当合金中 Co 的含量超过 18%时,合金发生 Co 的内氧化,介于 18%和 56%形成 Co 和 Cu 的混合外氧化,高于 56%时仅形成 Co 的选择性外氧化。实际上当合金中 Co 含量超过 50%时仍发生内氧化,这是由于两相处于平衡和组元间有限的固溶度强烈限制了活泼组元 Co 由合金内部向合金表面的扩散。因此,即使合金中含有 75%的 Co,远远超过了相应固溶体合金发生由混合氧化膜向单一 Co 氧化膜转变所需的临界浓度,但经长时间氧化后合金表面和内部仍不能形成连续的活泼组元 Co 的选择性氧化膜。二元双相 Cu-Co 合金形成活泼组元 Co 的外氧化膜比单相固溶体困难得多,其氧化膜的结构也比理论预测复杂得多[83]。

二元双相 Cu-Cr 合金在 700~900℃空气中氧化的研究结果表明,Cu-Cr 合金的氧化动力学曲线遵循抛物线规律,合金的氧化速率随 Cr 含量的增加而降低,但比纯金属 Cu 要低,比 Cr 要高。合金表面形成了复杂多层的氧化膜结构,最外面是一连续的 CuO 层,内层是 Cu_2O 基体上分布着 Cr 颗粒,它们被一黑色 Cr_2O_3 及暗色的 $Cu_2Cr_2O_4$ 尖晶石氧化物包围。介于非保护性与保护性之间的 $Cu_2Cr_2O_4$ 尖晶石氧化物的形成受其平衡氧分压的影响,它的平衡氧分压比 Cu 的氧化物要低得多,同样条件下容易形成;而合金中高的 Cr 含量,富 Cr 相的体积分数和空间分布也有利于 $Cu_2Cr_2O_4$ 的形成。最后,Cu-Cr 合金中两相处于平衡和组元间极低的固溶度限制了活泼组元 Cr 的扩散,使合金中 Cr 的含量超过 75%后,合金表面仍未能形成连续有保护性的 Cr_2O_3 外氧化膜,双相合金中形成保护性的 Cr_2O_3 外氧化膜较单相固溶体合金困难得多[84]。

二元双相 Cu-Fe 合金在 600~800℃空气中氧化的研究结果表明,合金的氧化动力学曲线遵循抛物线规律,其氧化速率低于纯 Fe 和纯 Cu,合金表面形成了复杂的混合氧化膜结构,氧化膜外层由 Cu 的氧化物组成,而内层由 Fe 和 Cu 的氧化物及其复合氧化物组成。即使在含 75%Fe 的条件下仍未发生 Fe 的选择性外氧化,也未发现在内氧化区前沿合金中出现贫 Fe 现象,这明显不同于单相合金的氧化特征,与 Cu 和 Fe 的氧化物热力学稳定性、动力学生长速率差别较大,与合金中组元间有限的互溶度以及合金中两相处于平衡等密切相关,合金表面很难发生活泼组元 Fe 的选择性外氧化[57]。

二元双相 Cu-Ag 合金在 650～750℃空气中氧化的研究结果表明,Cu-25Ag、Cu-50Ag 和 Cu-75Ag 合金形成了氧化铜的外氧化膜,相邻的内层是由 Ag 与 Cu_2O 组成的混合内氧化区。Cu-50Ag 与 Cu-75Ag 合金在其内出现含 Cu 的 Ag 基固溶体的单相层。与经典的单相合金的内氧化相似,氧化物颗粒在内氧化区中的分布与原始合金中相颗粒的分布无关,内氧化动力学行为与氧在合金中的溶解度和扩散系数以及活泼组元在合金中的扩散系数有关,当活泼组元相对于氧的扩散能力强时,内氧化层变薄[82]。

2.2.3　三元合金的氧化

现代高技术先进高温材料的发展越来越趋向于使用三元或多元合金,以获得常规简单材料无法兼顾的综合腐蚀和力学性能,如高温强度、室温韧性与化学稳定性等[4,85-87],但目前国内外高温氧化的基础研究大多局限于二元单相合金与单一氧化剂作用的体系[59,60,88,89]。事实上,三元或多元合金的氧化反应动力学行为及氧化产物的结构和形貌等都较纯金属或二元合金复杂且机制也不同[90,91]。

三元合金应用广泛,其高温氧化机理研究已有报道。例如,三元 Cu-Ni-Al 合金的高温氧化行为研究结果表明,Cu-10Ni-5Al(原子分数)合金形成了三层的氧化膜结构,外层是 CuO 层,紧接着是由 Cu_2O 和 $NiAlO_4$ 组成的混合氧化膜层,而内层形成了连续完整的保护性 Al_2O_3 薄层,抑制了 Al 的内氧化和其他组元的进一步氧化,因此合金的氧化速率大大降低。三元 Cu-Ni-Al 合金的氧化行为比二元 Cu-Al 合金的氧化行为复杂,因为每个组元不仅发生自扩散,还要发生互扩散,但 Ni 的加入降低了 Cu-10Ni-5Al 合金表面形成活泼组元选择性外氧化膜所需的临界浓度,5%(原子分数)Al 可以使合金表面形成 Al_2O_3 外氧化膜。Cu-60Ni-10Al 合金表面形成的氧化膜外层是由 Ni-Al 尖晶石、CuO 和 NiO 组成的亮色层,内层是连续的 Al_2O_3 层,而 Cu-60Ni-15Al 合金表面仅形成了 Al_2O_3 外氧化膜。可见,10%(原子分数)Al 还不足以使合金仅形成 Al_2O_3 氧化膜,但 15%(原子分数)Al 足以使合金仅形成 Al_2O_3 外氧化膜[92,93]。

Cu-Fe-Cr 合金的氧化行为研究结果表明,三元双相 Cu-12Fe-44Cr 合金表面形成的氧化膜最外层主要是 Cu 的氧化层,中间主要是由 Fe 和 Cu 的氧化物以及少量 Cr 的氧化物组成的混合氧化层；内层是由合金与 Cr 氧化物共存的混合内氧化层，一些地方与合金直接接触，另一些地方则伸向合金内部，同时发现有些地方 Cr_2O_3 层不连续。然而，在低氧分压下，合金形成的氧化膜结构较简单。在 1×10^{-14}MPa 和 1×10^{-19}MPa 的低氧分压下均只形成单一的 Cr_2O_3 外氧化膜，没有发现任何合金元素的内氧化。在纯氧中合金难以发生 Cr 的选择性氧化与合金的双相组织及合金组元之间极低的互溶度有关。在低氧分压下可消除合金在高氧分压下的初始暂态氧化，从而促使连续的 Cr_2O_3 外氧化膜形成[94]。

三元 Cu-Cr-Al 合金的高温氧化行为研究的结果表明，向 Cu-2Al(原子分数)合金添加 3.9%Cr(原子分数)后，减小了合金的氧化速率，但不能阻止 Cu 氧化物的形成，合金的氧化行为与 Cu-2Al 合金没有明显的差别。当向 Cu-2Al 合金添加 8.1%Cr(原子分数)后，合金表面在短时间内形成了连续有保护性的 Al_2O_3 外氧化膜，大大减小了合金的氧化速率，产生了第三组元效应。这主要是由于 Cr 和 Al 完全互溶，阻止了 Cu 氧化物的形成。另外，所有的 Cu-xCr-4Al 合金在经历了含所有组元氧化膜的较快的初始生长阶段后，最终形成 Al_2O_3 氧化膜[95]。

Cu-15Ni-15Ag 合金和 Cu-25Ni-25Ag 合金在 600～700℃空气中的高温氧化行为研究表明，两种合金都是由富 Ag 的 α 相、Cu 和 Ni 固溶体的 β 相组成，因此这些合金是由两种对氧亲和力不同的活泼组元和一个惰性组元组成的三元双相系。在所有条件下，两种合金都形成了复杂的氧化膜结构，其中外层是 CuO 层，内层由 Cu_2O 和 NiO 与许多金属 Ag 颗粒组成。仅 Cu-15Ni-15Ag 合金在 700℃时的氧化能观察到有经典 Ni 的内氧化发生。Cu-25Ni-25Ag 最内层氧化膜区域中 β 相的颗粒仅在其表面周围被腐蚀，留下未氧化的核被 NiO 包围着。在 700℃时观察到 Cu-15Ni-15Ag 合金氧化特殊结构是在 Cu_2O 层下面存在 CuO，这归因于 NiO 不是在 Cu_2O 而是在 CuO 中的优先溶解，导致 Cu_2O-CuO 界面的平衡氧分压减小。在恒定温度下，每种合金的氧化速率均随时间增加而减小，近似遵循抛物线规律。对于每种合金，其氧化速率随温度升高而增大，在两种温度下，Cu-15Ni-15Ag 合金比 Cu-25Ni-25Ag 合金腐蚀得更快。尽管在膜中存在金属 Ag 和 NiO，但两种合金的氧化速率与纯 Cu 的氧化速率相近[96]。

四种含 5%或 10%Zn 和含 2%或 4%Al 以及一种含 2%Al 和 15%Zn 的 Cu-Zn-Al 合金(原子分数)在 800℃、0.1MPa 纯 O_2 中的氧化行为研究结果表明，含有 4%Al 的合金能形成 Al_2O_3 外氧化膜，添加 Zn 仅能有效地降低初始快速氧化阶段的质量增重。相反，向 Cu-2Al 合金中添加 15%Zn 后，在历经初始较快的氧化阶段，形成 Al_2O_3 外氧化膜，阻止了 Cu 和 Al 氧化物组成的混合外氧化膜的形成，产生有限的第三元素效应。最后，向 Cu-5Zn 和 Cu-10Zn 合金中添加 2%和 4%的 Al，能阻止 Zn 的内氧化发生，产生一种反向的第三元素效应，这主要是因为合金中 Zn

和 Al 的内氧化的体积分数超过了相应的由内氧化向外氧化转变所需的临界浓度[97]。

两个 Fe-Cu-Al 合金在 800℃、0.1MPa 纯 O₂ 中的氧化行为研究结果表明，富 Fe 的 Fe-15Cu-5Al 合金(原子分数)的氧化动力学曲线由两段抛物线段组成，2h 后的抛物线速率常数大幅下降。5%Al 的存在显著降低了合金的氧化速率。此外，向 Fe-Al 合金中添加 15%Cu 后，可以降低形成 Al₂O₃ 氧化膜所需 Al 的临界含量。相反，富 Cu 的 Fe-85Cu-5Al 合金的氧化动力学曲线遵循抛物线规律，形成了厚而多孔的 CuO 外层以及由 Cu、Fe 和 Al 氧化物组成的内层，有 Fe 和 Al 内氧化发生。结果，富 Cu 的 Fe-85Cu-5Al 合金在 800℃时的氧化速率比富 Fe 的 Fe-15Cu-5Al 合金的氧化速率大得多[98]。

三种含 3%、5%和 10% Cr 的 Ni-xCr-10Al 合金（原子分数）在 900～1000℃、0.1MPa 纯 O₂ 中的氧化行为研究结果表明，除了在 900℃时 Ni-3Cr-10Al 合金的氧化速率比 Ni-10Al 合金快，Ni-Cr-10Al 合金的氧化速率随着 Cr 含量的增加而降低；Ni-3Cr-10Al 合金在两个温度下都形成了 NiO 外氧化膜和内氧化物沉积区，在内氧化前沿形成了不连续的 Al₂O₃ 层。对于 Ni-5Cr-10Al 合金，在 900℃时，在大多数位置上形成 Al₂O₃ 外氧化膜，而在某些位置上形成 NiO 外氧化膜和内氧化物沉积区；在 1000℃时，合金形成的氧化膜结构非常复杂，在合金表面和含有不同氧化物区域下都形成了不连续的 Al₂O₃ 层。最后，Ni-10Cr-10Al 合金在两个温度都形成了连续的 Al₂O₃ 外氧化膜。因此，向 Ni-10Al 中加入足够的 Cr 后产生了经典的第三元素效应，在恒定的 Al 含量下，实现了 Al 由内氧化向外氧化的转变[99]。

Fe-5Cr-5Si 和 Fe-10Cr-5Si(原子分数)合金在 700℃、0.1MPa 高氧分压和 1×10⁻²¹MPa 低氧分压下的氧化行为研究结果表明，除了低氧分压下 Fe-5Cr-5Si 合金的氧化之外，所有情况下通过 Cr 的添加，氧化后都形成了富 Cr 和 Si 氧化物的保护性外氧化膜，改善了 Fe-5Si 合金的高温氧化性能。它们的成膜行为可通过 Fe-Cr-Si 系的动力学图来解释，基于最初由 Wagner 提出经修正的标准，通过计算用避免单一或混合内氧化形成所需的 Si 和 Cr 的临界浓度来预测这种成膜行为[100]。

Fe-Cr-10Al(原子分数)合金在 900℃时的氧化行为研究结果表明，Fe-10Al 合金的氧化动力学曲线在 1.2h 前遵循抛物线规律，此后则近似符合直线规律；Fe-5Cr-10Al 在 0.4～2h 遵循直线规律，然后其氧化速率逐步降低，在 4.7h 以后遵循抛物线规律；Fe-10Cr-10Al 合金的氧化动力学曲线从 0.4h 起呈两段抛物线关系，其第二段抛物线速率常数比第一段抛物线速率常数略低。Fe-Al 合金氧化初期形成了富 Al 的氧化膜，但其中 Fe₂O₃ 的含量随时间增加逐渐增大，最终生成非保护性的层状由 Fe 和 Al 氧化物组成的混合氧化膜。Fe-5Cr-10Al 合金在氧化初期形成了由 Fe 和 Al 氧化物组成的混合氧化膜。但随着氧化反应的进行,发生了 Al 的选择性氧化,Fe-10Cr-10Al 合金形成了几乎是纯 Al_2O_3 的保护性氧化膜。相对于二元 Fe-10Al 合金,第三组元 Cr 通过取代部分惰性组元 Fe,降低合金与膜界面处的氧分压而抑制了铁的氧化物的形成。因此,产生了由二元 Fe-10Al 合金发生 Fe 和 Al 的混合外氧化到三元 Fe-Cr-10Al 合金发生 Al 的选择性外氧化的转变。显然,Cr 对 Fe-10Al 合金氧化行为的影响不属于经典理论中的"第三组元作用",而是一种新形式[101]。

尽管三元合金非常复杂,但有关三元合金的理论研究也有一些报道。例如,Nesbitt[102]以 Ni-Al-Cr 体系为例把 Wagner 理论扩展到三元体系中,并指出,Al 为最活泼组元,假定单扩散系数与组成无关,忽略界面的迁移,Al 和 Cr 的浓度分布可以用下列公式来表示:

$$N_{Al}(x) = N_{Al}^s + a\,\mathrm{erf}[x/(4ut)^{1/2}] + b\,\mathrm{erf}[x/(4vt)^{1/2}] \tag{2.11}$$

$$N_{Cr}(x) = N_{Cr}^s + c\,\mathrm{erf}[x/(4ut)^{1/2}] + d\,\mathrm{erf}[x/(4vt)^{1/2}] \tag{2.12}$$

式中,N_{Al}^s 和 N_{Cr}^s 分别为合金/氧化膜界面处 Al 和 Cr 的浓度,系数 a、b、c、d、u、v 是浓度和扩散系数的函数,其中,

$$a = \frac{1}{2}\bar{D}[\bar{D}_{AlCr}(N_{Cr}^0 - N_{Cr}^s) - (\bar{D}_{CrCr} - \bar{D}_{AlAl} - D)(N_{Al}^0 - N_{Al}^s)]$$

$$b = N_{Al}^0 - N_{Al}^s - a$$

$$c = \frac{1}{2}\bar{D}[\bar{D}_{CrAl}(N_{Al}^0 - N_{Al}^s) - (\bar{D}_{AlAl} - \bar{D}_{CrCr} - D)(N_{Cr}^0 - N_{Cr}^s)]$$

$$d = N_{Cr}^0 - N_{Cr}^s - c$$

$$u = \bar{D}_{AlAl} + \frac{1}{2}(\bar{D}_{CrCr} - \bar{D}_{AlAl} + D)$$

$$v = \bar{D}_{CrCr} + \frac{1}{2}(\bar{D}_{AlAl} - \bar{D}_{CrCr} - D)$$

$$D = [(\bar{D}_{CrCr} - \bar{D}_{AlAl})^2 + 4\bar{D}_{AlCr}\bar{D}_{CrAl}]^{1/2}$$

组元 Al 的流量用下列公式来表示:

$$J_{Al} = -\bar{D}_{AlAl}\frac{\partial C_{Al}}{\partial x} - \bar{D}_{AlCr}\frac{\partial C_{Cr}}{\partial x} \tag{2.13}$$

如果 $N_{Al}^s = 0$,则 J_{Al} 具有最大值,即

$$J_{Al}(\mathrm{max}) = \lambda\{-\bar{D}_{AlAl}[a/(\pi ut)^{1/2} + b/(\pi vt)^{1/2}] - \bar{D}_{AlCr}[c/(\pi ut)^{1/2} + d/(\pi vt)^{1/2}]\} \tag{2.14}$$

其中,λ 是常数,等于 Al 的分子量与合金的摩尔体积之比。样品氧化增重遵循抛物线规律,即

$$\Delta W = (k_p t)^{1/2} \tag{2.15}$$

式中，k_p 为抛物线速率常数。消耗 Al 的质量为

$$W_{m,\text{Al}} = \eta (k_p t)^{1/2} \tag{2.16}$$

其中，η 为常数，对于 Al_2O_3，$\eta = 1.125$。因此，Al 的氧化速率为

$$dW_{m,\text{Al}} / dt = \frac{1}{2} \eta (k_p t)^{1/2} \tag{2.17}$$

根据式(2.11)和式(2.12)可以计算 $N_{\text{Al(min)}}^0$ 的值，计算值与实验值吻合得较好。

　　在对实际体系进行研究的基础上，牛焱等[103,104]开始尝试系统地建立三元合金的氧化理论。首先，在假设三元 A-B-C 合金中三组元氧化物不互溶且不形成复合氧化物，并忽略合金内氧化的条件下，通过对三元合金系高温氧化行为的分析，尝试把 Wagner 的关于二元合金经典理论扩展到三元合金系。图 2.3 为 A-B-C-O 系等温热力学相图，由图可知，合金可与一种至三种氧化物同时处于平衡状态。在一定温度下，当合金与三种氧化物同时处于平衡状态时，合金组成在相图中是一个固定点；当合金与两种氧化物同时处于平衡状态时，体系是单变的，其平衡线是三维曲线，而它在基三角形平面的投影是直线；当合金仅与一种氧化物处于平衡状态时，体系是双变的，在基三角形平面的投影是平面，每种氧化物各占不等的面积。应该特别指出，在三角形平面中，三元合金与两种氧化物 AO 和 BO 的平衡线是一条直线，它始于 A-B 边上与 AO 和 BO 同时处于平衡状态的组分点连到对角的 C 点，如图 2.3 所示。对 B-C 或 A-C 也有类似情况。将二元合金 A-B、B-C 和 A-C 与两种氧化物同时处于平衡状态的三个平衡点分别记作 E_1、E_2、E_3。三条平衡线相交于三角形内热力学三相点 T，它代表合金与三种氧化物同时平衡的唯一的合金组成。E_1、E_2、E_3 与 T 的连线将三角形分成三部分，其中每一部分代表相应组元氧化物的稳定区域。同时以热力学相图为参考，计算并建立了合金在单一氧化剂、高低氧分压下形成各氧化物的动力学相图，如图 2.4 所示，在这类动力学相图中，三角形的总面积被分成七部分，其中三个仅形成单一氧化物，另外三个形成两种氧化物，最后一个则形成三种氧化物的混合区。同时，生成三种氧化物的区域必定是包括平衡三相点 T 的三角形。实际上，与在合金表面形成氧化物性质不同，将 T 点沿三个方向迁移就得到该动力学三角形，它的每一边是仅形成两种氧化物的稳定边界，每一顶点是形成单一氧化物且与其他两虚拟氧化物处于平衡状态的临界点。这些研究考虑了组元的扩散作用，描述了该四元系合金与各氧化物之间的平衡关系以及合金的成膜规律，为进一步研究三元合金的氧化行为提供了重要的理论依据。

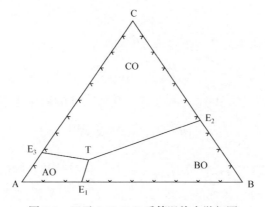

图 2.3　四元 A-B-C-O 系等温热力学相图

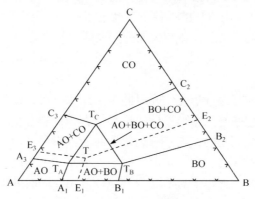

图 2.4　四元 A-B-C-O 系等温动力学相图

　　Gesmundo 和 Niu 的研究成果[105-108]是关于三元合金内氧化理论的研究。相对于二元合金，三元 A-B-C 合金的内氧化有多种模式(在单一氧化剂作用下的内氧化，A 是最稳定组元，C 是最活泼组元)。实际上，二元系统的内氧化可能会在氧分压低于或高于 AO 氧化物的平衡氧分压的条件下发生，即在没有 AO 外氧化膜和有 AO 外氧化膜存在两种不同情况下发生。与之不同的是，三元合金有三种不同的情况：①如果氧分压低于两个稳定组元的平衡氧分压(低氧分压)，那么只有最活泼组元能在没有外氧化膜存在的情况下发生内氧化(假定合金中最活泼组元的浓度不足以形成外氧化膜)；②如果氧分压高于 B 和 C 氧化物(BO 和 CO)的平衡氧分压，却低于 AO 氧化物的平衡氧分压(中间氧分压)，那么三元合金可以在没有外氧化膜存在的情况下同时发生 B 和 C 的内氧化(富 A 合金可以发生这种内氧化)，或者在 BO 外氧化膜存在的情况下只发生 C 的内氧化(合金不是很富 A 而且 C 的含量不足以形成 CO 外氧化膜以发生这种内氧化)；③同样要依据合金的成分，当氧分压高于所有三个组元氧化物的平衡氧分压(高氧分压)时，三元合金可以在有外氧化膜 AO 存在的情况下同时发生 B 和 C 的内氧化，或者在 BO 外氧化膜存在的情况下只发生 C 的内氧化。

Gesmundo 和 Niu[105-108]详细探讨了以上三元合金内氧化的几种模式,对三元合金氧化理论的建立做出了重要的贡献。例如,在实际体系中,三元合金可以发生两种组元的内氧化或内氮化[109-112],有些情况下两种内氧化物有相同的界面[111];有些情况下它们在合金中不同深度形成,从而产生两种不同的内氧化前沿[109,112,113]。Guan 等[114,115]使用复杂的分析程序研究了这种同时发生两种组元内氧化的现象,利用合金中两个活泼组元互扩散系数的矩阵来考虑不同组元扩散通量的相互作用。而 Gesmundo 和 Niu[105]简化了以上许多复杂的考虑,将 Wagner 关于二元合金内氧化理论进行了相对简单的分析扩展。尽管这种方法不是特别精确,但能够检查这种氧化过程的本质特征,并能对其现象所包含的不同方面进行半定量的预测;与 Guan 等[114,115]的处理方法相比较,虽然对合金扩散过程的分析不是特别精确,但其重要优势是能够考虑存在两种内氧化前沿的情况。

2.3　纳米晶材料的高温氧化性能

2.3.1　纳米晶材料

1. 纳米晶材料的定义

纳米晶材料是指晶粒尺寸处于纳米级(10^{-9}m)的超细晶材料。通常,晶粒尺寸为 10~100nm,大于原子簇,小于通常的微粒尺寸。纳米晶材料的概念是在 20 世纪 80 年代由德国萨尔兰大学的 Gleiter 教授首先提出的,指的是晶粒尺寸小于 100nm 的纳米级多晶超细材料[116]。纳米晶材料晶粒细小、晶界所占比例很大且缺陷密度高,由于内部晶粒尺寸细小,界面所占比例大大增加。据估算,若将纳米晶材料中的原子比作球体,当晶粒尺寸为 100nm 时,晶界所占比例约为 3%;而当晶粒尺寸降到 5nm 时,晶界所占比例高达 50%[117]。纳米晶材料依其结构形态可以分为四类:①零维纳米晶体,是指纳米尺寸超微粒子;②一维纳米晶体,是指在一维方向上晶粒尺寸处于纳米级,如纳米厚度的薄膜或层片结构;③二维纳米晶体,是指在二维方向上晶粒尺寸处于纳米级,如直径在纳米级的线或丝状结构;④三维纳米晶体,是指晶粒在三维方向上均为纳米级,通常所说的纳米晶材料即三维纳米晶体[118]。

2. 纳米晶材料的性质及应用

纳米晶材料因具有不同于常规尺寸材料的表面效应、小尺寸效应、量子尺寸效应以及宏观量子轨道效应等,在电、磁、光、声、热、力学和催化等方面呈现出许多奇特的物理和化学性能[119]。

1) 光学性质

块状金属材料由于对可见光的反射和吸收能力不同而呈现出各自的特征颜色。随着晶粒尺寸的减小，颜色逐渐加深，当晶粒尺寸减小到纳米级时，对可见光的反射率极低，所有金属都呈现黑色。利用这种性质可制备高效光热、光电转换材料，也可将太阳能高效转换为热能。由于纳米晶材料的晶粒尺寸远小于红外线及雷达的波长，这两种波在纳米晶材料中的透射率比常规粗晶材料要大得多，大大减小了波的反射率。同时，纳米晶材料的比表面积比常规粗晶材料大 3～4个数量级，对红外线及雷达波长的吸收率也很大，这也降低了波的反射率，起到了红外隐身的作用，从而使其光吸收呈现常规粗晶材料不具备的特性[120-123]。

2) 热学性质

纳米晶材料的熔点、晶化温度和烧结温度都比常规粗晶材料低得多，这主要归因于其晶粒尺寸较小、比表面原子多、表面能高且活性大。例如，常规尺寸的氮化硅(Si_3N_4)的烧结温度为 2273K，而纳米晶氮化硅(Si_3N_4)的烧结温度却降低了400～500K[124,125]。

3) 催化性质

随着晶粒尺寸的减小，当其逐渐接近原子直径时，表面原子占总原子的比例急剧增加，纳米晶材料的表面积迅速增大，这些表面原子极不稳定，具有高的活性，很容易与其他原子结合，因此满足了作为催化剂的最基本条件。当纳米晶材料吸收到光能时，原有的束缚态电子变为激发态，并迅速扩散到晶粒表面，从而提高了表面反应活性，加快了反应速率。表面的激发态电子、空穴数量越多，反应活性越高，反应速率越快，催化效率越高[126-128]。

4) 化学反应性质

纳米晶材料的粒径小、吸附能力强、表面原子多、反应活性高，所以纳米晶粒极容易被氧化，当晶粒尺寸降低到纳米量级时，即使抗腐蚀、耐热的氮化物陶瓷材料也是不稳定的。此外，纳米晶材料还有其独特性能，例如，普通陶瓷是脆性材料，而室温下纳米 TiO_2 陶瓷却变成了韧性材料，可以任意弯曲，可塑性极强。另外，晶粒尺寸为 8nm 的纳米晶铜的自扩散系数比普通铜增大 10^{19} 倍。这主要是由于纳米晶材料的量子隧道效应使其电子运输表现反常，可使它们的电阻率下降100 倍以上。

除此之外，纳米晶材料在熔点、蒸气压、相变温度、烧结等多方面也都显示出与宏观晶体材料截然不同的特殊性能[129]。

3. 纳米晶材料的制备方法

1) 水热合成法

水热合成法是指在利用高温高压水溶液中的一系列物理和化学反应进行无机合成与材料制备的一种方法[130]。高温加压下的水热反应具有加快重要离子间的反应、加剧水解反应和氧化还原电势发生明显变化等特点。在高压下，绝大多数的反应物均能部分或完全溶解于水，可使反应在接近均相中进行，从而加快反应的进行，最后利用原料的溶解度随温度的变化性质析出晶体[131]。

水热合成法与其他粉体制备方法相比，制得的产品纯度高、分散性好、晶型好且尺寸大小可控。然而，水热合成法也有其局限性，不适用于对水敏感(水解、分解、氧化等)的化合物的制备。Liao 等[132]应用水热合成法合成了一系列重要的氧族元素碱金属、过渡金属、稀土金属化合物。

2) 溶胶-凝胶法

溶胶-凝胶法是将前驱物质溶于有机溶剂或在水中形成均质溶液，溶质在发生水解反应形成溶胶的过程中生成纳米级的粒子，然后将溶胶经蒸发干燥转变为凝胶[133-135]。该法的优点在于从材料制备的初始阶段就可在纳米尺度上控制材料的结构，而且整个反应过程都在低温条件下进行，难度大大降低；可以在反应中掺杂大剂量的无机物和有机物；制备出的材料具有纯度高、均匀度好、化学活性大等特点。Rockenberger 等[136]以三辛胺热分解金属配合物获得了相应的氧化物纳米微粒。

3) 物理粉碎法

物理粉碎法是通过电火花爆炸、机械粉碎等方法得到纳米粒子，此方法操作简单、成本低廉，但产品纯度低，颗粒分布不均匀。近年来，随着超声波粉碎法、助磨剂物理粉碎法等的采用，虽然可以制备出粒径小于 100nm 的微粒，但相对成本提高，产量降低，而且粒径分布不均的缺点依旧存在。

4) 溅射法

溅射法的原理是在活性气体或惰性气体的保护下，将几百伏的直流电压加在阳极板和阴极蒸发材料间，使之产生辉光放电。放电过程中的离子撞击在阴极的蒸发材料上，阴极上材料的原子就会由表面蒸发出来，经过与活性体反应或惰性气体冷却凝结形成超细粉。此方法的最大优点是不但可以制备高熔点单一金属超细粉，也可以制备化合物超细粉，甚至可以制备复合材料的超细粉[137]。

5) 真空冷凝法

真空冷凝法的原理是在高纯度惰性气体保护下，对蒸发物质进行真空加热蒸发，然后骤冷形成超细微粒，其特点是纯度高、结晶组织好、粒度可控，但该方法的局限性在于技术设备要求高、工艺复杂、生产效率低，因此很难满足其性能研究和实际应用条件[138]。

纳米晶材料的制备方法种类繁多,包括物理、化学、机械等方法,在此不一一说明,以下具体介绍本书所采用的制备纳米晶材料的方法。

6) 机械合金化

机械合金化(mechanical alloying, MA)是制备细晶如纳米晶合金的一种有效方法。20 世纪 90 年代,Benjamin 首次报道了采用机械合金化技术研制氧化物弥散强化镍基耐热超合金[139],如今已发展到铝基、铜基等其他合金体系[140,141]。

机械合金化由高能球磨和真空热压烧结两部分组成。高能球磨技术是指不同成分的粉末在球磨罐中发生碰撞、研磨和搅拌,使混合粉末塑形变形、不断破裂、冷焊、再破裂、再冷焊以及短程扩散,从而实现合金化。1988 年,Shingu 等[142]采用此种方法制备出粒径小于 10nm 的 Al-Fe 合金。此过程中影响最终效果的因素有很多,其中球磨机转速、球磨时间、球料比和填充系数等表现最为明显。球磨机转速越高、球料比越大、填充系数越小,所需要的球磨时间就越短。但转速不宜过高,否则会导致球磨温度过高出现晶粒的长大。球料比也是如此,若球料比过大就容易出现球与球之间以及球与球磨罐之间的空磨状况,长时间的反复撞击难免出现磨损而污染材料。填充系数一般都在 0.5 左右,太小也会出现空磨状况,太大则会导致球磨不充分,具体的工艺参数要根据实际情况而定。另外,选择的球磨介质材料应该与物料相近,还可以向球磨罐中充入惰性气体加以保护,防止球磨时高温的细晶粉末被氧化或污染。当然最好再加点工艺控制剂,以有效地抑制物料结块,达到更好的细化效果[142]。

真空热压烧结是用数十甚至数百兆帕的压力通过互扩散和塑性变形消除样品中的孔洞,将球磨好的粉末压制成致密的具有一定形状的固体[143]。整个热压过程在真空下进行,有效地防止了材料在高温热压烧结过程中发生氧化。在热压过程中,随着温度的升高,致密化过程加快,但相粒子长大的速率也变快,因此必须解决两者的矛盾。事实上,一方面由于机械合金化的粉末处于非平衡状态,其过饱和固溶体随热压过程的进行会慢慢分解,溶入的原子将脱溶出来,合金中发生相的析出等,这能对相粒子长大起阻碍作用;另一方面由于材料机械合金化过程中晶粒的表面积大大增加,整个系统的活性大大提高,这就使得致密化的温度降低;另外,压力的增加也可以起到降低烧结温度、加快致密化速率的作用。这些都使得合金可以在较低的烧结温度下迅速致密,保证了热压后粒子尺寸仍在纳米范围内。

机械合金化通过高温球磨可以得到很多非平衡结构,破坏合金的有序度[144],达到纳米尺寸甚至是非晶状态,不但可以扩大组元间的固溶度[145],还可以引发固态还原反应及合成反应。用这种方法不但可以制备单质金属、晶体和非晶体[146,147]纳米晶材料,还可以通过颗粒间的固相反应直接合成化合物[148]及金属间化合物,因此早已得到广泛应用[149]。该方法工艺简单、生产效率高、成本较低，不但能够制备出常规方法难以获得的高熔点金属和合金纳米晶材料，还可制备互不相溶体系的固溶体、纳米金属间化合物及纳米陶瓷复合材料等[142,150]。

2.3.2　高温氧化性能

前面关于合金氧化的探讨都是基于合金中的晶粒或相粒，其均具有普通大小的尺寸。实际上，第二相的大小和分布对合金的氧化行为是有很大影响的。当第二相分布不均匀时，活泼组元的选择性氧化很难发生[151]。为了发生选择性氧化，必须考虑第二相的大小、形状及分布的影响[27]，即在非稳态扩散的情况下合金发生选择性氧化所需要的活泼组元的最小浓度。要实现选择性氧化，第二相的体积分数必须高于某一临界值，第二相粒子的大小必须低于某一临界值。当氧化时间短和第二相颗粒大时，基体氧化得比第二相快，弥散的第二相颗粒将部分氧化甚至以金属状态存在于 AO 中，形成不规则的合金/氧化膜内界面和亚稳态产物结构；相反，合金长时间氧化且超过一临界值，合金中两相以相等的氧化速率形成规则的合金内界面。这两种腐蚀类型之间转化的临界时间(t_c)不仅取决于两种氧化物生长的速率，而且取决于第二相粒子β(B)的大小，B 在 A 中的溶解度越大，β(B)相粒子在合金中分布越均匀、尺寸越小，越有利于这一过程的实现。

机械合金化是球磨过程中粉末不断破裂、变形、冷焊和短程扩散而实现合金化的一种技术。它利用高能球磨将微米级粉末变得极为细小，然后利用热压或烧结的方法将其制备成一定形状的、致密的固体，不同于常规的电弧熔炼，可以通过控制粉末的大小在一定程度上控制两相粒子的尺寸，利用这种方法可以得到很多非平衡结构，达到纳米晶甚至非晶状态[152]，得到特异的物理化学性能。机械合金化可以使第二相弥散分布，扩大组元间的互溶度，晶粒可以细化到纳米量级等。

合金基体显微组织对合金氧化行为的影响最初是在冷加工合金中观察到的。冷加工会增大合金位错密度，而位错可以作为合金组元向外快速扩散的通道，因而加快溶质向氧化前沿的扩散，促进保护性氧化膜的形成，从而提高合金的抗氧化性能[153,154]。Wang 等[155,156]研究了溅射纳米涂层的氧化行为，指出晶粒细化可以促使涂层从 Cr_2O_3 向 Al_2O_3 转化。主要原因归纳如下：

(1) 微晶及纳米晶材料表面上大量晶界的存在增加了氧化膜的形核位置数，同时微晶及纳米晶材料中大量晶界的存在导致活泼组元 Cr、Al 等沿晶界的快速扩散，从而促进单一保护性氧化膜的形成[157,158]。

(2) 在微晶及纳米晶材料上形成的氧化膜晶粒细小，导致其塑性变形能力提高，因而氧化膜的热应力及生长应力减小，同时在合金表面上的氧化物在一定程度上沿晶界插入合金中，对氧化膜产生钉扎作用，进而提高了氧化膜的黏附性[155,159,160]。

有关显微组织特别是晶粒尺寸对合金氧化行为的影响已有较多报道[161-176]。例如，付广艳等[164]研究了 Cu-Cr 合金体系的高温氧化，发现含 90%Cr 的铸态 Cu-Cr 合金、含 50%Cr 的粉末冶金 Cu-Cr 合金及含 40%Cr 的微米晶机械合金化 Cu-Cr 合金均未形成单一的 Cr_2O_3 膜；溅射纳米晶涂层由于两相颗粒极细，进一步缩小了富 Cu 相上相邻两个 Cr 颗粒之间的距离，增加了 Cr 颗粒的表面积，通过小 Cr 颗粒的溶解来不断向富 Cu 相中补充 Cr，使得 Cr 向合金表面的传输速率进一步加快；溅射 Cu-Cr 合金微晶涂层晶界数量相对增多，增加了 Cr 的扩散通道，形成了保护性的单一 Cr_2O_3 外氧化膜。李远士等[165]研究了纳米 Cu-Fe 合金系的高温氧化，发现 Fe-50Cu 合金涂层氧化后形成了外层为氧化铜和内侧为氧化铁的复合氧化膜，而 Fe-50Cu 合金发生了 Fe 的单一外氧化，其氧化特征均有别于同成分的铸态合金。这种氧化机制的特点在于晶粒尺寸细化显著扩展了 Fe 在 Cu 中的溶解度，同时大量的晶界也为组元扩散提供了短路通道，晶粒尺寸纳米化有助于降低难互溶双相合金体系中发生最活泼组元由内氧化向单一外氧化转变的临界浓度；建立了双分数等综合因素的影响，发展了用于理解其复杂腐蚀机制的半定量、定性模型，为揭示二元双相合金中第二相粒子的尺寸效应做出了重要贡献。Zhao 等[166]通过热压制备含有 50%和 25%(原子分数)Ag 的两种纳米晶 Ni-50Ag 和 Ni-25Ag 合金在 600℃和 700℃空气中的氧化行为，发现纳米晶 Ni-50Ag 合金发生了 Ni 的内氧化，最外层是连续的金属 Ag 层，氧化速率比纯 Ni 要大，相反，纳米晶 Ni-25Ag 合金形成连续的由不连续金属 Ag 包围的 NiO 层，抑制了 Ni 的内氧化，纳米晶 Ni-25Ag 合金在初始阶段的氧化速率随时间增加而下降要比按抛物线规律下降得快，但最终遵循抛物线规律，其氧化速率远低于纯 Ni 的氧化速率。这些结果归因于合金中两相的性质，特别是晶粒尺寸。Niu 等研究了机械合金化法通过热压制备含有 30%和 50%Cr 的纳米晶双相 Ag-30Cr 和 Ag-50Cr 合金在 700℃和 800℃、0.1MPa 纯 O_2 中的高温氧化行为，发现在所有条件下，尽管 Cr 在 Ag 中的溶解度很低，但合金表面形成了连续的 Cr_2O_3 膜，而外氧化层为一连续的 $AgCrO_2$ 层；在 Ag-30Cr 合金中，一些 Ag 颗粒分散在氧化膜中，并与气相接触；Cr 颗粒溶解在合金表面下区域，但没有 Cr 的内氧化发生，相反，粉末冶金法制备的常规尺寸双相 Ag-Cr 合金仅在 Cr 含量为 69%时才能形成不规则的 Cr_2O_3 膜，而含 35%Cr 的常规尺寸 Ag-Cr 合金比纳米晶 Ag-30Cr 合金的腐蚀速率快得多，这种差异主要归因于合金晶粒尺寸的大幅减少，这有利于富 Cr 颗粒在贫 Cr 的 Ag 基体中的溶解，可使 Cr 由合金内部快速扩散到合金/氧化膜的界面上[167,168]。苏勇等[169]研究了机械合金化法制备的 Cu-0.15Si 和 Cu-1.3Si 合金在 700℃和 800℃纯 O_2 中的高温氧化行为，发现 Cu-Si 合金氧化后均形成了富 SiO_2 的由 Cu_2O 和 SiO_2

组成的混合氧化区，但未形成连续的 SiO_2 保护膜。与相同成分熔炼的 Cu-Si 合金对比，机械合金化 Cu-Si 合金的氧化速率变小，这主要是因为细晶材料及其氧化生成的氧化膜中包含了更多的晶界，为合金各元素及氧的扩散提供了更多的短路扩散通道，使它们扩散速率均有明显提高，SiO_2 富集区的快速形成有效地限制了 Cu 的快速向外扩散。付广艳等[170]研究了机械合金化法制备的 Fe-Si 合金在 900~1000℃、纯 O_2 中的高温氧化行为，发现 Fe-1Si 和 Fe-3Si 合金氧化后均形成了 Fe_2O_3、Fe_3O_4 和 FeO、FeO 及 FeO 和 SiO_2 结构的氧化膜，未能形成连续的 SiO_2 保护膜。机械合金化 Fe-Si 合金的氧化速率均大于相同温度下同成分的熔炼 Fe-Si 合金，这主要是因为细晶材料及其氧化生成的氧化膜中含有更多的晶界，为合金各元素及氧提供了更多的短路扩散通道，使它们的扩散速率均有明显提高，SiO_2 富集区的快速形成对 Fe 的进一步向外扩散起到一定的阻碍作用，但对提高合金抗高温氧化性能所起的正影响不及 Fe 的快速扩散对其造成的负影响。Cao 等[171]研究了粉末冶金(PM)和机械合金化(MA)方法，通过研究热压工艺制备的不同晶粒尺寸 Fe-40Ni-15Cr 合金的高温氧化性能，发现常规尺寸 PM Fe-40Ni-15Cr 合金和纳米晶 MA Fe-40Ni-15Cr 合金的氧化动力学曲线偏离抛物线规律，其瞬时抛物线速率常数随时间不规则变化；在 800℃时，MA Fe-40Ni-15Cr 合金的氧化增重低于常规尺寸 PM Fe-40Ni-15Cr 合金；在 900℃时，MA Fe-40Ni-15Cr 合金的氧化增重在初始 4h 时高于 PM Fe-40Ni-15Cr 合金，之后变得低于 PM Fe-40Ni-15Cr 合金；常规尺寸 PM Fe-40Ni-15Cr 合金表面形成了 Fe 的氧化膜，而纳米晶 MA Fe-40Ni-15Cr 合金表面则形成了连续有保护性的 Cr_2O_3 膜，这主要是晶粒细化导致晶界增加，使活泼组元 Cr 由合金内部到合金/氧化膜界面变得更快，从而纳米晶 MA Fe-40Ni-15Cr 合金形成了连续有保护性的 Cr_2O_3 膜，抑制了合金的进一步氧化。Zhou 等[172]研究了 Ni 与 Al 纳米颗粒共同电沉积制备的 Ni-28Al 纳米复合镀层的高温氧化行为，发现其在 1050℃空气中氧化时，与电沉积纯 Ni 镀层相比，Ni-28Al 纳米复合镀层氧化速率降低了两个数量级；镀层表面形成了一薄层 Al_2O_3 膜，主要是由于 Ni-28Al 纳米复合镀层每单位体积含有相当多的颗粒数，这可能促进 Al_2O_3 膜的形成，抑致了合金的进一步氧化，可用作金属材料的抗高温氧化防护涂层。黄忠平等[173]研究了复合电沉积法制备的新型 Cu-30Ni-20Cr 纳米复合镀层的高温氧化性能，发现在 800℃空气中氧化，Cu-40Ni 合金镀层氧化增重很快，氧化层由 CuO、Cu_2O 和 NiO 组成，在降温过程中氧化层严重剥落；相反，Cu-30Ni-20Cr 纳米复合镀层有很好的抗高温氧化性，表面形成了一层连续、致密的 Cr_2O_3 膜，这主要是由于分布在纳米复合镀层中的 Cr 纳米颗粒，在氧化初期提供了大量的 Cr_2O_3 形核点，同时，Cr 通过纳米 Cu-Ni 基体中的晶界快速向氧化前沿扩散，促使初生的 Cr_2O_3 核在比较短的时间内形成了连续致密的 Cr_2O_3 膜。杨秀英等[174]研究了电沉积法制备的纳米 Ni-11Cr-3Al 和微米 Ni-11Cr-7Al 复合镀层的高温氧化性能，发现纳米 Ni-11Cr-3Al 复合镀层表现出很好的抗氧化性，氧化膜外层是连续的 Cr_2O_3 层，内层是 Al_2O_3 层；微米 Ni-11Cr-7Al 复合镀层的氧化增重很快，氧化膜外层是 NiO，内层由 Cr_2O_3 和 Al_2O_3 组成，这与镀层的组织结构有关；在给定 Cr 和 Al 含量的条件下，Cr 和 Al 颗粒尺寸的纳米化使镀层单位面积颗粒数量大大增加、颗粒分布更加均匀、颗粒间距缩短，在氧化过程中增加了氧化初期复合镀层中单位面积内 Cr_2O_3 和 Al_2O_3 的形核率，缩短了不同 Cr_2O_3 和 Al_2O_3 核间的距离，从而缩短了这些氧化物晶核横向生长形成连续保护性氧化膜所需要的时间，在比较短的时间内形成连续、致密的 Cr_2O_3，进而有效地抑制了 NiO 的生长，同时促进了其下连续 Al_2O_3 膜的形成。张洋等[175]研究了磁控溅射法制备的 Ni-20Cr 纳米晶涂层的高温氧化性能，发现纳米晶涂层恒温氧化时生成单层连续的以 Cr_2O_3 为主含有少量 $NiCr_2O_4$ 的氧化膜，这主要是由于溅射涂层晶粒尺寸为纳米级，提供了大量的短途扩散通道，大大提高了 Cr 元素在合金中的扩散速率，降低了形成 Cr_2O_3 膜的临界 Cr 含量，因此纳米晶涂层易形成以 Cr_2O_3 为主的氧化膜。王心悦等[176]研究了磁控溅射法制备的 M951 纳米晶涂层的高温氧化性能，发现 1000℃恒温氧化后合金表面形成了连续的以 Al_2O_3 为主的氧化膜，1100℃恒温氧化后合金表面氧化物分层，外层为 $NiAl_2O_4$，内层为 Al_2O_3，合金中形成了富 Nb 的内氧化物；纳米化促进了 M951 合金表面以 Al_2O_3 为主的氧化膜的形成，增强了氧化膜的黏附性，显著提高了合金的抗氧化性能。

纳米化对合金高温氧化性能的影响，通常认为晶粒减小可能导致与合金氧化行为相关的一些重要参数如氧在合金中的溶解度、组元间的互溶度、反应物在合金基体以及氧化膜中的扩散系数等的改变，从而影响合金的高温氧化行为。与相应的粗晶合金相比，扩散机制的改变将明显影响细晶合金的高温氧化行为。通常认为在一个具有大量的快速通道如晶界、位错的合金体系中，组元的有效扩散系数应居于其体扩散系数和沿快速通道的扩散系数之间，这种情况下仅考虑晶界的贡献。晶粒细化提供了大量可作为优先扩散通道的晶界，晶界所占的比例增加，晶界扩散所做的贡献增大，因此选择性氧化组元向外传输的速率也随之增加。

晶粒细化另一个可能的作用是提高活泼组元 B 在α相中的溶解度，从而影响其高温氧化行为。对于双相或多相合金来说，其各相总是处于热力学平衡状态，组元间极低的互溶度导致它与单相固溶体合金相比，活泼组元 B 由合金内向合金/氧化膜界面的扩散变得非常困难。所以，合金/氧化膜界面处组元 B 的浓度比相应的单相固溶体合金要小得多，满足不了生成 BO 外氧化膜的需要，最终难以发生 B 的单一的选择性外氧化。对于纳米晶合金，合金表面氧化膜中形成了富 B 的单相层，这与晶粒细化增加了组元间的互溶度有较大关系。实际上，B 在α相中的溶解度的增加幅度与粒子半径的指数有关，通常半径越小，溶解度越大。可见，当晶粒尺寸由铸态时的微米级急剧降低到机械合金化的纳米级后，B 在α相中的溶解度将显著增加。

晶粒细化导致活泼组元 B 在α相中的溶解度增加，在β相粒子体积分数一定的情况下，晶粒越小、表面积越大，其溶解速率也越大，它加速了组元 B 的向外供应，因此合金表面形成单一的 BO 氧化膜所需的临界浓度也大为降低，有利于活泼组元 B 从内氧化向外氧化转变[42,157,177,178]。另外，晶界可以作为氧化物优先成核的位置[154]，同样也促进了组分 B 的氧化。当热压后的原始合金高温氧化时，除合金的晶粒细化外，合金中存在相当可观的固溶度，合金内由于球磨引入的位错、滑移等缺陷以及由于晶粒细化所引起的合金显微组织的变化都影响合金的高温氧化行为。

同时还要指出，晶粒细化对合金高温氧化行为的影响是具有双重性的，如在最终只能形成非保护性氧化膜的条件下，晶粒尺寸的降低反而会增加氧化物的生长速率[179]。可见，纳米晶材料的氧化行为也十分复杂，同样受合金中组元性质和相对量的影响。总之，随着微晶及纳米晶材料应用范围的扩大，其高温氧化问题越来越突出。传统的高温氧化理论面临着新的挑战，无论在实际还是理论方面都缺乏系统的研究。

参 考 文 献

[1] 翟金坤. 金属高温腐蚀[M]. 北京: 北京航空航天大学出版社, 1994.

[2] Stott F H, Wood G C, Shida Y, et al. The development of internal and intergranular oxides in nickel-chromiun-aluminium alloys at high temperature[J]. Corrosion Science, 1981, 21(8): 599-624.

[3] Birks N, Meier G H. Introduction to High Temperature Oxidation of Metals[M]. London: Edward Arnold, 1983.

[4] Kofstad P. High Temperature Corrosion[M]. New York: Elsevier, 1988.

[5] 夏爽. 铜合金的高温氧化[D]. 长春：吉林大学，2008.

[6] Atkinson A. Wagner theory and short circuit diffusion[J]. Materials Science and Technology, 1988, 4(12): 1046-1051.

[7] 徐磊. Cu-Ni 基合金导杆材料的成分设计及其抗氧化和耐腐蚀性能研究[D]. 长沙: 中南大学, 2009.

[8] Hancock P, Nicholls J R. Application of fracture mechanics to failure of surface oxide scales[J]. Materials Science and Technology, 1988, 4(5): 398-406.

[9] 陈华. 奥氏体不锈钢高温氧化性能与晶粒长大行为的研究[D]. 兰州: 兰州理工大学, 2011.

[10] 李铁藩. 金属高温氧化和热腐蚀[M]. 北京: 化学工业出版社, 2003.

[11] 孙玥. 晶粒细化对 Fe-Ni-Cr 和 Fe-Cr-Al 合金高温化学稳定性的影响[D]. 沈阳: 沈阳师范大学, 2011.

[12] 李美栓. 金属的高温腐蚀[M]. 北京: 冶金工业出版社, 2001.

[13] Bridges D W, Baur J P, Fassell W M. Effect of oxygen pressure on the oxidation rate of cobalt[J]. Journal of the Electrochemical Society, 1956, 103(11): 614-618.

[14] Mrowec S, Werber T. Gas Corrosion of Metals[M]. Warsaw: Foreign Scientific Publisher, 1978.

[15] Mrowec S, Przybylski K. Oxidation of cobalt at high temperature[J]. Oxidation of Metals, 1977, 11(6): 365-381.

[16] Mrowec S, Przybylski K. Self-diffusion and defect structure in cobaltous oxide[J]. Oxidation of Metals, 1977, 11(6): 383-403.

[17] Kofstad P. High Temperature Oxidation of Metals[M]. New York: John Wiley & Sons, 1966.

[18] Birks N, Meier G H. 金属高温氧化导论[M]. 辛丽, 王文, 译. 北京: 高等教育出版社, 2010.

[19] Tedmon C S. The effect of oxide volatilization on the oxidation kinetics of Cr and Fe-Cr alloys[J]. Journal of the Electrochemical Society, 1966, 113(8): 766-768.

[20] Birk N, Meier G H, Pettit F S. Introduction to High Temperature Oxidation of Metals[M]. 2nd ed. London: Cambridge University Press, 2006.

[21] 李远士. 几种金属材料的高温氧化、氯化腐蚀[D]. 大连: 大连理工大学, 2001.

[22] 曹中秋, 于龙, 李凤春. Cu 基合金的高温化学稳定性研究现状[J]. 沈阳师范大学学报(自然科学版), 2010, 28(3): 321-326.

[23] Rapp R A. The transition from internal to external oxidation and the formation of interruption bands in silver-indium alloys[J]. Acta Metallurgica, 1961, 9(8): 730-741.

[24] Stott F H, Shida Y, Whittle D P, et al. The morphological and structural development of internal oxides in nickel-aluminium alloys at high temperatures[J]. Oxidation of Metals, 1982, 18(3-4): 127-146.

[25] Wood G C, Stott F H, Whittle D P, et al. The high-temperature internal oxidation and intergranular oxidation of nickel-chromium alloys[J]. Corrosion Science, 1983, 23(1): 9-25.

[26] Wagner C. Types of reaction in the oxidation of alloys[J]. Zeitschrift fur Electrochemstry, 1959, 63(7): 772-782.

[27] Wagner C. Theoretical analysis of the diffusion process determining the oxidation rate of alloys[J]. Journal of the Electrochemical Society, 1952, 99(10): 369-380.

[28] Wang G, Gleeson B, Douglass D L. An extension of Wagner's analysis of competing scale formation[J]. Oxidation of Metals, 1991, 35(3-4): 317-332.

[29] Rahmel A, Spencer P J. Thermodynamic aspects of TiAl and TiSi2 oxidation. The Al-Ti-O and Si-Ti-O phase diagrams[J]. Oxidation of Metals, 1991, 35(1-2): 53-68.

[30] Luthra K L. Stability of protective oxide films on Ti-base alloys[J]. Oxidation of Metals, 1991, 36(5-6): 475-490.

[31] Becker S, Rahmel A, Schorr M, et al. Mechanism of isothermal oxidation of the inter-metallic TiAl and TiAl alloys[J]. Oxidation of Metals, 1992, 38(5-6): 425-464.

[32] 朱日彰, 何业东, 齐慧滨. 高温腐蚀及耐高温腐蚀材料[M]. 上海: 上海科技出版社, 1993.

[33] Haugsrud R, Kofstad P. On the high-temperature oxidation of Cu-rich Cu-Ni alloys[J]. Oxidation of Metals, 1998, 50(3-4): 189-213.

[34] 李远士, 牛焱, 王富岗, 等. 晶粒尺寸对 Cu-10Ni 合金高温氧化行为的影响[J]. 金属学报,

1999, 35(11): 1171-1174.

[35] Whittle D P, Wood G C. Two-phase scale formation on Cu-Ni alloys[J]. Corrosion Science, 1968, 8(5): 295-308.

[36] Cao Z Q, Niu Y, Gesmundo F. Air oxidation of Cu-50Ni and Cu-70Ni alloys at 800℃[J]. Transactions of Nonferrous Metals Society of China，2001, 11(4): 499-502.

[37] Ece G M, Meier G H. Oxidation of high-chromium Ni-Cr alloys[J]. Oxidation of Metal, 1979, 13:119-158.

[38] Nesbitt J A, Jacobson N S, Miller R A. Surface Engineering. Vol II: Technological Aspects[M]. Boca Raton: CRC Press, 1989.

[39] Smeggil J G. The oxidation behavior of an aligned Co-TaC eutectic alloy[J]. Oxidation of Metals, 1975, 9(3): 225-257.

[40] Stringer J, Johnson D M, Whittle D P. High-temperature oxidation of directionally solidified Ni-Cr-Nb-Al(γ/γ'-δ) eutectic alloys[J]. Oxidation of Metals, 1978, 12(3): 257-272.

[41] Mallia L V, Young D J. Sulfidation behavior of austeno-ferritic steels[J]. Oxidation of Metals, 1984, 21(3-4): 103-118.

[42] Belen N, Tomaszewicz P, Young D J. Effects of aluminum on the oxidation of 25Cr-35Ni cast steels[J]. Oxidation of Metals, 1984, 22(5-6): 227-245.

[43] Doychak J, Nesbitt J A, Noebe R D, et al. Oxidation of Al_2O_3 continuous fiber-reinforced/NiAl composites[J]. Oxidation of Metals, 1992, 38(1-2): 45-72.

[44] Gleeson B, Cheung W H, Young D J. Cyclic oxidation of behavior of two-phase Ni-Cr-Al alloys at 1000℃[J]. Corrosion Science, 1993, 35(5-8): 923-927.

[45] Barrett C A, Lowell C E. Resistance of Ni-Cr-Al alloys to cyclic oxidation at 1100 and 1200℃[J]. Oxidation of Metals, 1977, 11(4): 199-223.

[46] Garrasco J L G, Adeva P, Aballe M. The role of microstructure on oxidation of Ni-Cr-Al base alloys at 1023 and 1123K in air[J]. Oxidation of Metals, 1990, 33(1-2): 1-17.

[47] Nesbitt J A, Heckel R W. Diffusional transport during the cyclic oxidation of γ+β, Ni-Cr-Al(Y, Zr) alloys[J]. Oxidation of Metals, 1988, 29(1-2): 75-102.

[48] Wanger G P, Simkovich G. The oxidation of cobalt based alloys containing partially dissolved particles of Si_3N_4 at 1000℃[J]. Oxidation of Metals, 1987, 27(3-4): 157-176.

[49] El-Dahshan M E, Whittle D P, Stringer J. The oxidation and hot corrosion behavior of tungsten-fiber reinforced composites[J]. Oxidation of Metals, 1975, 9(1): 45-67.

[50] El-Dahshan M E, Whittle D P, Stringer J. The oxidation of cobalt-tungsten alloys[J]. Corrosion Science, 1976, 16(2): 77-82.

[51] Stringer J, Corkish P S, Whittle D P. Stress Effects and the Oxidation of Metals[M]. NewYork: Trans.Soc. AIME, 1975.

[52] Hodgkiess T, Wood G C, Whittle D P, et al. The oxidation of Ni-70 wt.%Cr in oxygen between 1073 and 1473°K[J]. Oxidation of Metals, 1980, 14(3): 263-277.

[53] Espevik S, Rapp R A, Daniel P L, et al. Oxidation of Ni-Cr-W ternary alloys[J]. Oxidation of Metals, 1980, 14(2): 85-108.

[54] Espevik S, Rapp R A, Daniel P L, et al. Oxidation of Co-Cr-W ternary alloys[J]. Oxidation of

Metals, 1983, 20(1-2): 37-65.

[55] Stott F H, Wood G C , Fountain J D. High temperature oxidation of directionally solidified Ni-Al-Cr$_3$C$_2$ eutectic[J]. Oxidation of Metals, 1980, 14(1): 31-45.

[56] Stott F H, Wood G C, Fountain J D. The influence of yttrium additions on the oxidation resistance of a directionally solidified Ni-Al-Cr$_3$C$_2$ eutectic alloy[J]. Oxidation of Metals, 1980, 14(2): 135-146.

[57] Gesmundo F, Niu Y, Oquab D, et al. The air oxidation of two-phase Fe-Cu alloys at 600-800℃ [J]. Oxidation of Metals, 1998, 49(1-2): 115-146.

[58] Gesmundo F, Nanni P, Whittle D P. Oxidation behavior of two-phase alloys of Fe-44wt%Cu[J]. Journal of the Electrochemical Society, 1980, 127(8): 1773-1782.

[59] Viani F, Nanni P, Gesmundo F. Oxidation of two-phase Co-54.86wt.% Cu alloy at 700-1000℃[J]. Oxidation of Metals, 1983, 19(1-2): 53-76.

[60] Niu Y, Gesmundo F, Viani F, et al. The corrosion of Nb-modified Ti$_3$Al in a combustion gas with and without Na$_2$SO$_4$-NaCl deposits at 600-800℃[J]. Oxidation of Metals, 1994, 42(5-6): 393-408.

[61] Gesmundo F, Niu Y, Castello P, et al. The sulfidation of two-phase Cu-Ag alloys in H$_2$-H$_2$S mixtures at 550-750℃[J]. Corrosion Science, 1996, 28(8): 1295-1317.

[62] Castro Rebello M, Niu Y, Rizzo F C, et al. The oxidation of Fe-Nb alloys under low oxygen pressures at 600-800℃[J]. Oxidation of Metals , 1995, 43(5-6): 561-579.

[63] Monteiro M J, Niu Y, Rizzo F C, et al. The oxidation of Co-Nb alloys under low oxygen pressures[J]. Oxidation of Metals, 1995, 43(5-6): 527-542.

[64] Oliveira J F, Niu Y, Rizzo F C, et al. The oxidation of Ni-Nb alloys under 1atm O$_2$ at 600-800℃[J]. Oxidation of Metals, 1995, 44(3-4): 399-415.

[65] Niu Y, Gesmundo F, Viani F. The sulfidation of Co-Nb alloys at 600-800℃ in H$_2$-H$_2$S mixtures under 10^{-8} atm S$_2$[J]. Corrosion Science, 1994, 36(3): 423-439.

[66] Niu Y, Gesmundo F, Rizzo F C, et al. The oxidation of Fe-Nb alloys in 1atm of pure oxygen at 600-800℃[J]. Materials and Corrosion, 1995, 46: 223-231.

[67] Niu Y, Gesmundo F, Viani F, et al. The corrosion of two Co-Nb alloys under 1atm O$_2$ at 600-800℃[J]. Corrosion Science, 1996, 38(2): 193-211.

[68] Niu Y, Gesmundo F, Viani F, et al. The corrosion of two Ni-Nb alloys under 1atm O$_2$ at 600-800℃[J]. Corrosion Science, 1995, 37(12): 2043-2058.

[69] Cater R V, Douglass D L, Gesmundo F. Kinetics and mechanism of the sulfidation of Fe-Mo alloys[J]. Oxidation of Metals, 1989, 31(5-6): 341-367.

[70] Gleaaon B, Douglass D L, Gesmundo F. A comprehensive investigation of the sulfidation behavior of binary Co-Mo alloys[J]. Oxidation of Metals, 1990, 33(5-6): 425-455.

[71] Chen M F, Douglass D L. The effect of Mo on the high-temperature sulfidation of Ni[J]. Oxidation of Metals, 1989, 32(3-4): 185-206.

[72] Niu Y, Fu G Y, Wu W T, et al. The oxidation of two Fe-Ce alloys under low oxygen pressures at 600-800℃[J]. High Temperature Materials & Processes, 1999, 18(3): 159-171.

[73] Fu G Y, Niu Y, Wu W T, et al. The oxidation of a Co-15wt% Ce alloy under low oxygen

pressures at 600-800℃[J]. Corrosion Science, 1998, 40(7): 1215-1228.

[74] Gesmundo F, Niu Y, Viani F. The possible scaling modes in the high-temperature oxidation of two-phase binary alloys. Part Ⅱ: Low oxidant pressures[J]. Oxidation of Metals, 1995, 43(3-4): 379-394.

[75] Gesmundo F, Viani F, Niu Y. The possible scaling modes in the high-temperature oxidation of two-phase binary alloys. Part Ⅰ: High oxidant pressures[J]. Oxidation of Metals, 1994, 42(5-6): 409-429.

[76] Gesmundo F, Viani F, Niu Y. The internal oxidation of two-phase binary alloys under low oxidant pressures[J]. Oxidation of Metals, 1996, 45(1-2): 51-75.

[77] Gesmundo F, Viani F, Niu Y. The internal oxidation of two-phase binary alloys beneath an external scale of the less-stable oxide[J]. Oxidation of Metals, 1997, 47(3-4): 355-380.

[78] Wahl G. Coating composition and the formation of protective oxide layers at high temperatures[J]. Thin Solid Films, 1983, 107(4): 417-426.

[79] Gesmundo F, Viani F, Niu Y, et al. The transition from the formation of mixed scales to the selective oxidation of the most-reactive component in the corrosion of single and two-phase binary alloys[J]. Oxidation of Metals, 1993, 40(3-4): 373-393.

[80] Gesmundo F, Viani F, Niu Y, et al. Further aspects of the oxidation of binary two-phase alloys[J]. Oxidation of Metals, 1993, 39(3-4): 197-209.

[81] Gesmundo F, Viani F, Niu Y, et al. An improved treatment of the conditions for the exclusive oxidation of the most-reactive component in the corrosion of two-phase alloys[J]. Oxidation of Metals, 1994, 42(5-6): 465-483.

[82] Niu Y, Gesmundo F, Viani F, et al. The air oxidation of two-phase Cu-Ag alloys at 650-750℃[J], Oxidation of Metals, 1997, 47(1-2): 21-52.

[83] Niu Y, Song J, Gesmundo F, et al. The air oxidation of two-phase Co-Cu alloys at 600-800℃[J]. Corrosion Science, 2000, 42(5): 799-815.

[84] Niu Y, Gesmundo F, Viani F. The air oxidation of two-phase Cu-Cr alloys at 700-900℃[J]. Oxidation of Metals, 1997, 48(5-6): 357-380.

[85] Sims C T, Stoloff N S, Hagel W C, et al. Superalloys Ⅱ[M]. New York: Academic Press, 1987.

[86] Tien J K, Caufield T. Superalloys, Supercomposites and Superceramics[M]. New York: Academic Press, 1989.

[87] Stott F H, Wood G C, Stringer J. The influence of alloying elements on the development and maintenance of protective scales[J]. Oxidation of Metals, 1995, 44(1-2): 113-145.

[88] Stringer J, Wright I G. Current limitations of high-temperature alloys in practical applications[J]. Oxidation of Metals, 1995, 44(1-2): 265-308.

[89] 曹中秋. 二元 Cu-Ni 和三元 Cu-Ni-Cr 合金的高温氧化[D]. 沈阳：中国科学院金属研究所, 1997.

[90] Bastow B D, Wood G C, Whittle D P. Morphologies of uniform adherent scales on binary alloys[J]. Oxidation of Metals, 1981, 16(1-2): 1-48.

[91] 付广艳. 二元双相 Fe-Ce, Co-Ce 和 Cu-Cr 合金的高温氧化-硫化[D]. 沈阳: 中国科学院金属研究所, 1997.

[92] Niu Y, Xiang J H, Gesmundo F. The oxidation of two ternary Ni-Cu-5at.%Al alloys in 1atm of pure O₂ at 800-900℃[J]. Oxidation of Metals, 2003, 60(3-4): 293-313.

[93] 向军淮, 牛焱, 赵泽良, 等. Cu-60Ni-10Al 和 Cu-60Ni-15Al 三元合金在 800℃的高温氧化行为[J]. 稀有金属材料与工程, 2005, 34(8): 1275-1278.

[94] 张轲, 牛焱, 李远士, 等. Cu-44%Cr-12%Fe 合金在 800℃不同氧分压下的氧化行为[J]. 中国有色金属学报, 2004, 14(2): 184-188.

[95] Wang S Y, Gesmundo F, Wu W T. A non-classical type of third-element effect in the oxidation of Cu-xCr-2Al alloys at 1173K[J]. Scripta Materialia, 2006, 54(9): 1563-1568.

[96] Niu Y, Zhao Z L, Gesmundo F, et al. The air oxidation of two Cu-Ni-Ag alloys at 600-700℃[J]. Corrosion Science, 2001, 43(3): 1541-1556.

[97] Gao F, Gesmundo F, Niu Y. Effect of Zn additions on the oxidation of Cu-2at.%Al and Cu-4at.% Al alloys in 1 atm O₂ at 800℃[J]. Oxidation of Metals, 2009, 71: 41-46.

[98] Xiang J H, Niu Y, Gesmundo F. Oxidation of two ternary Fe-Cu-5at.%Al alloys in 1 atm of pure O₂ at 800℃[J]. Oxidation of Metals, 2004, 61(5-6): 405-420.

[99] Zhang X J, Wang S Y, Gesmundo F, et al. The effect of Cr on the oxidation of Ni-10at.% Al in 1 atm O₂ at 900-1000℃[J]. Oxidation of Metals, 2006, 65(3-4): 151-165.

[100] Guo Q Q, Liu S, Wu X F, et al. Scaling behavior of two Fe-xCr-5Si alloys under high and low oxygen pressures at 700℃[J]. Corrosion Science, 2015, 100: 579-588.

[101] 张志刚, Hou P Y, 牛焱. Fe-xCr-10Al(x = 0, 5, 10)合金在 900℃的氧化: 第三组元作用的新例子[J]. 金属学报, 2005, 41(6): 649-654.

[102] Nesbitt J A. Predicting minimum Al concentrations for protective scale formation on Ni-base Alloy: I. Isothermal oxidation[J]. Journal of the American Chemical Society, 1989, 136(5): 1511-1517.

[103] 牛焱, 曹中秋, 王文. 三元合金的高温理论氧化图. I. 高氧分压下的近似分析[J]. 金属学报, 2000, 36(7): 744-748.

[104] 牛焱, 王文, 曹中秋. 三元合金高温理论氧化图. II. 低氧分压下的近似分析[J]. 金属学报, 2001, 37(4): 411-414.

[105] Gesmundo F, Niu Y. The internal oxidation of ternary alloys. I: The single oxidation of the most reactive component under low oxidant pressures[J]. Oxidation of Metals, 2003, 60(5-6): 347-370.

[106] Niu Y, Gesmundo F. The internal oxidation of ternary alloys. II: The coupled internal oxidation of the two most reactive components under intermediate oxidant pressures[J]. Oxidation of Metals, 2003, 60(5-6): 371-391.

[107] Niu Y, Gesmundo F. The internal oxidation of ternary alloys. III: The coupled internal oxidation of the two most reactive components under high oxidant pressures[J]. Oxidation of Metals, 2004, 62(5-6): 341-355.

[108] Gesmundo F, Niu Y. The internal oxidation of ternary alloys. IV: The internal oxidation of the most reactive component beneath external scales of the component having intermediate reactivity[J]. Oxidation of Metals, 2004, 62(5-6): 357-374.

[109] Rhines F N. A metallographic study of internal oxidation in the alpha solid solutions of

copper[J]. Transactions of the Metallurgical Society of AIME, 1940, 137: 246-290.

[110] Giggins C S, Pettit F S. Oxidation of Ni-Cr-Al alloys between 1000℃ and 1200℃[J]. Journal of the American Chemical Society, 1971, 118(11): 1782-1790.

[111] Yi H C, Guan S W, Smeltzer W W, et al. Internal oxidation of Ni-Al and Ni-Al-Si alloys at the dissociation pressure of NiO[J]. Acta Metallurgical Materialia, 1994, 42: 981-990.

[112] Krupp U, Christ H J. Internal nitridation of nickel-base alloys. Part Ⅰ: Behavior of binary and ternary alloys of the Ni-Cr-Al-Ti system[J]. Oxidation of Metals, 1999, 52(3-4): 277-298.

[113] Krupp U, Christ H J. Internal nitridation of nickel-base alloys. Part Ⅱ: Behavior of quaternary Ni-Cr-Al-Ti alloys and computer-based description[J]. Oxidation of Metals, 1999, 52(3-4): 299-320.

[114] Guan S W, Yi H C, Smeltzer W W. Internal oxidation of ternary alloys. Part Ⅰ: Kinetics in the absence of an external scale[J]. Oxidation of Metals, 1994, 41(5-6): 377-387.

[115] Guan S W, Yi H C, Smeltzer W W. Internal oxidation of ternary alloys. Part Ⅱ: Kinetics in the presence of an external scale[J]. Oxidation of Metals, 1994, 41(5-6): 388-400.

[116] Gleiter H. Nanoerystalline materials[J]. Progress in Materials Science, 1989, 33(4): 223-315.

[117] Gleiter H. In Proceegings of the Second Niso International Symposium on Metallurgy and Materials Science[M]. Roskilde: Riso National Laboratory Denmark, 1981.

[118] Siegel R W, Fujita F E. Physics of New Materials[M]. Berlin: Springer-Verlag, 1992.

[119] 孙洪津. 机械合金化制备 Cu-Co-Cr 合金高温化学稳定性研究[D]. 沈阳: 沈阳师范大学, 2011.

[120] Song J H, Messer B, Wu Y. MMo₃Se₃(M=Li⁺,Na⁺,Rb⁺,Cs⁺,NMe⁴⁺) nanowire formation via cation exchange in organic solution[J]. Journal of the American Chemical Society, 2001, 123(39): 9714-9715.

[121] 刘安强. 纯铜镦挤变形晶粒细化/纳米化过程的研究[D]. 昆明: 昆明理工大学, 2006.

[122] 胡卫兵. 不同形貌的铌基和钨基纳米材料的合成与性能研究[D]. 武汉: 华中科技大学, 2008.

[123] 沈丽明. 纳米氧化锌及超结构的合成和表征[D]. 南京: 南京工业大学, 2003.

[124] Jana N R, Gearheart L, Murphy C J. Wet chemical synthesis of high aspect ratio cylindrical gold nanorods[J]. Journal of Physical Chemistry B, 2001, 105(19): 4065-4067.

[125] Greene L E, Law M, Goldberger J. Low-temperature wafer-scale production of ZnO nanowire arrays[J]. Angewandte Chemie International Edition, 2003, 42: 3031-3034.

[126] Li B, Xie Y, Huang J X, et al. Solvothermal route to tin monoselenide bulk single crystal with different morphologies[J]. Inorganic Chemistry, 2000, 39(10): 2061-2064.

[127] Pacholski C, Kornowski A, Weller H. Self-assembly of ZnO: From nanodots to nanorods[J]. Angewandte Chemie International Edition, 2002, 1: 1188-1191.

[128] Guo L, Ji Y L, Xu H. Regularly shaped, single-crystalline ZnO nanorods with wurtzite structure[J]. Journal of the American Chemical Society, 2002, 124(50): 14864-14865.

[129] Wu M L, Chen D H, Huang T C. Preparation of An/Pt bimetallic nanoparticles in water-in-oil microemulsions[J]. Chemistry of Materials, 2001, 13(2): 599-606.

[130] Yin Y, Liu Y, Xia Y. Template-assisted self-assembly: A practical route to complex aggregates of

monodispersed colloids with well-defined sizes, shapes, and structures[J]. Journal of the American Chemical Society, 2001, 123(36): 8718-8729.

[131] 张茂峰. 用于发光标记物的稀土纳米材料的制备及发光性能研究[D]. 广州: 暨南大学, 2006.

[132] Liao J H, Kanatzidis M G. Hydrothermal polychalcogenide chemistry. Stabilization of selenidomolybdate, $[Mo_9Se_{40}]^{8-}$, a cluster of clusters, and $[Mo_3Se_{18}]_n^{2n-}$ a polymerie polyselenide. Novel phases based on trinuclear $[Mo_3Se_7]^{4+}$ building blocks[J]. Inorganic Chemistry, 1992, 31(19): 431-439.

[133] 李小兵, 刘竞超. 纳米粒子与纳米材料[J]. 塑料, 1999, 28(11): 19-22.

[134] Li J, Chen Z, Wang R J. Low temperature route towards new materials: Solvothermal synthesis of metal chalcogenides in ethylenediamine[J]. Coordination Chemistry Reviews, 1999, S190-192: 707-735.

[135] 陈震, 郑曦, 陈日耀. 有机溶剂热生长晶体及其应用[J]. 材料研究学报, 2001, 15(2): 151-158.

[136] Rockenberger J, Scher E C, Alivisatos A P. A new nonhydrolytic single-precursor approach to surfactant-capped nanocrystals of transition metal oxides[J]. Journal of the American Chemical Society, 1999, 121(49): 11595-11596.

[137] 张茂峰. 稀土氟化物和硼化物纳米材料的合成、表征及性能研究[D]. 北京: 中国科学技术大学, 2008.

[138] Pan Z W, Dai Z R, Wang Z L. Nanobelts of semiconducting oxides[J]. Science, 2001, 291: 1947-1949.

[139] Benjamin J S. Fundamentals mechanical alloying[J]. Materials Science Forum, 1992, 88: 1-18.

[140] Yuasa E, Morooka T. Microstructual change of Cu-Ti-B powders during mechanical alloying[J]. Powder Metallurgy, 1992, 35(2): 120-124.

[141] Min M X, Juan X R, Wang H. Electronic structure and chemical bond of titanium diboride[J]. Journal of Wuhan University of Technology(Materials Science Edition), 2003, 18(2): 11-14.

[142] Shingu P H, Huang B, Nishitani S R. Nano-meter order cystalline structures Al-Fe alloys produced by mechanical alloyings[J]. Supply Transactions of Japan Institute of Metals, 1988, 29(3): 3-10.

[143] Wang C L, Lin S Z, Niu Y. Microstructual properties of bulk nanocrystalline Ag-Ni alloy prepared by hot pressing of mechanically pre-alloyed powders[J]. Applied Physics A—Materials Science & Processing, 2003, 76(2): 157-163.

[144] Hellstern E, Fecht H J, Fu Z. Structural and thermodynamic properties of heavily mechanically deformed Ru and AlRu[J]. Journal of Applied Physics, 1989, 65(3): 305-310.

[145] Huang J Y, Jiang J Z, Yasuda H. Kinetic process of mechanical alloying in $Fe_{50}Cu_{50}$[J]. Physical Review B, 1998, 58(8): 11817-11820.

[146] Liu X R, Liu Y B, Ran X. Fabrication of the supersaturated solid solution of carbon in copper by mechanical alloying[J]. Materials Characterization, 2007, 58(6): 504-508.

[147] 杨元政, 杨柳静, 刘正义. 机械合金化 Fe-B 非晶合金及纳米合金的形成[J]. 材料研究学报, 1995, 9(1): 33-39.

[148] 李世波, 谢建新, 陈姝, 等. 机械合金化 W-Cu 固溶体的形成机理[J]. 材料科学与工艺, 2006, 14(4): 424-427.

[149] Eckert J, Jost K, Schultz L. Synthesis and properties of mechanically alloyed Y-Ni-B-C[J]. Material Letters, 1997, 31(4): 329-333.

[150] 单际国, 任家烈, 丁建春. 铸铁表面 Cr 合金化层的微观结构及耐磨性能[J]. 激光, 2004, 28(1): 1-4.

[151] Gesmundo F, Gleeson B. Oxidation of multicomponent two-phase alloys[J]. Oxidation of Metals, 1995, 44(1-2): 211-237.

[152] Koch C C. Materials synthesis by mechanical alloying[J]. Annual Review of Materials Research, 1989, 19(19): 121-143.

[153] Caplan D, Harvey A, Cohen M. Oxidation of Cr at 890-1200℃[J]. Corrosion Science, 1963, 3: 161-175.

[154] Hossain M K. Effects of alloy microstructure on the high temperature oxidation of an Fe-10% Cr alloy[J]. Corrosion Science, 1979, 19(12): 1031-1045.

[155] Wang F H. The effect of nanocrystallization on the selective oxidation and adhesion of Al_2O_3 scales[J]. Oxidation of Metals, 1997, 48(3-4): 215-224.

[156] Goedjen J G, Shores D A. The effect of alloy grain size on the transient oxidation behavior of an alumina forming alloy[J]. Oxidation of Metals, 1992, 37(3-4): 125-142.

[157] Liu Z Y, Gao W, Dahm K L, et al. Oxidation behavior of sputter-deposited Ni-Cr-Al microcrystalline coatings[J]. Acta Materialia, 1998, 46(5): 1691-1700.

[158] Perez P, Gonzalez-Carrasco J L, Adeva P. Influence of powder particles size on the oxidation behavior of a PM Ni_3Al alloy[J]. Oxidation of Metals, 1998, 49(5-6): 485-507.

[159] Wang F H, Lou H Y, Zhu S L, et al. The mechanism of scale adhesion on sputtered microcrystallized CoCrAl films[J]. Oxidation of Metals, 1996, 45(1-2): 39-50.

[160] Wang F H, Lou H Y, Wu W T. The oxidation resistance of a sputtered microcrystalline TiAl intermetallic compound film[J]. Oxidation of Metals, 1995, 43(5-6): 395-406.

[161] Basu S N, Yurek G J. Effect of alloy grain size and silicon content on the oxidation of austenitic Fe-Cr-Ni-Mn-Si alloys in a SO_2-O_2 gas mixture[J]. Oxidation of Metals, 1991, 35(5-6): 441-469.

[162] Byoung J K, Young C K. High temperature oxidation of $(Ti_{1-x}Al_x)N$ coatings made by plasma enhanced chemical vapor deposition[J]. Journal of Vacuum Science & Technology A, 1999, 17(1): 133-137.

[163] Basu S N, Yurek J G. Effect of alloy grain size and silicon content on the oxidation of austenitic Fe-Cr-Ni-Mn-Si alloys in pure O_2[J]. Oxidation of Metals, 1991, 36(3): 281-315.

[164] 付广艳, 管恒荣, 牛焱, 等. 溅射 Cu-Cr 合金微晶涂层的氧化[J]. 金属学报, 2000, 36(3): 279-281.

[165] 李远士, 牛焱, 付广艳, 等. Fe-Cu 纳米涂层在 700 与 800℃空气中的氧化[J]. 金属学报, 2000, 36(8): 847-850.

[166] Zhao Z L, Niu Y, Gesmundo F, et al. Air oxidation of two nanophase Ni-Ag alloys at 600-700°C[J]. Oxidation of Metals, 2000, 54(5-6): 559-574.

[167] Song J X, Wu W T, Niu Y, et al. Oxidation of powder metallurgical Ag-Cr alloys in 1 atm O_2 at 700-800℃[J]. High Temperature Materials and Processes, 2000, 19(2): 117-121.

[168] Niu Y, Song J X, Gesmundo F, et al. High-temperature oxidation of two-phase nanocrystalline Ag-Cr alloys in 1 atm O_2[J]. Oxidation of Metals, 2001, 55(3-4): 291-305.

[169] 苏勇, 付广艳, 刘群, 等. 不同方法制备的 Cu-Si 合金的高温氧化行为[J]. 特种铸造及有色合金, 2007, 27(8): 647-650.

[170] 付广艳, 苏勇, 刘群, 等. 不同方法制备 Fe-Si 合金的高温氧化行为[J]. 稀有金属材料与工程, 2007, 36(S1): 259-263.

[171] Cao Z Q, Sun Y, Sun H J, et al. Effect of grain size on oxidation behavior of Fe-40Ni-15Cr alloys[J]. High Temperature Materials and Processes, 2012, 31(1): 83-87.

[172] Zhou Y, Peng X, Wang F H. Oxidation of a novel electrodeposited Ni-Al nanocomposite film at 1050℃[J]. Scripta Materialia, 2004, 50(12): 1429-1433.

[173] 黄忠平, 彭晓, 王福会. Cu-30Ni-20Cr 纳米复合镀层的高温氧化行为[J]. 金属学报, 2006, 42(3): 290-294.

[174] 杨秀英, 赵艳红, 彭晓, 等. Cr, Al 颗粒尺寸对 Ni-Cr-Al 复合镀层氧化行为的影响[J]. 中国腐蚀与防护学报, 2011, 31(3): 190-195.

[175] 张洋, 宗广霞, 王福会. 溅射纳米晶 Ni20Cr 涂层的高温氧化行为[J]. 腐蚀与防护, 2011, 32(6): 422-425.

[176] 王心悦, 王福会, 辛丽, 等. 纳米化对 M951 合金高温氧化性能的影响[J]. 中国表面工程, 2013, 26(3): 31-38.

[177] Wang F H. Oxidation resistance of sputtered Ni_3(AlCr) nanocrystalline coating[J]. Oxidation of Metals, 1997, 47(3-4): 247-258.

[178] Chiang K T, Meier G H, Pettit F S. Microscopy of Oxidation. III[M]. London: Institute of Metals, 1997.

[179] Alejandro G, Damborenea J D. High-temperature oxidation behavior of laser-surface-alloyed incoloy-800H with Al[J]. Oxidation of Metals, 1997, 47(3-4): 259-275.

第3章 中等含镍量 Cu-Ni 合金的高温腐蚀性能

3.1 常规尺寸 Cu-Ni 合金的高温腐蚀性能

3.1.1 引言

由于 Cu 和 Ni 两组元在整个成分范围内无限互溶,两组元 Cu 和 Ni 的氧化物间互溶度很低、热力学稳定性及生长速率相差较大,Cu-Ni 合金作为模型合金的高温氧化行为研究越来越受到人们的关注。对于金属 Cu 和 Ni 的高温氧化行为已有较详尽的研究和对其机制普遍接受的描述。同样,有关 Cu-Ni 合金的高温氧化已有报道,但大多集中在富铜或富镍合金上。例如,Whittle 等[1]研究了 Cu-Ni 合金表面双层氧化膜的形成过程;Haugsrud 等[2,3]研究了低含镍量的 Cu-Ni 合金在 $800\sim1050℃$、氧分压为 $5\times10^{-5}\sim0.1MPa$ 下的氧化行为,并对其扩散控制下的氧化动力学行为进行了定量描述;李远士等[4]研究了晶粒尺寸对 Cu-10Ni(质量分数)合金高温氧化行为的影响。一般地,富铜合金表面通常形成 CuO 外层并有镍的内氧化发生,富镍合金表面形成的是典型的双层结构,外层是一薄的 CuO 层,相邻的内层是 NiO 层;而中等含镍量的 Cu-Ni 合金表面形成由 Cu_2O 和 NiO 组成的混合氧化膜结构。事实上,合金中存在一个临界值,当合金中镍的含量大于此值时,合金表面氧化膜内层应由 Cu_2O 和 NiO 组成的混合氧化层向单一的 NiO 层过渡。为此,本节选择三种中等含镍量及常规尺寸的 Cu-50Ni[①]、Cu-60Ni 和 Cu-70Ni 合金,介绍其高温氧化膜结构及氧化动力学性能[5,6]。

3.1.2 实验方法

采用纯金属 Cu 和 Ni 原料,经非自耗电弧炉反复熔炼,使其成为纽扣状合金锭,经 800℃真空退火 24h 消除其残余应力。三种合金设计成分分别为 Cu-50Ni、Cu-60Ni 和 Cu-70Ni,而实际平均成分分别为 Cu-50.2Ni、Cu-60.6Ni 和 Cu-70.9Ni。从合金锭切取面积约为 $2.5cm^2$ 的试片,试片用砂纸磨至 $600^\#$,经水、无水乙醇及丙酮清洗并干燥后用 Cahn2000 型热天平连续测量其在 $700\sim800℃$、空气中氧化的质量变化。氧化样品经 SEM/EDX 和 XRD 进行观察及分析。

---

① 10 代表原子分数 10%,为简便,省略%,本章中所有合金都如此表示,如无特别说明,含量都指原子分数。

3.1.3　高温腐蚀性能

图 3.1 和图 3.2 是三种 Cu-Ni 合金的氧化动力学曲线。合金的氧化动力学行为较复杂，偏离抛物线规律，其中 Cu-50Ni 合金的氧化动力学曲线由两段抛物线段组成，Cu-60Ni 合金由开始的抛物线段和随后氧化速率较快的直线段组成，而 Cu-70Ni 合金则由三段抛物线段组成。在 700℃氧化，6h 之前，合金的氧化增重按 Cu-50Ni、Cu-60Ni、Cu-70Ni 的顺序降低，6h 之后，Cu-60Ni 合金的氧化增重明显高于 Cu-50Ni、Cu-70Ni。Cu-70Ni 合金在 6~15h 的氧化增重高于 Cu-50Ni 的氧化增重，而 15h 后其氧化增重低于 Cu-50Ni 的氧化增重。800℃时，Cu-50Ni 合金的氧化增重明显高于 Cu-60Ni 和 Cu-70Ni。而 Cu-60Ni 与 Cu-70Ni 合金在 4h 之前的氧化增重几乎相同，而后 Cu-60Ni 合金比 Cu-70Ni 合金氧化增重要大。表 3.1 列出了两种纯金属 Cu 和 Ni 以及三种 Cu-Ni 合金的抛物线速率常数的。可见，三种合金的平均氧化速率均比纯 Cu 低，但比纯 Ni 高。

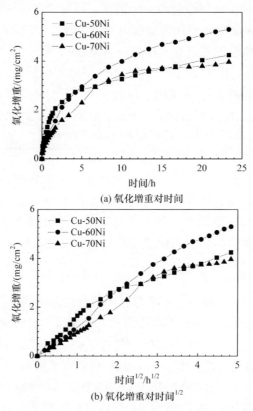

(a) 氧化增重对时间

(b) 氧化增重对时间$^{1/2}$

图 3.1　Cu-Ni 合金在 700℃空气中氧化 24h 的动力学曲线

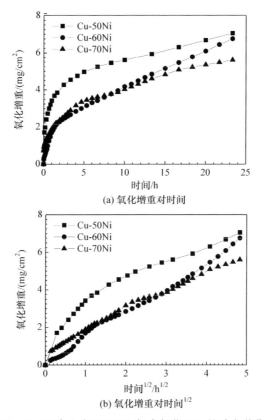

(a) 氧化增重对时间

(b) 氧化增重对时间$^{1/2}$

图 3.2　Cu-Ni 合金在 800℃空气中氧化 24h 的动力学曲线

表 3.1　两种纯金属 Cu 和 Ni 与三种 Cu-Ni 合金的抛物线速率常数(单位：g^2/(m^4·s))

k_p	Cu[7]	Ni[8]	Cu-50Ni	Cu-60Ni	Cu-70Ni
700℃	1.2×10^{-1}	1.1×10^{-3}	(in)5.9×10^{-1} (av)1.9×10^{-2} (fi)8.1×10^{-3}	3.7×10^{-2} — 直线	2.9×10^{-2} 2.2×10^{-2} 1.7×10^{-2}
800℃	5.4×10^{-1}	3.8×10^{-3}	(in)2.1×10^{-1} (av)4.2×10^{-2} (fi)1.8×10^{-2}	2.1×10^{-2} — 直线	2.2×10^{-2} 2.4×10^{-2} 2.7×10^{-2}

注：in 代表初始(initial)，av 代表平均(average)，fi 代表最终(final)。

　　图 3.3～图 3.5 是 Cu-50Ni、Cu-60Ni 和 Cu-70Ni 合金氧化膜的显微组织结构。由图可知，三种 Cu-Ni 合金在 700～800℃、空气中氧化 24h 后形成的外氧化膜是典型的双层结构，氧化膜外层均是连续的 CuO 层，而相邻的内层则是疏松、多孔的 Cu$_2$O 和 NiO 的混合氧化层。Cu 在 CuO 中的扩散系数远大于 Ni 在 NiO 中的

扩散系数[9]，因此内外两层的界面大致对应着原始合金表面。Cu-50Ni 和 Cu-60Ni 合金在发生外氧化的同时沿基体发生 Ni 的内氧化。

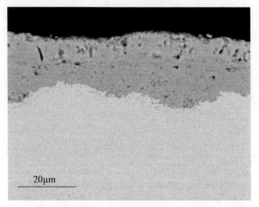

(a) 700℃

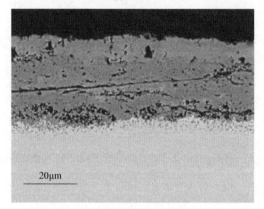

(b) 800℃

图 3.3　Cu-50Ni 合金在 700～800℃空气中氧化的断面结构

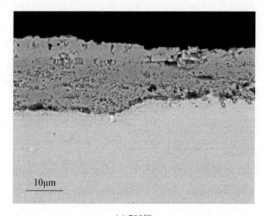

(a) 700℃

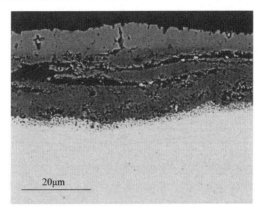

(b) 800℃

图 3.4　Cu-60Ni 合金在 700～800℃空气中氧化的断面结构

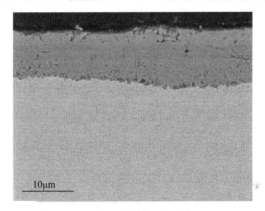

(a) 700℃

(b) 800℃

图 3.5　Cu-70Ni 合金在 700～800℃空气中氧化的断面结构

事实上，研究所用气相中的氧分压均高于 Cu 和 Ni 氧化物的平衡氧分压[10]，因此，热力学上 CuO、Cu_2O 和 NiO 都可以形成，且 NiO 比 CuO 和 Cu_2O 稳定。但在动力学上，合金表面 CuO 和 Cu_2O 的生长速率远大于 NiO。因此，氧化开始时，合金表面可能生成 Cu 和 Ni 的各种氧化物，但 Cu 的氧化物生长很快而覆盖了 Ni 的氧化物，所以在合金表面首先形成的是连续的 CuO 层。随着氧化层的形成，合金/氧化膜界面向里迁移，其上的氧分压逐渐降低，CuO 层下面形成了 Cu_2O 和 NiO 的混合氧化层。如果要想氧化膜内层仅形成 NiO 膜，合金中 Ni 的含量必须超过一个临界值[11]，否则形成的是 Cu_2O 和 NiO 的混合氧化层。

对于含有活泼组元 B 的二元单相 A-B 合金，合金表面生成氧化膜的成分是由热力学和动力学因素共同决定的。热力学上，合金中存在唯一的组成，此时合金与两种氧化物 AO 和 BO_v 同时处于平衡状态。这一组成通常用合金中组元 B 的原子分数 N_B^e 表示，并由式(3.1)给出：

$$[K(AO)(1-N_B^e)]^v = K(BO_v)N_B^e \tag{3.1}$$

其中，$K(AO)$ 和 $K(BO_v)$ 分别是形成 AO、BO_v 的平衡常数。当合金成分 $N_B < N_B^e$ 时，合金表面仅形成 AO 氧化膜，但当 $N_B > N_B^e$ 时，仅形成 BO_v 氧化膜[9]。而动力学上，合金中存在两个临界浓度 $N_B^{0*}(1)$ 和 $N_B^{0*}(2)$。当 $N_B < N_B^{0*}(1)$ 时，合金/氧化膜界面处 A 的流量足以维持 AO 氧化物以适当的速率生长，同时阻止不稳定氧化物 BO_v 的形成[11,12]，此时合金表面仅形成 AO 氧化膜；当 $N_B^{0*}(1) < N_B < N_B^{0*}(2)$ 时，合金表面形成 AO 和 BO_v 混合氧化膜；当 $N_B > N_B^{0*}(2)$ 时，合金表面仅形成 BO_v 氧化膜。$N_B^{0*}(1)$ 和 $N_B^{0*}(2)$ 可由式(3.2)和式(3.3)给出：

$$N_B^{0*}(1) = N_B^e(1-F(u_1)) \tag{3.2}$$

$$N_B^{0*}(2) = N_B^e + (1-N_B^e)F(u_2) \tag{3.3}$$

其中，u_1、u_2 及辅助函数 $F(u)$ 分别表示如下：

$$u_1 = \frac{1}{2}[k_c(AO)/D_A]^{1/2} \tag{3.4}$$

$$u_2 = \frac{1}{2}[k_c(BO)/D_B]^{1/2} \tag{3.5}$$

$$F(u) = \pi^{(1/2)}u\exp(u^2)\text{erfc}(u) \tag{3.6}$$

其中，$k_c(AO)$ 或 $k_c(BO)$ 分别是以氧化所消耗金属厚度 X 表示的合金表面 AO 或 BO 生长的抛物线速率常数；D_A 和 D_B 分别为组元 A 和 B 在合金中的扩散系数。

对于 Cu-Ni 合金，为了计算 $N_B^{0*}(1)$ 和 $N_B^{0*}(2)$，需要获知若干重要的参数。其中 $k_c^o(\text{Cu}) = 5.2 \times 10^{-9}$，$k_c(\text{Cu}) = 1.1 \times 10^{-9}$；$k_c^o(\text{Ni}) = (3.7 \sim 9.5) \times 10^{-12}$，$k_c(\text{Ni}) = 5.6 \times 10^{-12}$。

D_{Cu} 和 D_{Ni} 分别表示如下[13]：

$$D_{Cu} = 0.78\exp[-211.3\times10^3/(RT)] \tag{3.7}$$

$$D_{Ni} = 1.1\exp[-225.1\times10^3/(RT)] \tag{3.8}$$

氧在合金中的溶解度和扩散系数 $N_O^S(Cu)$ 和 $D_O(Cu)$ 分别表示如下[14]：

$$N_O^S(Cu) = 154\exp[-149.6\times10^3/(RT)] \tag{3.9}$$

$$D_O(Cu) = 1.16\times10^{-2}\exp[-67.3\times10^3/(RT)] \tag{3.10}$$

由这些参数计算出 $N_B^{0*}(1) = 9.5\times10^{-5} \sim 3.6\times10^{-4}$，$N_B^{0*}(2) = 0.47 \sim 0.86$，这些计算结果与实验结果相吻合。

Cu-50Ni 和 Cu-60Ni 合金在发生外氧化的同时，也发生了 Ni 的内氧化。类似现象已在许多二元双相合金系的氧化中观察到[15-19]，但在单相合金中则属罕见。

有关这类特殊氧化层组织的稳定条件，Wagner 最早在研究 Cu-Pt 和 Cu-Pd 系合金氧化时做过分析[20]。随后 Smeltzer 等加以发展[21]，考虑了内氧化物的生成和不同组元在内氧化区的扩散两者偏离理想情况带来的影响。对于二元单相 A-B 合金，在有外氧化膜 BO_v 的条件下发生组元 B 的内氧化问题所采用的判据都是假定形成外氧化膜 BO_v 而并未发生内氧化时在合金内有 O 和 B 的过饱和现象，这一点可用参数 S 来描述，其定义为

$$S = \left(\frac{\partial \ln N_A N_O^S}{\partial x}\right)_{x=X} = \frac{N_A^0 - N_A^I}{N_A^I}\frac{1}{(\pi D_{AB}t)^{1/2}}\frac{\exp(-u^2)}{\mathrm{erfc}(u)}$$

$$- \frac{v\exp(-k_c/(2D_O))}{(\pi D_O t)^{1/2}\,\mathrm{erfc}(k_c/(2D_O))}$$

$$N_A^I = \frac{N_A^0 - F(u)}{1 - F(u)} \tag{3.11}$$

其中，X 为与合金原始表面的距离；k_c 为以氧化所耗金属厚度 X 表示的外氧化膜生长的抛物线速率常数；D_{AB} 和 D_O 分别为合金的互扩散系数和氧在合金中的扩散系数；erfc 为补余误差函数；N_A^0 和 N_A^I 分别表示合金本身和在合金/氧化膜界面处组元 A 的摩尔分数。

对于一个给定体系，S 是时间的函数，因此方便起见，引入一个与时间无关的参数 $P = S(\pi D_{AB}t)^{1/2}$，它可表示为

$$P = v\left[\frac{N_A^0 - N_A^I}{N_A^I}\frac{\exp(-u^2)}{\mathrm{erfc}(u)} - \frac{v\exp(-k_c/(2D_O))}{\mathrm{erfc}(k_c/(2D_O))}\right] \tag{3.12}$$

当 $P < 0$ 时，发生组元 B 的外氧化；当 $P > 0$ 时，发生组元 B 的内氧化和外氧化。事实上，P 值仅用来预测在有 BO_v 外氧化膜时发生 BO_v 内氧化的趋势，P

值越大，体系越可能形成这种特殊的氧化膜结构。

对于 Cu-Ni 合金系，为了计算过饱和参数 P，需要获知若干重要的参数，Ni 和 O 在 Cu 中的扩散系数由式(3.7)和式(3.8)给出；抛物线速率常数由 $k_c = X^2/(2t)$ 给出。由这些参数计算出 Cu-50Ni、Cu-60Ni 和 Cu-70Ni 在 800℃时的过饱和参数 P 分别为 $2.8×10^6$、$2.5×10^4$ 和 $7.4×10^3$，由此可知 Cu-50Ni 和 Cu-60Ni 的过饱和参数相对较大，容易发生 Ni 的内氧化和外氧化，而 Cu-70Ni 的过饱和参数相对较小，发生内氧化的概率相对较小，故仅发生 Ni 的外氧化，这些计算与实验结果相吻合。

中等含镍量的 Cu-Ni 合金的氧化动力学行为较复杂，其氧化动力学曲线通常不是单一的抛物线段，而是由几段线段组成，例如，Cu-50Ni 合金的氧化动力学曲线由两段抛物线段组成，Cu-60Ni 合金由初始的抛物线段和随后的直线段组成，而 Cu-70Ni 合金由三段抛物线段组成。由于 Ni 在 Cu_2O 中的扩散比 Cu 在 Cu_2O 中的扩散慢得多[7]，氧化开始时，Cu 离子通过 Cu_2O 的扩散是速率控制步骤，因此三种合金的氧化动力学曲线都遵循抛物线规律。随着氧化的不断进行，合金/氧化膜界面的氧分压逐渐降低，Cu_2O 开始分解，氧开始向合金内扩散并与 Ni 反应形成 NiO，这时内层氧化层的生成是 Cu 离子向外扩散和氧向内扩散共同作用的结果，氧化动力学曲线较复杂，可能是抛物线或直线段等。

3.1.4　结论

(1) Cu-50Ni、Cu-60Ni 和 Cu-70Ni 合金的氧化动力学行为较复杂，偏离抛物线规律，其动力学曲线通常不是由单一的抛物线或直线组成的，而是由几段线段组成的。在 700℃氧化，6h 之前，三种合金的氧化增重按 Cu-50Ni、Cu-60Ni 和 Cu-70Ni 的顺序降低，但 6h 之后，Cu-60Ni 合金的氧化增重明显高于 Cu-50Ni 和 Cu-70Ni 合金。在 800℃氧化时，Cu-50Ni 合金的氧化增重明显高于 Cu-60Ni 和 Cu-70Ni 合金。三种合金的氧化速率均比 Cu 高，但比 Ni 要低。

(2) Cu-50Ni、Cu-60Ni 和 Cu-70Ni 合金表面生成的是双层氧化膜，外层均是连续的 CuO 层，相邻的内层则是疏松、多孔的 Cu_2O 和 NiO 的混合氧化层，内、外两层的界面大致对应着原始合金表面。Cu-50Ni 和 Cu-60Ni 合金在发生外氧化的同时沿基体有 Ni 的内氧化发生。

3.2　纳米晶 Cu-Ni 合金的高温腐蚀性能

3.2.1　引言

纳米材料具有一些潜在优异的性能而被称为 21 世纪热门和具有广泛应用前景的一种新型材料[22-24]。目前有关纳米材料的制备方法已有报道，如超细粉末固化法、球磨法、强塑性变形法、非晶晶化法以及电化学沉积法等，其中机械合金化(MA)是一种非平衡状态下的粉末固态合金化方法[25-30]。这种方法利用高能球磨技术,使不同成分的粉末在球磨罐中被磨球捕获并发生碰撞使混合粉末不断破裂、变形、冷焊和短程扩散从而实现合金化,然后用热压或烧结的方法制备成致密、具有一定形状的固体。用此方法已成功地制备了具有广泛应用前景的 Al-Ti、M50 和 TiO$_2$ 等纳米晶材料[31-33]。纳米晶材料的粒径小、表面原子多、吸附能力强、表面活性高,使其非常容易被腐蚀,严重影响材料的使用寿命,从而制约着纳米材料的应用。目前对纳米晶材料高温氧化性能的研究却相对较少。因此,进行机械合金化制备的纳米晶材料的高温氧化性能研究对纳米晶材料的实际应用和推广无疑具有重要的意义。

在过去的几十年中,晶粒细化对材料的高温腐蚀性能的影响已引起人们的广泛关注[34-44]。研究结果表明,晶粒细化提供了大量可作为优先扩散通道的晶界,提高了活泼组元向外传输的速率,降低了由混合氧化膜向单一活泼组元氧化膜转化的临界浓度[36-39]。前面介绍了常规尺寸三种中等含镍量 Cu-Ni 合金的高温氧化行为,发现即使 Ni 含量高达 70%,合金表面氧化膜内层仍没有实现由 Cu$_2$O 和 NiO 的混合氧化层向单一 NiO 层的转化。为此,本节介绍机械合金化通过热压制备的纳米晶 MA Cu-50Ni、MA Cu-60Ni 和 MA Cu-70Ni 合金在 700~800℃空气中的氧化行为,并与相应的电弧熔炼(as-casting,CA)制备的常规尺寸 Cu-Ni 合金比较,介绍晶粒尺寸大小对合金高温氧化行为的影响机制,寻找由 Cu$_2$O 和 NiO 的混合氧化层向单一 NiO 层转化的临界浓度[6,45]。

3.2.2　实验方法

纳米晶 Cu-Ni 合金的制备包括球磨和热压两个过程。将粒径小于 100μm 的纯铜和纯镍粉(≥99.99%)按比例混合后在南京大学生产的 QR-1SP 行星式球磨机上球磨,球罐与磨球材质均为 1Cr18Ni9Ti 不锈钢,球料质量比约为 10∶1。为防止球磨过程中样品被氧化,将球罐抽真空后再充入氩气保护。每球磨 1h,停机 30min,以避免过热,共球磨 60h。将磨好的粉末放入 ϕ20mm 的石墨模具,将模具置于 0.06Pa 的真空炉中,并在 750℃和 14MPa 压力下保持 10min,然后随炉冷却后真空退火。用排水法测量热压后合金的密度达到理论值的 98.0%以上。用日本理学 D/MAX-rA 衍射仪(CuKα),采用半高峰法(FWHD),应用 Scherrer 公式(去除 Kα 引起的峰宽化)计算球磨 60h 后粉末的平均晶粒尺寸约为 10nm,热压后的平均晶粒尺寸约为 30nm,退火后的平均晶粒尺寸为 70nm,而相同成分的常规尺寸铸态合金的晶粒尺寸为 50~100μm。三种 Cu-Ni 合金的设计成分分别为 MA Cu-50Ni、MA Cu-60Ni 和 MA Cu-70Ni,而实际平均成分分别为 MA Cu-49.6Ni、MA Cu-60.6Ni 和 MA Cu-70.3Ni。从合金锭切取面积约为 2.5cm^2 的试片,用砂纸打磨试片至 600$^\#$,经水、无水乙醇及丙酮清洗并干燥后备用。用 Cahn2000 型热天平连续测量合金在 700～800℃空气中的氧化动力学行为，用 SEM/EDX 和 XRD 观察、分析氧化样品。

3.2.3　高温腐蚀性能

图 3.6 是三种纳米晶 MA Cu-Ni 合金与相应常规尺寸 CA Cu-Ni 合金在 700～800℃、空气中的氧化动力学曲线。由图可见，MA Cu-50Ni 合金的氧化增重明显高于 MA Cu-60Ni 和 MA Cu-70Ni 合金。MA Cu-70Ni 合金在 800℃时的氧化动力学曲线遵循近似的抛物线规律，其平均抛物线速率常数 $k_p = 2.6×10^{-10}g^2/(m^4 \cdot s)$，而在 700℃时的氧化动力学行为较复杂，偏离抛物线规律，其氧化动力学曲线由三段抛物线段和一段直线段组成，1h 之前的抛物线速率常数 $k_p=4.6×10^{-3}g^2/(m^4 \cdot s)$，2～5h 的抛物线速率常数 $k_p = 3.2×10^{-3}g^2/(m^4 \cdot s)$，5～10h 为直线段，氧化增重很小，10～24h 的抛物线速率常数 $k_p=3.2×10^{-2}g^2/(m^4 \cdot s)$。MA Cu-60Ni 合金在 800℃时的氧化动力学曲线近似遵循抛物线规律，其抛物线速率常数 $k_p=3.4×10^{-2}g^2/(m^4 \cdot s)$，而在 700℃时的氧化动力学行为较复杂，偏离抛物线规律，其氧化动力学曲线由两段抛物线段和一段直线段组成，1h 之前的抛物线速率常数 $k_p=1.2×10^{-2}g^2/(m^4 \cdot s)$，1～8h 抛物线速率常数 $k_p=1.2×10^{-1}g^2/(m^4 \cdot s)$。MA Cu-50Ni 合金的氧化动力学曲线由一段抛物线段和随后的直线组成，其中在 800℃时，抛物线速率常数 $k_p=2.6g^2/(m^4 \cdot s)$，而在 700℃时，抛物线速率常数 $k_p=1.8×10^{-1}g^2/(m^4 \cdot s)$。MA Cu-50Ni 合金在 700～800℃时的氧化速率明显高于 CA Cu-50Ni，而 MA Cu-60Ni 合金在 800℃、2h 之前的氧化速率与 CA Cu-60Ni 几乎相同，2～10h MA Cu-60Ni 合金的氧化速率略高于 CA Cu-60Ni，而 10h 后 CA Cu-60Ni 合金的氧化速率明显高于 MA Cu-60Ni；在 700℃、6h 之前，MA Cu-60Ni 合金的氧化速率低于 CA Cu-60Ni，而后 MA Cu-60Ni 合金的氧化速率却高于 CA Cu-60Ni。MA Cu-70Ni 合金的氧化速率低于 CA Cu-70Ni 合金。

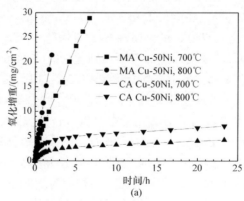

(a)

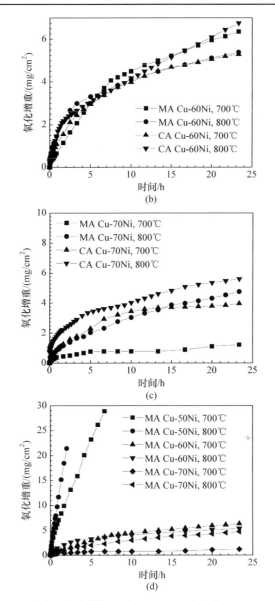

图 3.6　纳米晶 MA Cu-Ni 合金与相应常规尺寸 CA Cu-Ni 合金在 700～800℃的氧化动力学曲线

　　图 3.7～图 3.9 给出了三种 MA Cu-Ni 合金在 700～800℃空气中氧化 24h 后的断面形貌。由图可知，合金表面形成的氧化膜是典型的双层结构，外层是连续且均匀分布的 CuO 层，相邻的内层差别较大，其中 MA Cu-60Ni 的内层是较厚的单一 NiO 层，800℃时 NiO 层致密且均匀分布，但 700℃时 NiO 层局部疏松多孔；MA Cu-70Ni 合金表面氧化膜外层是不连续且很薄的 CuO 层，内层则是致密较厚的单一 NiO 层，而 MA Cu-50Ni 的内层是疏松、多孔的 Cu_2O 和 NiO 混合氧化层。与 CA

Cu-50Ni 和 CA Cu-60Ni 合金相比，两种合金沿基体均没有发生 Ni 的内氧化。

　　尽管 MA Cu-Ni 和 CA Cu-Ni 合金的成分相同，但其显微组织的差异尤其是晶粒尺寸的差异导致它们的氧化行为明显不同。CA Cu-Ni 合金中 Ni 的含量高达

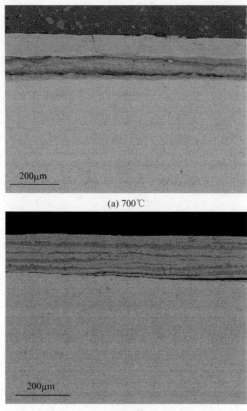

(a) 700℃

(b) 800℃

图 3.7　MA Cu-50Ni 合金在 700～800℃空气中氧化 24h 后的断面形貌

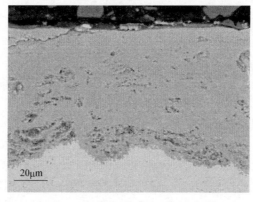

(a) 700℃

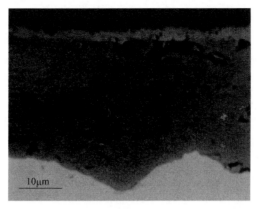

(b) 800℃

图 3.8　MA Cu-60Ni 合金在 700～800℃空气中氧化 24h 后的断面形貌

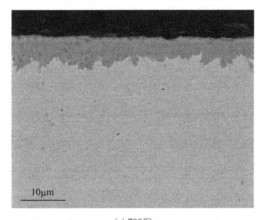

(a) 700℃

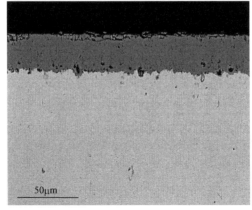

(b) 800℃

图 3.9　MA Cu-70Ni 合金在 700～800℃空气中氧化 24h 后的断面形貌

70%(原子分数)，合金表面氧化膜内层仍是 Cu_2O 和 NiO 的混合氧化层，而 MA Cu-60Ni 合金实现了由 Cu_2O 和 NiO 混合氧化膜向单一 NiO 氧化膜的转化。有关晶粒细化对合金氧化行为的影响已有报道[35-42]。晶粒细化可降低 AO 和 BO 混合氧化膜向单一 BO 氧化膜转变所需的临界浓度 N_B^0，一方面是由于晶粒细化提供了大量可作为优先扩散通道的晶界，这时组元的有效扩散系数是体扩散和晶界扩散的平均值，如果只考虑晶界的贡献，采用 Hart 理论处理方法[46]，用相应的有效扩散系数代替体扩散系数并表示为

$$D_{eff} = (1-f)D_b + fD_g \tag{3.13}$$

其中，D_b 和 D_g 分别是体扩散系数和晶界扩散系数；f 是晶界扩散位置所占的百分数。因此，晶界增加使组元 B 的有效扩散系数 D_{eff} 明显变大，提高了选择性氧化组元 B 向外传输的速率；另外，晶粒细化可能导致晶界密度的提高因而增加组元 B 氧化物可能成核的密度，降低了氧化物的晶粒尺寸，这使活泼组元在致密、吸附性较好的氧化膜中通过晶界扩散或其他短路途径扩散的速率远比在晶格中快，因此能够加快其在氧化膜中的传质过程进而促进氧化膜的生长[47]。

实际上，在对许多合金，如 Fe-Cr、Ni-Cr、Co-Cr 及 Ni-Al 的氧化研究中已经观察到这种临界浓度随晶粒尺寸减小而降低的现象[48-50]，临界浓度是形成基体金属氧化物还是形成更具保护性的活泼组元氧化物如 Cr_2O_3 或 Al_2O_3 的分界线。如果合金晶粒尺寸降低改变了氧化膜的本质，促进形成更具保护性的氧化膜，那么合金抗氧化性能将显著提高。相反，如果合金中的活泼组元浓度不够高，即使晶粒细化后氧化膜结构也无明显变化，仍然形成的是混合氧化膜结构，这种晶粒尺寸降低反而会使材料的氧化速率加快[51,52]。本节研究的 MA Cu-Ni 合金系，由于某些参数的不确定性，还无法计算由 Cu_2O 和 NiO 混合氧化膜向单一 NiO 氧化膜转化的临界浓度 N_B，但 MA Cu-50Ni 合金的氧化行为类似于上述的第二种情况，而 MA Cu-60Ni 合金与第一种情况相似，N_B 值应为 0.5~0.6。

晶粒尺寸较大的 CA Cu-50Ni 和 CA Cu-60Ni 合金发生了少量 Ni 的内氧化。有关稳定组元由内氧化向外氧化转变的临界浓度可由 Wagner 公式给出[11]：

$$N_B = [(\pi g^* N_O D_O V_M)/(2D_{eff}V_{OX})]^{1/2} \tag{3.14}$$

其中，g^* 为一常数；$N_O D_O$ 是氧在合金中的扩散通量；D_{eff} 是组元 B 在合金中的有效扩散系数；V_M 和 V_{OX} 分别是合金和氧化物的摩尔体积。Wagner 公式可简化为 $N_B \propto D_{eff}^{-1/2}$。晶粒细化导致晶界的大量增加从而使 D_{eff} 显著增加，N_B 明显减小。因此，晶粒尺寸较小的纳米晶 MA Cu-50Ni 和 MA Cu-60Ni 合金表面仅形成了外氧化膜而没有发生 Ni 的内氧化。

除 MA Cu-60Ni 合金在 800℃时的氧化动力学曲线近似遵循抛物线规律外，其他合金的氧化动力学曲线均偏离抛物线规律，它们通常不是由单一的抛物线或

直线段组成的，而由几个曲线组成。由于 Ni 在 NiO 中的扩散比 Cu 在 Cu_2O 中的扩散慢得多[9]，氧化开始时，Cu 离子通过 Cu_2O 的扩散是速率控制步骤，所以其氧化动力学曲线遵循抛物线规律。随着氧化的不断进行，合金/氧化膜界面的氧分压逐渐降低，MA Cu-60Ni 合金表面氧化膜内层形成了单一的 NiO 层，Ni 离子通过 NiO 层的扩散是速率控制步骤，因此其氧化速率较低。而 MA Cu-50Ni 合金表面氧化膜内层是 Cu_2O 和 NiO 的混合氧化层，这时内氧化层的生长是 Cu 离子向外扩散和氧向内扩散共同作用的结果，其氧化速率明显高于 MA Cu-60Ni。有关晶粒细化对合金氧化动力学的影响是多方面的：①在最终只能形成非保护性氧化膜的条件下，晶粒尺寸的降低会增加氧化物的生长速率；②当合金的晶粒尺寸降到足以改变氧化膜的结构以形成更具有保护性氧化膜时，可以保持或降低氧化速率。对于 Cu-60Ni 合金，晶粒细化实现了由 Cu_2O 和 NiO 的混合氧化膜向单一 NiO 氧化膜的转化，因此 MA Cu-60Ni 合金的氧化速率与相应的 CA Cu-60Ni 差别不是很大，而对于 Cu-50Ni 合金，晶粒细化没有实现由 Cu_2O 和 NiO 的混合氧化膜向单一 NiO 氧化膜的转化，因此 MA Cu-50Ni 合金的氧化速率明显高于 CA Cu-50Ni。

3.2.4　结论

(1) MA Cu-60Ni 和 MA Cu-70Ni 合金在 800℃时的氧化动力学近似遵循抛物线规律，而其他合金的氧化动力学曲线均偏离抛物线规律，通常不是由单一的抛物线或直线组成的，而由几段线段组成。MA Cu-50Ni 合金的氧化速率明显高于其他 MA Cu-Ni 合金。

(2) MA Cu-50Ni 合金除形成 CuO 氧化层外，内层没有实现 Cu_2O 和 NiO 的混合氧化层向单一 NiO 层的过渡，但 MA Cu-60Ni 和 MA Cu-70Ni 合金则形成了致密、均匀的 NiO 内氧化层。晶粒细化能明显降低形成连续 NiO 层所需 Ni 的临界浓度。

参 考 文 献

[1] Whittle D P, Wood G C. Two-phase scale formation on Cu-Ni alloys[J]. Corrosion Science, 1968, 8(5): 295-308.

[2] Haugsrud R, Kofstad P. On the high-temperature oxidation of Cu-rich Cu-Ni alloys[J]. Oxidation of Metals, 1998, 50(3-4): 189-213.

[3] Haugsrud R. On the influence of non-protective CuO on high-temperature oxidation of Cu-rich Cu-Ni based alloy[J]. Oxidation of Metals, 1999, 52(5-6): 427-445.

[4] 李远士, 牛焱, 王富岗, 等. 晶粒尺寸对 Cu-10Ni 合金高温氧化行为的影响[J]. 金属学报, 1999, 35(11): 1171-1174.

[5] Cao Z Q, Niu Y. Air oxidation of Cu-50Ni and Cu-70Ni alloys at 800℃[J]. Transactions of Nonferrous Metals Society of China, 2001, 11(4): 499-502.

[6] 曹中秋, 牛焱, 吴维弢, 等. 晶粒尺寸对 Cu-60Ni 合金高温氧化行为的影响[J]. 腐蚀科学与防护技术, 2001, 13(2): 63-65.

[7] Niu Y, Gesmundo F, Viani F, et al. The air oxidation of two-phase Cu-Cr alloys at 700-900℃[J]. Oxidation of Metals, 1997, 48(5-6): 357-380.

[8] Rapp R A. High Temperature Corrosion[M]. Houston: NACE, 1983.

[9] Atkinson A, Taylor R I. The diffusion of Ni in bulk and along dislocations in NiO single crystal[J]. Philosophical Magazine A, 1979, 39(5): 581-595.

[10] 付广艳. 二元双相 Fe-Ce、Co-Ce 和 Cu-Cr 合金的高温氧化硫化[D]. 沈阳: 中国科学院金属研究所, 1997.

[11] Wagner C. Theoretical analysis of the diffusion process determining the oxidation rate of alloys[J]. Journal of the Electrochemical Society, 1952, 99(10): 369-380.

[12] Gesmundo F, Niu Y. The criteria for the transitions between the various oxidation modes of binary solid-solution alloys forming immiscible oxides at high oxidant pressures[J]. Oxidation of Metals, 1998, 50(1-2): 1-26.

[13] Rothman S J, Peterson N L. Isotope effect and divacancies for self-diffusion in copper[J]. Physica Status Solidi, 1969, 35: 305-312.

[14] Narula M L, Tare V B, Worrell W L. Diffusivity and solubility of oxygen in copper using potentiometric techniques[J]. Metallurgical Transactions B, 1983, 14(4): 673-677.

[15] Niu Y, Gesmundo F, Viani F, et al. The air oxidation of two-phase Cu-Ag alloys at 650-750℃[J]. Oxidation of Metals, 1997, 47(1-2): 21-52.

[16] Gesmundo F, Niu Y, Viani F. Possible scaling in high-temperature oxidation of two-phase binary alloys. Ⅱ: Low oxidant pressures[J]. Oxidation of Metals, 1995, 43(3-4): 379-393.

[17] Monteiro M J, Niu Y, Rizzo F C, et al. The oxidation of Co-Nb alloys under low oxidant pressures at 600-800℃[J]. Oxidation of Metals, 1995, 43(5-6): 527-542.

[18] Niu Y, Gesmundo F, Viani F, et al. The corrosion of two Co-Nb alloys under 1atm O_2 at 600-800℃[J]. Corrosion Science, 1996, 38(2): 193-211.

[19] Niu Y, Gesmundo F, Viani F, et al. The corrosion of two Ni-Nb alloys under 1atm O_2 at 600-800℃[J]. Corrosion Science, 1995, 37(12): 2043-2058.

[20] Wagner C. Internal oxidation of Cu-Pd and Cu-Pt alloys[J]. Corrosion Science, 1968, 8(12): 889-893.

[21] Smeltzer W, Whittle D P. The criterion for the onset of internal oxidation beneath the external scales on binary alloys[J]. Journal of the Electrochemical Society, 1978, 125(7): 1116-1126.

[22] Gleiter H. Nanocrystalline materials[J]. Progress in Materials Science, 1989, 33: 223-315.

[23] 李新勇, 李树本. 纳米半导体研究进展[J]. 化学进展, 1996, 8(3): 231-239.

[24] Lu K. Nanocrystalline metal crystallized from amorphous solid: Nanocrystallization, structure and properties[J]. Materials Science and Engineering, 1996, 16(4): 161-163.

[25] Benjamin J S. Dispersion strengthened superalloys by mechanical alloying[J]. Metallurgical Transactions, 1970, 1(10): 2943-2950.

[26] Benjamin J S, Volin T E. The mechanism of mechanical alloying[J]. Metallurgical Transactions, 1974, 5(8): 1929-1933.

[27] Murphy B R, Courtney T H. Synthesis of Cu-NbC nanocomposites by mechanical alloying[J]. Nanostructured Materials, 1994, 4(4): 365-370.

[28] Abe S, Saji S, Hori S. Mechanical alloying of Al-20 mass % Ti mixed powders[J]. Journal of the Japan Institute of Metals, 1990, 54(8): 895-902.

[29] Zdujic E M, Kobayashi K F, Shingu P H. Mechanical alloying of Al-3at% Mo powders[J]. Zeitschrift fur Metallkunde, 1990, 81: 380-385.

[30] Xu J, Herr U, Klassen T, et al. Formation of supersaturated solid solution in the immiscible Ni-Ag system by mechanical alloying[J]. Journal of Applied Physics, 1996, 79(8): 3935-3942.

[31] Hideki A, Shigeoki S, Tsuyoshi O, et al. Consolidation of mechanically alloyed Al-10.7at%Ti powder at low temperature and high pressure of 2GPa[J]. Materials Transactions JIM, 1995, 36(3): 465-468.

[32] Gonsalves K E, Rangarajan S P, Law C C, et al. M50 nanostructured steel—The chemical synthesis and characterization of powders and compacts[J]. Nanostructured Materials, 1997, 9(1): 169-172.

[33] Hahn H, Logas J, Averback R S. Sintering characteristics of nanocrystalline TiO_2[J]. Journal of Materials Research, 1990, 5(3): 609-614.

[34] Giggins G S, Pettit F S. The effect of alloy grain size and surface deformation on the selective oxidation of chromium in Ni-Cr alloys at temperature of 900 and 1000℃[J]. Transactions of the Metallurgical Society of AIME, 1969, 245: 2509-2515.

[35] Merz M D. The oxidation resistance of fine-grained sputter-deposited 304 stainless steel[J]. Metallurgical Transactions A, 1979, 10: 71-77.

[36] Basu S N，Yurek G J. Effect of alloy grain size and silicon content on the oxidation of austenitic Fe-Cr-Ni-Mn-Si alloys in O_2 gasmixture[J]. Oxidation of Metals, 1991, 36(5-6): 441-469.

[37] Goedjen J G, Shores D A. The effect of alloy grain size on the transient oxidation behavior of an alumina-forming alloy[J]. Oxidation of Metals, 1992, 37(3-4): 125-142.

[38] Perez P, Gonzalez-Carrasco J L, Adeva P. Influence of powder particles size on the oxidation behavior of a PM Ni_3Al alloy[J]. Oxidation of Metals, 1998, 49(5-6): 485-507.

[39] Chiang K T, Meier G H, Pettit F S. Microscopy of Oxidation. Ⅲ[M]. London: Institute of Metals, 1997.

[40] Wang F H, Young D J. Effect of nanocrystalline on the corrosion resistance of K38G superalloy in $CO+CO_2$ atmospheres[J]. Oxidation of Metals, 1997, 48(5-6): 497-509.

[41] Liu Z, Gao W, Dahm K L, et al. Oxidation behaviour of sputter-deposited Ni-Cr-Al micro-crystalline coatings[J]. Acta Materialia, 1998, 46(5): 1691-1700.

[42] Chen G F, Lou H Y. The effect of nanocrystallization on the oxidation resistance of Ni-5Cr-5Al alloy[J]. Scripta Materialia, 1999, 41(8): 883-887.

[43] Chen G F, Lou H Y. Oxidation kinetics of sputtered Ni-5Cr-5Al nanocrystalline coating at 900 and 1000℃[J]. Nanostructured Materials, 1999, 11(5): 637-641.

[44] Atkinson A. Transport processes during the growth of oxide films at elevated temperature[J]. Review of Modern Physics, 2008, 57(2): 437-470.

[45] 曹中秋, 牛焱, 吴维弢. 不同方法制备的 Cu-Ni 合金氧化行为研究[J]. 稀有金属材料与工

程, 2005, 34(4): 643-647.

[46] Hart E W. On the role of dislocation in bulk diffusion[J]. Acta Metallurgica, 1957, 5(10): 597-602.

[47] Hindam H, Whittle D P. Microstructure, adhesion and growth kinetics of protective scales on metal and alloys[J]. Oxidation of Metals,1982, 18(5-6): 245-284.

[48] Hassain M K. Effect of alloy microstructure on the high temperature oxidation of a Fe-10%Cr alloy[J]. Corrosion Science, 1979, 19(12): 1031-1045.

[49] Hampikian J M, Potter D I. The effect of yttrium ion implantation on the oxidation of nickel-chromium alloys. I. The microstructure of yttrium implanted nickel-chromium alloys[J]. Oxidation of Metals, 1992, 38(1-2): 125-138.

[50] Otsuka N, Shida Y, Fujikawa H. Internal-external transition for the oxidation of Fe-Ni-Cr austenitic stainless in steam[J]. Oxidation of Metals, 1989, 32(1-2): 13-45.

[51] Raman R K S, Khanna A S, Tiwari R K. Influence of grain size on the oxidation resistance of 2.25Cr-1Mo steel[J]. Oxidation of Metals, 1992, 37(1-2): 1-12.

[52] Raman R K S, Gnanamoorthy J B, Roy S K. Synergistic influence of alloy grain size and Si content on the oxidation behavior of 9Cr-1Mo steel[J]. Oxidation of Metals, 1994, 42(5-6): 335-355.

第4章 Cu-Ni-Co 合金的高温腐蚀性能

4.1 引　　言

研究双相 Cu-Co 合金高温腐蚀性能时发现常规尺寸 Cu-Co 合金中活泼组元 Co 的含量高达 75%(质量分数)时，合金表面仍未形成连续的 Co 的选择性外氧化膜，而是形成了复杂的氧化膜结构，氧化膜外层是由 CuO 组成的，紧接着是由 Cu 和 Co 氧化物组成的混合氧化层，而合金内部发生了 Co 的内氧化[1]。这主要是由于合金中各相总是处于热力学平衡状态及组元间有限的固溶度，强烈限制了组元在合金基体中扩散[2-16]，显著增加了合金表面形成活泼组元 Co 的选择性外氧化膜所需的临界浓度。

为降低合金表面形成活泼组元 Co 的选择性外氧化膜所需的临界浓度，本章介绍在二元双相 Cu-Co 合金中添加第三组元 Ni 所形成的三元 Cu-20Ni-25Co①、Cu-20Ni-50Co 和 Cu-20Ni-75Co 合金在 600～800℃、0.1MPa 纯氧气中的氧化动力学行为和氧化膜结构[17,18]，目的在于增进对三元合金高温氧化机理以及添加第三组元对合金高温氧化行为影响机制的理解[19-22]。三元 Cu-Ni-Co 合金系[23,24]中 Cu 和 Ni 在整个成分范围内无限互溶，Ni 和 Co 则在较大成分范围内互溶，而 Cu 和 Co 在整个成分范围内只形成互溶度很小的两个固溶体相，三组元氧化物热力学稳定性及其生长速率相差较大，是用于研究三元合金高温氧化机理较为典型的体系。

4.2 实 验 方 法

三种 Cu-Co 合金由纯度为 99.99%的金属原料在氩气保护下，经非自耗电弧炉反复熔炼获得。随后合金锭在 800℃真空条件下退火 24h 以消除残余应力。

三种合金的设计成分组成分别为 Cu-20Ni-25Co、Cu-20Ni-50Co 和 Cu-20Ni-75Co，而实际平均成分组成分别为 Cu-21.5Ni-23.2Co、Cu-20.9Ni-49.7Co 和 Cu-19.9Ni-76.1Co。图 4.1 显示了 Cu-20Ni-25Co 合金的显微组织结构。Cu-20Ni-25Co 合金由两相组成，其中亮色相是富 Cu 的α相，其平均成分为 Cu-14.6Ni-18.2Co，暗色相是富 Co 的β相，其平均成分为 Cu-22.3Ni-43.7Co。合金基体主要由富 Cu 的α相组成，富 Co 的β相则以孤立岛状物的形式分散在α相中。图 4.2 显示了 Cu-20Ni-50Co 合金的显微组织结构。Cu-20Ni-50Co 合金也由两相组

---

① 20 代表质量分数 20%，为简便，省去%，本章中所有合金都按此表示，如无特别说明，含量都指质量分数。

成，亮色相是富 Cu 的α相，其平均成分为 Cu-14.2Ni-16.3Co，暗色相是富 Co 的β相，其平均成分为 Cu-20.5Ni-55.0Co。合金基体为富 Co 的β相，富 Cu 的α相主要以孤立岛状物分散在β相中。Cu-20Ni-75Co 合金为单相合金。

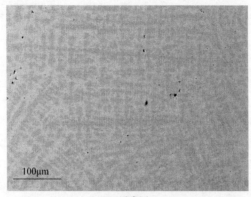

(a) 通常图

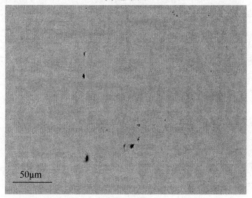

(b) 放大图

图 4.1　Cu-20Ni-25Co 合金的显微组织结构

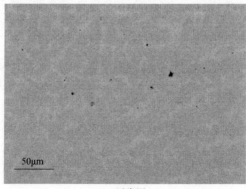

(a) 通常图

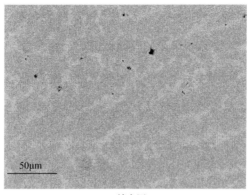

(b) 放大图

图 4.2　Cu-20Ni-50Co 合金的显微组织结构

　　将合金锭线切割成厚度为 1mm、面积约为 2cm² 的试片，用砂纸将其打磨至 800#，经水、乙醇及丙酮清洗并干燥后，用 Cahn Versa Therm HM 型热分析天平测量 600～800℃、0.1MPa 纯氧气中连续氧化 24h 的质量变化，再用 SEM/EDX 和 XRD 观察、分析氧化样品。

4.3　高温腐蚀性能

　　图 4.3～图 4.5 是三种 Cu-Ni-Co 合金在 600～800℃、0.1MPa 纯氧气中氧化 24h 的动力学曲线。在三种温度下，合金的氧化动力学曲线均偏离抛物线规律，且由三段抛物线段组成。其瞬时抛物线速率常数(质量的平方对时间的瞬时斜率)随时间增加而不断减小，且比按抛物线规律减小得要快。这表明，随着反应时间的增加，合金表面形成的氧化膜更具有保护性。600℃时，Cu-20Ni-25Co 合金的

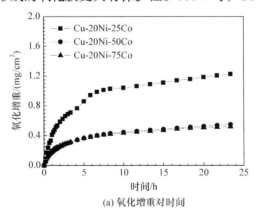

(a) 氧化增重对时间

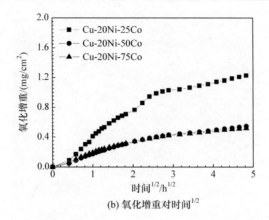

(b) 氧化增重对时间$^{1/2}$

图 4.3　三种 Cu-Ni-Co 合金在 600℃、0.1MPa 纯氧气中氧化 24h 的动力学曲线

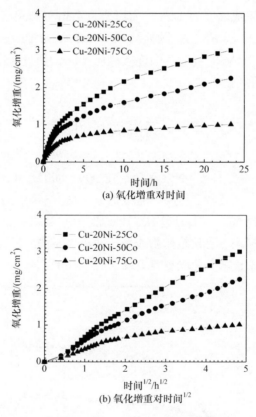

(a) 氧化增重对时间

(b) 氧化增重对时间$^{1/2}$

图 4.4　三种 Cu-Ni-Co 合金在 700℃、0.1MPa 纯氧气中氧化 24h 的动力学曲线

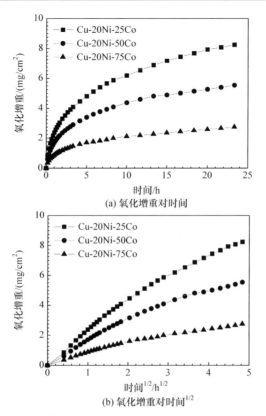

(a) 氧化增重对时间

(b) 氧化增重对时间$^{1/2}$

图 4.5　三种 Cu-Ni-Co 合金在 800℃、0.1MPa 纯氧气中氧化 24h 的动力学曲线

氧化速率明显高于 Cu-20Ni-50Co 和 Cu-20Ni-75Co 合金，而 Cu-20Ni-50Co 与 Cu-20Ni-75Co 合金的氧化速率几乎相同。700℃和 800℃时，三种合金的氧化速率按 Cu-20Ni-25Co、Cu-20Ni-50Co、Cu-20Ni-75Co 的顺序降低，其中 Cu-20Ni-25Co 合金的氧化速率明显高于 Cu-20Ni-50Co 和 Cu-20Ni-75Co 合金。同一种合金在 600℃和 700℃时的氧化速率比其在 800℃时的氧化速率低得多。表 4.1 列出了三种 Cu-Ni-Co 合金的抛物线速率常数。

表 4.1　三种 Cu-Ni-Co 合金的抛物线速率常数　　（单位：g^2/(m^4·s)）

k_p	Cu-20Ni-25Co	Cu-20Ni-50Co	Cu-20Ni-75Co
	$1.0×10^{-3}(0\sim3h)$	$1.9×10^{-4}(0\sim3h)$	$2.2×10^{-4}(0\sim2h)$
600℃	$6.9×10^{-4}(3\sim7h)$	$7.3×10^{-5}(3\sim8h)$	$7.1×10^{-5}(2\sim7.5h)$
	$5.4×10^{-5}(7\sim24h)$	$2.2×10^{-5}(8\sim24h)$	$1.7×10^{-5}(7.5\sim24h)$
	$3.0×10^{-3}(0\sim3h)$	$2.7×10^{-3}(0\sim3h)$	$8.1×10^{-4}(0\sim3h)$
700℃	$2.0×10^{-3}(3\sim8h)$	$1.4×10^{-3}(3\sim8h)$	$1.9×10^{-4}(3\sim8h)$
	$1.2×10^{-3}(8\sim24h)$	$1.0×10^{-3}(8\sim24h)$	$5.6×10^{-5}(8\sim24h)$

续表

k_p	Cu-20Ni-25Co	Cu-20Ni-50Co	Cu-20Ni-75Co
	$2.8 \times 10^{-2}(0 \sim 3h)$	$1.6 \times 10^{-2}(0 \sim 3h)$	$4.6 \times 10^{-3}(0 \sim 2h)$
800℃	$1.3 \times 10^{-2}(3 \sim 10h)$	$6.4 \times 10^{-3}(3 \sim 13h)$	$2.5 \times 10^{-3}(2 \sim 5h)$
	$7.7 \times 10^{-3}(10 \sim 24h)$	$2.7 \times 10^{-3}(13 \sim 24h)$	$1.0 \times 10^{-3}(5 \sim 24h)$

图 4.6～图 4.8 是 Cu-20Ni-25Co 合金在 600～800℃、0.1MPa 纯氧气中氧化 24h 后的断面形貌。根据 EDX 分析，600～800℃时，Cu-20Ni-25Co 合金表面氧化膜的外层主要是由亮色的 CuO 组成，紧接着是暗色的 Co 的氧化层。此外，800℃时合金内部还形成了 Co 的内氧化层。

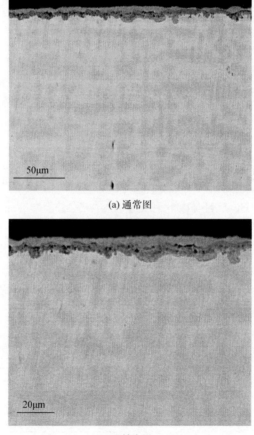

50μm

(a) 通常图

20μm

(b) 放大图

图 4.6　Cu-20Ni-25Co 合金在 600℃、0.1MPa 纯氧气中氧化 24h 后的断面形貌

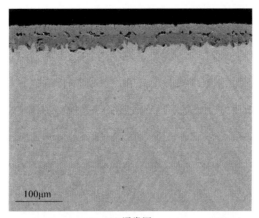

(a) 通常图

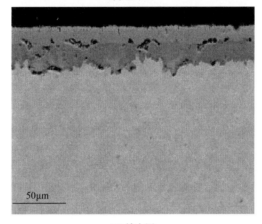

(b) 放大图

图 4.7　Cu-20Ni-25Co 合金在 700℃、0.1MPa 纯氧气中氧化 24h 后的断面形貌

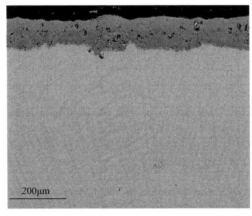

(a) 通常图

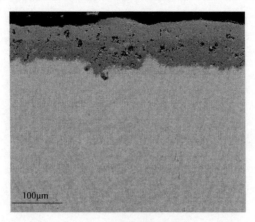

100μm

(b) 放大图

图 4.8　Cu-20Ni-25Co 合金在 800℃、0.1MPa 纯氧气中氧化 24h 后的断面形貌

图 4.9～图 4.11 是 Cu-20Ni-50Co 合金在 600～800℃、0.1MPa 纯氧气中氧化 24h 后的断面形貌。在三种温度下，Cu-20Ni-50Co 氧化膜的外层均为连续、规则的亮色 CuO 层，中间层由深灰色的 Co_3O_4 组成，最内层为浅灰色的 CoO 层。

图 4.12～图 4.14 是 Cu-20Ni-75Co 合金在 600～800℃、0.1MPa 纯氧气中氧化 24h 后的断面形貌。Cu-20Ni-75Co 合金的氧化膜仅由 Co 的氧化物组成，外层氧化膜由深灰色的 Co_3O_4 组成，内层由浅灰色的 CoO 组成。

由前面分析可知，Cu-20Ni-50Co 与 Cu-20Ni-75Co 两种合金均未发生 Co 的内氧化。显然，向 Cu-Co 合金中加入第三组元 Ni 后，加速了活泼组元 Co 由合金内部向合金表面的扩散，降低了合金表面形成活泼组元 Co 选择性外氧化所需的临界浓度，促使合金表面形成活泼组元 Co 的选择性外氧化膜。

在研究 Cu-Ni-Co 合金的高温氧化行为之前，先回顾一下相关二元 Cu-Ni 和 Cu-Co 合金的高温氧化行为。

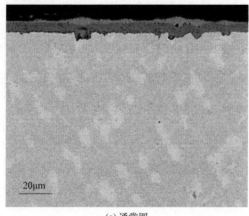

20μm

(a) 通常图

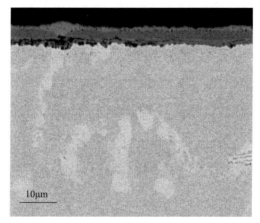

(b) 放大图

图 4.9　Cu-20Ni-50Co 合金在 600℃、0.1MPa 纯氧气中氧化 24h 后的断面形貌

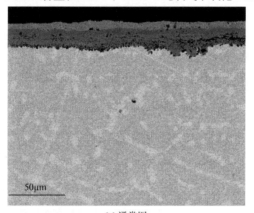

(a) 通常图

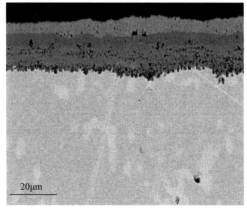

(b) 放大图

图 4.10　Cu-20Ni-50Co 合金在 700℃、0.1MPa 纯氧气中氧化 24h 后的断面形貌

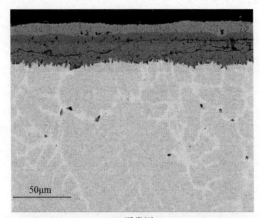

(a) 通常图

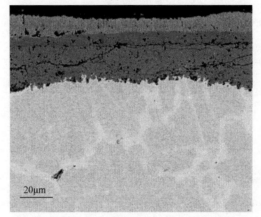

(b) 放大图

图 4.11 Cu-20Ni-50Co 合金在 800℃、0.1MPa 纯氧气中氧化 24h 后的断面形貌

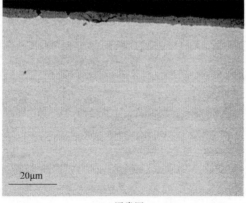

(a) 通常图

(b) 放大图

图 4.12　Cu-20Ni-75Co 合金在 600℃、0.1MPa 纯氧气中氧化 24h 后的断面形貌

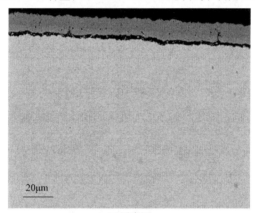

(a) 通常图

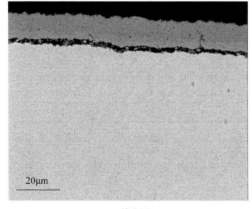

(b) 放大图

图 4.13　Cu-20Ni-75Co 合金在 700℃、0.1MPa 纯氧气中氧化 24h 后的断面形貌

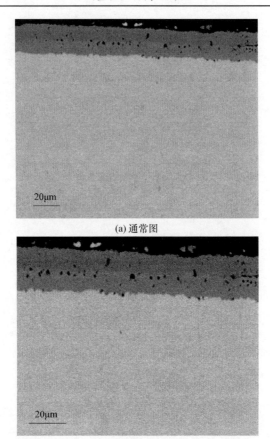

(a) 通常图

(b) 放大图

图 4.14　Cu-20Ni-75Co 合金在 800℃、0.1MPa 纯氧气中氧化 24h 后的断面形貌

Cu 和 Ni 形成固溶体合金,其氧化物 CuO、Cu_2O 和 NiO 的生长速率差别较大。合金表面氧化膜外层是 CuO,而内层差别较大。其中,富 Cu 的 Cu-Ni 合金内层是 Cu_2O,其上分布着少量的 NiO 颗粒并有许多孔洞,同时发生少量 Ni 的内氧化;富 Ni 的 Cu-Ni 合金内层全部是 NiO;中间范围的 Cu-Ni 合金内层是 Cu_2O 和 NiO 混合氧化层,其成分随合金/氧化膜界面距离的改变而显著变化。富 Cu 或 Ni 的 Cu-Ni 合金的氧化动力学曲线遵循近似的抛物线规律,氧化速率与相应的金属 Cu 或 Ni 相近。而中间范围 Cu-Ni 合金的氧化动力学曲线较复杂,不遵循近似抛物线规律,氧化动力学曲线通常由几段组成[25-27]。

二元双相 Cu-25Co、Cu-50Co 和 Cu-75Co 合金在 600~800℃空气中的氧化动力学曲线遵循抛物线规律,并且在同一温度下抛物线速率常数随 Co 含量升高而降低。三种合金均形成了由 Cu 和 Co 氧化物组成的混合氧化层,且 Cu 明显富集于最外层。对于 Cu-25Co 和 Cu-50Co 合金,混合氧化层下是 Co 的内氧化区,而对于 Cu-75Co 合金，混合氧化层下是 CoO 母体上弥散分布有金属 Cu 颗粒[1]。与经典的固溶体合金内氧化不同，三种 Cu-25Co、Cu-50Co 和 Cu-75Co 合金的内氧化区中氧化物颗粒较大，且继承了原始合金中富 Co 相的空间分布。Co 含量高的合金，如 Cu-50Co 仍发生内氧化，这是由于两组元间有限的固溶度强烈限制了活泼组元由合金内部向合金表面的扩散，所以即使合金中 Co 含量超过了相应固溶体合金发生由混合氧化膜向单一 Co 氧化膜转变所需的临界浓度，合金经长时间氧化后表面和内部仍不能形成连续的活泼组元 Co 的选择性外氧化膜[1]。

　　与前面研究的二元双相 Cu-Co 合金不同，当向 Cu-25Co、Cu-50Co 和 Cu-75Co 合金中添加 20%Ni 形成三元 Cu-20Ni-25Co、Cu-20Ni-50Co 和 Cu-20Ni-75Co 合金后，合金表面在经历短时间内相当快速的氧化之后形成了连续的活泼组元 Co 的外氧化膜。因此，向二元双相 Cu-Co 合金中添加第三组元 Ni 后，加速了活泼组元 Co 由合金内部向合金表面的扩散，降低了合金表面形成活泼组元 Co 的外氧化膜所需的临界浓度。造成这种氧化行为差异的重要原因之一是合金/氧化膜界面的平衡氧分压不同。对于 Cu-Ni-Co 合金，在实验温度下，三种组元所形成的氧化物的热力学稳定性以 Cu、Ni 和 Co 的顺序递增，但其平衡氧分压按相应顺序递减。因此，Co 是最活泼组元，Cu 是惰性组元。当实验开始时，Cu 能快速向外扩散并与氧气反应，因此合金表面形成的外氧化膜几乎是由 Cu 的氧化物组成的。随着氧化膜厚度的增加，Cu 向外扩散变得困难，氧向内部扩散并与 Ni 发生反应生成 NiO。实际上，Ni 作为第三组元发生反应 $NiO + Co = CoO + Ni$，起到了"吸气剂"的作用，降低了合金/氧化膜界面的平衡氧分压[28]。事实上，较低的平衡氧分压能促进合金由内氧化向活泼组元外氧化的转变[19]。如 Ag-In 合金在 0.1MPa 氧分压下，形成 In_2O_3 外氧化膜所需 In 的浓度必须超过 15%。因此，5%In 含量只能发生 In 的内氧化，但在 $1×10^{-6}MPa$ 氧分压下，5%In 含量可使合金形成 In_2O_3 外氧化膜[29]。根据 Sievert 定律，合金/氧化膜界面的氧浓度与平衡氧分压的平方成正比。氧浓度的降低减缓了氧在内氧化区前沿的扩散速率，从而有利于活泼组元的向外扩散，增加其在氧化区内的浓度，降低了由内氧化向外氧化转化所需活泼组元的临界浓度。对于 Cu-Ni-Co 合金，合金/氧化膜界面的平衡氧分压由 CoO 的平衡氧分压决定，这个压力低于 Cu 和 Ni 氧化物的平衡氧分压，抑制了 Cu 和 Ni 氧化物的形成。因此，25%Co 含量可使 Cu-Ni-Co 合金表面形成活泼组元 Co 的外氧化膜。

　　对于二元双相 Cu-Co 合金，即使 Co 含量达到 75%，合金表面仍未形成 Co 的外氧化膜，而 25% Co 含量足以使三元 Cu-Ni-Co 合金表面形成 Co 的外氧化膜。因此，合金表面形成活泼组元 Co 的外氧化膜所需的临界浓度取决于合金中的组分数。根据 Gibbs 相律，在等温等压下，二元 A-B 合金体系可以共存相的数目最多为 2。对于二元双相合金，体系的自由度为零，双相不能同任何一个氧化物共存，合金中没有化学势梯度，特别是当活泼组元 B 在惰性组元 A 中的溶解度很小时，在不同相之间，扩散几乎不能发生。因此，活泼组元由合金内部向合金表面的扩散变得更加困难，合金表面不易发生活泼组元的选择性外氧化。而三元合金 A-B-C 体系可能共存相数最多为 3。对于三元双相/单相合金，体系有一个或两个自由度可以在给定的成分范围内达到平衡。如果其中某相与氧化介质发生反应，相间平衡就被打破，它加速了活泼组元由合金内部向外扩散的速率，降低了合金表面形成活泼组元选择性外氧化膜的临界浓度，促使合金表面形成活泼组元的选择性外氧化膜。

4.4　结　　论

(1) 三种 Cu-Ni-Co 合金氧化动力学曲线均偏离抛物线规律，而是由三段抛物线段组成，三种合金的氧化速率按 Cu-20Ni-25Co、Cu-20Ni-50Co 和 Cu-20Ni-75Co 的顺序降低。

(2) Cu-20Ni-25Co 合金外氧化膜主要由 CuO 组成，紧接着是 Co 的氧化层，800℃时合金内部有 Co 的内氧化发生。Cu-20Ni-50Co 氧化膜外层为连续、规则的 CuO，中间层由 Co_3O_4 组成，内层由 CoO 组成。而 Cu-20Ni-75Co 合金的氧化层仅由 Co 的氧化物组成，外层由 Co_3O_4 组成，内层由 CoO 组成。三种合金均未发生 Co 的内氧化。

(3) 向 Cu-Co 合金中加入第三组元 Ni 后，加速了活泼组元 Co 由合金内部向合金表面扩散的速率，降低了合金表面发生选择性外氧化所需的临界浓度，促使合金表面发生活泼组元 Co 的选择性外氧化。

参 考 文 献

[1] Niu Y, Song J, Gesmundo F, et al. The air oxidation of two-phase Co-Cu alloys at 600-800℃[J]. Corrosion Science, 2000, 42(5): 799-815.

[2] Gesmundo F, Nanni P, Whittle D P. Oxidation behavior of two-phase alloy Fe-44 wt%Cu[J]. Journal of the Electrochemical Society, 1980, 127(8): 1773-1782.

[3] Kofstad P. High Temperature Corrosion[M]. New York: Elsevier Applied Science, 1988.

[4] Gesmundo F, Viani F, Niu Y, et al. The transition from the formation of mixed scales to the selective oxidation of the most-reactive component in the corrosion of single and two-phase binary alloys[J]. Oxidation of Metals, 1993, 40(3-4): 373-393.

[5] Gesmundo F, Viani F, Niu Y. The possible scaling modes in the high-temperature oxidation of two-phase binary alloys Part I: High oxidant pressures[J]. Oxidation of Metals, 1994, 42(5-6): 409-429.

[6] Gesmundo F, Viani F, Niu Y, et al. An improved treatment of the conditions for the exclusive oxidation of the most-reactive component in the corrosion of two-phase alloys[J]. Oxidation of Metals, 1994, 42(5-6): 465-483.

[7] Gesmundo F, Niu Y, Viani F. Possile scaling modes in high-temperature oxidation of two-phase binary alloys. Part II: Low oxidant pressures [J]. Oxidation of Metals, 1995, 43(3-4): 379-394.

[8] Gesmundo F, Gleeson B. Oxidation of multicomponent two-phase alloys[J]. Oxidation of Metals, 1995, 44(1-2): 211-237.

[9] Gesmundo F, Viani F, Niu Y. The internal oxidation of two phase binary alloys under low oxidant pressures[J]. Oxidation of Metals, 1996, 45(1-2): 51-76.

[10] Gesmundo F, Castello P, Viani F. The steady-state corrosion kinetics of two-phase binary alloys forming the most-stable oxide[J]. Oxidation of Metals, 1996, 46(5-6): 383-398.

[11] Gesmundo F, Viani F, Niu Y. The internal oxidation of two-phase binary alloys beneath an external scale of the less-stable oxide[J]. Oxidation of Metals, 1997, 47(3-4): 355-380.

[12] Niu Y, Gesmundo F, Wu W T. The air oxidation of two-phase Cu-Ag alloys at 650-750℃[J]. Oxidation of Metals, 1997, 47(1-2): 21-52.

[13] Niu Y, Gesmundo F, Douglass D L. The air oxidation of two-phase Cu-Cr alloys at 700-900℃[J]. Oxidation of Metals, 1997, 48(5-6): 357-380.

[14] Gesmundo F, Niu Y, Oquab D, et al. The air oxidation of two-phase Fe-Cu alloys at 600-800℃[J]. Oxidation of Metals, 1998, 49(1-2): 115-146.

[15] Gesmundo F, Niu Y, Viani F, et al. The oxidation of two-phase Cu-Cr alloys under 10^{-19} atm O_2 at 700-900℃[J]. Oxidation of Metals, 1998, 49(1-2): 147-167.

[16] Niu Y, Li Y S, Gesmundo F. High temperature scaling of two-phase Fe-Cu alloys under low oxygen pressure[J]. Corrosion Science, 2000, 42(1): 165-181.

[17] Cao Z Q, Li F C, Shen Y. Effect of Ni addition on high temperature oxidation of Cu-50Co alloy[J]. High Temperature Materials & Processes, 2007, 26(5-6): 391-396.

[18] 曹中秋, 李凤春, 沈莹, 等. 添加 Ni 对 Cu-25Co 合金在 600, 700℃纯氧气中氧化行为的影响[J]. 稀有金属材料与工程, 2009, 38(s1): 393-397.

[19] Niu Y, Gesmundo F. An approximate analysis of the external oxidation of ternary alloys forming insoluble oxides. I: High oxidant pressures[J]. Oxidation of Metals, 2001, 56(5-6): 517-536.

[20] Gesmundo F, Niu Y. The internal oxidation of ternary alloys. I: The single oxidation of the most reactive component under low oxidant pressures[J]. Oxidation of Metals, 2003, 60(5-6): 347-370.

[21] Niu Y, Gesmundo F. The internal oxidation of ternary alloys. II: The coupled internal oxidation of the two most reactive components under intermediate oxidant pressures[J]. Oxidation of Metals, 2003, 60(5-6): 371-391.

[22] Niu Y, Gesmundo F. The internal oxidation of ternary alloys. VI: The transition from internal to external oxidation of the most-reactive component under intermediate oxidant pressures[J]. Oxidation of Metals, 2004, 62(5-6): 391-410.

[23] Massalski T B, Okamoto H, Subramanian, et al. Binary Alloys Phase Diagrams[M]. Ohio: ASM International, 1990.

[24] Villars P, Prince A, Okamoto H. Handbook of Ternary Alloys Phase Diagrams[M]. Ohio: ASM International, 1995.

[25] Whittle D P, Wood G C. Two-phase scale formation on Cu-Ni alloys[J]. Corrosion Science, 1968, 8(5): 295-308.

[26] Hausgrud R, Kofstad P. On the high-temperature oxidation of Cu-rich Cu-Ni alloys[J]. Oxidation of Metals, 1998, 50(3-4): 189-213.

[27] Hausgrud R. On the influence of non-protective CuO on high-temperature oxidation of Cu-rich Cu-Ni based alloys[J]. Oxidation of Metals, 1999, 52(5-6): 427-445.

[28] Stott F H, Wood G C, Stringer J. The influence of alloying elements on the development and maintenance of protective scales[J]. Oxidation of Metals, 1995, 44(1-2): 113-145.

[29] Rapp R A. The transition from internal to external oxidation and the formation of interruption bands in siliver-indium alloys[J]. Acta Metallurgica, 1961, 9(8): 730-741.

第5章 Cu-Ni-Cr 合金的高温腐蚀性能

5.1 单/双相 Cu-Ni-20Cr 合金的高温腐蚀性能

5.1.1 引言

现代高技术先进高温材料的发展越来越趋向于使用三元或多元合金，以获得满足服役工况要求的综合性能，如高温强度、室温韧性与化学稳定性等[1-5]。有关国内外高温氧化的理论研究大多局限于二元单相合金与单一氧化剂作用体系[6-8]。事实上，三元或多元合金的氧化反应动力学性能及其氧化产物的结构和形貌等都较纯金属或二元合金复杂且机制不同[9]。

三元 Cu-Ni-Cr 系合金中，Cu-Cr 在整个成分范围内只形成互溶度很小的两个固溶体相，Ni-Cr 在很大成分范围内互溶，而 Cu-Ni 在整个成分范围内无限互溶。三组元氧化物的热力学稳定性及其生长速率相差较大，这是用于研究三元合金氧化机制最简单的体系。有关三元 Cu-Ni-Cr 系合金在 930℃的相图已有报道，如图 5.1 所示[10]。由此可见，此体系较复杂，在基三角形中随着成分的变化，可能是单相、双相甚至三相。本节介绍单相 Cu-60Ni-20Cr[①] 和双相 Cu-40Ni-20Cr 两种合金在 700～800℃、0.1MPa 纯氧气中和 1×10^{-20}MPa 低氧分压下的氧化动力学性能、氧化膜结构及合金成分变化对其氧化行为的影响，以增进人们对三元合金氧化规律的了解[11]。

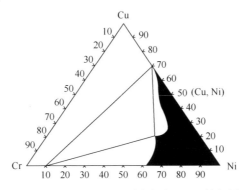

图 5.1 三元 Cu-Ni-Cr 系合金在 930℃的相图

---

① 60 代表原子分数 60%，为简便，省去%，第 5～9 章中，所有合金都按此表示，如无特别说明，含量都指原子分数。

5.1.2　实验方法

两种 Cu-Ni-Cr 合金是由纯度为 99.99%的金属原料在氩气保护下，经非自耗电弧炉反复熔炼并在 800℃经真空退火而成。两种合金设计成分分别为 Cu-60Ni-20Cr 和 Cu-40Ni-20Cr，实际平均成分分别为 Cu-59.2Ni-19.4Cr 和 Cu-41.0Ni-19.7Cr。Cu-60Ni-20Cr 为单相合金，而 Cu-40Ni-20Cr 为双相合金，Cu-40Ni-20Cr 合金的显微组织结构如图 5.2 所示。其中亮色相是富 Cu 贫 Cr 的α相，其平均成分为 Cu-18Ni-3Cr；暗色相是富 Cr 的β相，其平均成分为 Cu-52Ni-29Cr。将合金锭线切割成面积约为 2.5cm² 的试片，用砂纸将其打磨至 600#，经水、乙醇及丙酮清洗并干燥后，用 Cahn2000 型热天平连续测量其在 700～800℃、0.1MPa 纯氧气中和 $1×10^{-20}$MPa 低氧分压下氧化的质量变化。氧化样品采用 SEM/EDX 和 XRD 进行观察及分析。

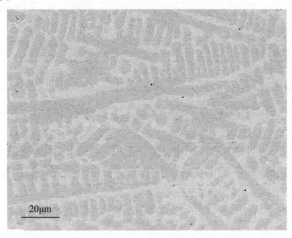

20μm

图 5.2　Cu-40Ni-20Cr 合金的显微组织结构

5.1.3　高温腐蚀性能

图 5.3～图 5.5 是两种 Cu-Ni-Cr 合金在 700～800℃、0.1MPa 纯氧气中氧化 24h 的动力学曲线。由图可知，Cu-60Ni-20Cr 合金的氧化速率比 Cu-40Ni-20Cr 合金的氧化速率要小。在 700℃时，两种合金的氧化动力学曲线极不规则，开始时氧化增重较快，而后氧化速率随时间不规则降低，其中 Cu-60Ni-20Cr 合金的氧化速率还有暂时较小的增大，在 10h 后氧化增重已变得很小。Cu-60Ni-20Cr 合金在 10h 之前的动力学曲线由两段近似抛物线段组成，其中前 15min 抛物线速率常数 k_p=1.3×10⁻²g²/(m⁴·s)，之后抛物线速率常数 k_p=5.8×10⁻⁴g²/(m⁴·s)；Cu-40Ni-20Cr 合金的氧化动力学曲线在 20min 之前近似遵循抛物线规律，其抛物线速率常数

k_p=1.2×10^{-2}g^2/(m^4·s)，而后其抛物线速率常数随时间不断降低，大约在 12h 之后已经变得很小。在 800℃时，氧化动力学曲线变得相对规则，但仍然偏离抛物线规律。事实上，Cu-60Ni-20Cr 合金的氧化动力学曲线由两段抛物线段组成，3h 之前的抛物线速率常数 k_p=1.2×10^{-3}g^2/(m^4·s)，而后抛物线速率常数 k_p=3.1×10^{-4}g^2/(m^4·s)；对于 Cu-40Ni-20Cr 合金的动力学曲线，3h 之前的抛物线速率常数 k_p=4.7×10^{-2}g^2/(m^4·s)，之后抛物线速率常数随时间增加不断降低，在最后的 11h 氧化速率已变得很小。

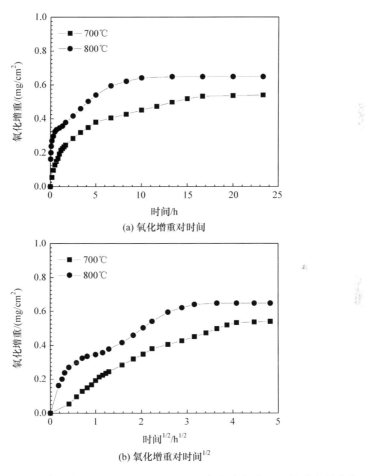

(a) 氧化增重对时间

(b) 氧化增重对时间$^{1/2}$

图 5.3　Cu-60Ni-20Cr 合金在 700～800℃、0.1MPa 纯氧气中氧化 24h 的动力学曲线

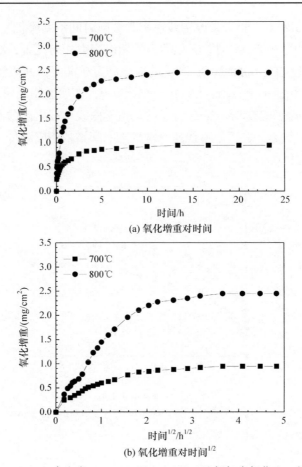

(a) 氧化增重对时间

(b) 氧化增重对时间^{1/2}

图 5.4　Cu-40Ni-20Cr 合金在 700~800℃、0.1MPa 纯氧气中氧化 24h 的动力学曲线

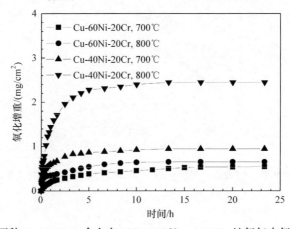

图 5.5　两种 Cu-Ni-20Cr 合金在 700~800℃、0.1MPa 纯氧气中氧化 24h 的

动力学曲线比较

　　图 5.6 和图 5.7 给出了两种 Cu-Ni-Cr 合金在 700~800℃、0.1MPa 纯氧气中氧化 24h 形成的断面形貌。由图可知，Cu-60Ni-20Cr 合金的最外层是亮色的镀镍层，以防止氧化膜剥落，氧化膜是典型的双层结构，外层是 CuO 和 NiO 的混合氧化层，内层则形成了 Cr_2O_3 保护层。Cu-40Ni-20Cr 合金氧化膜结构相当复杂，外层是连续的 CuO 层，其靠近合金方向分布着薄但不连续的黑色 Ni-Cr 尖晶石，内层是合金和氧化物共存的混合区。事实上，被氧化的岛状物不是富 Ni 和 Cr 的β相，而是贫 Cr 的α相，β相岛状物被薄的 Cr_2O_3 层包围着。α相岛状物在靠近合金/氧化膜界面处被氧化成 CuO 和 NiO，而在较深处 Cu 以金属颗粒的形式存在于 NiO 中。相邻的β相颗粒周围的 Cr_2O_3 不断扩展，最后形成连续的网状 Cr_2O_3 层。在 700℃时，混合内氧化区还有未氧化的α相岛状物存在，但在 800℃时，α相岛状物完全消失。

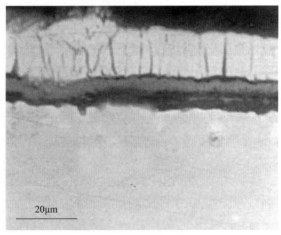

20μm

(a) 700℃

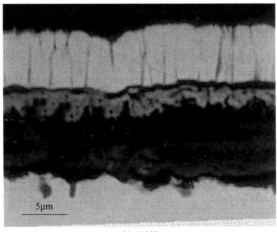

5μm

(b) 800℃

图 5.6　Cu-60Ni-20Cr 合金在 700~800℃、0.1MPa 纯氧气中氧化 24h 的断面形貌

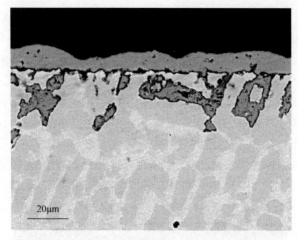

(a) 700℃

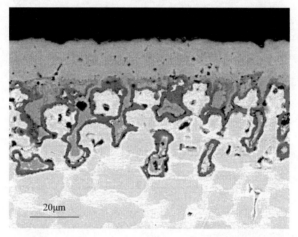

(b) 800℃

图 5.7　Cu-40Ni-20Cr 合金在 700～800℃、0.1MPa 纯氧气中氧化 24h 的断面形貌

通常，合金表面氧化膜的结构是由热力学因素和动力学因素共同决定的。Cu-Ni-Cr 合金系，在热力学上，可能形成的氧化物稳定性以 CuO、Cu_2O、NiO 和 Cr_2O_3 顺序递增[12]。合金中 Cu 为稳定组元，Ni 和 Cr 相对为活泼组元。由于气相中的氧分压均大于三组元氧化物的平衡氧分压，在氧化开始时合金表面可能生成 Cu、Ni 和 Cr 的各种氧化物。在动力学上，可能形成氧化物的抛物线速率常数以 $k_{p(Cu)}$、$k_{p(Ni)}$ 和 $k_{p(Cr)}$ 顺序递减。由于三组元氧化速率差异及多种扩散过程的存在，理解和预测其高温氧化过程变得较为困难[13]。为此，先回顾一下二元单相 Cu-Ni、Ni-Cr 和双相 Cu-Cr 合金的高温氧化行为。

Cu 和 Ni 形成固溶体合金，其氧化物 CuO、Cu_2O 和 NiO 的生长速率差别较大。合金表面氧化膜外层是 CuO，而内层差别较大，其中富 Cu 的 Cu-Ni 合金内层是 Cu_2O，其上分布着少量 NiO 颗粒并有许多孔洞，同时伴有少量 Ni 的内氧化发生；富 Ni 的 Cu-Ni 合金内层全部是 NiO；中间范围的 Cu-Ni 合金内层是 Cu_2O 和 NiO 混合氧化层，其成分随合金/氧化膜界面距离的改变显著变化。富 Cu 或 Ni 的 Cu-Ni 合金的氧化动力学曲线遵循近似的抛物线规律，氧化速率与相应的金属 Cu 或 Ni 的氧化速率相近。而中间范围的 Cu-Ni 合金的氧化动力学曲线较复杂，不遵循近似抛物线规律，其氧化动力学曲线通常由几段线段组成[14-18]。

　　三种双相 Cu-25Cr、Cu-50Cr 和 Cu-75Cr 合金在 700～900℃空气中氧化后形成的是多层次的结构，最外面是连续的 CuO 层，相邻的内层以 Cu_2O 为基体，其上分布着金属 Cr 颗粒，它们被薄层 Cr_2O_3(黑色)及尖晶石氧化物 $Cu_2Cr_2O_4$ 包裹。三种合金的氧化速率随 Cr 含量的增加而降低，但差别较大，均比纯金属 Cr 要高[19]。

　　Ni-Cr 合金的氧化行为已有广泛的研究，对于低 Cr 的 Ni-Cr 合金，合金表面首先生成的是 NiO 外层；中间层以 NiO 为基体，其上分布着少量针状 $NiCr_2O_4$；内层有 Cr 的内氧化行为发生，基体上分布着岛状 Cr_2O_3 颗粒。而高 Cr 含量的 Ni-Cr 合金，氧化膜是 Cr_2O_3，靠近氧化层的是贫 Cr 区。合金的氧化速率随着 Cr 含量的增加先变大后逐渐变小[20]。

　　对于 Cu-60Ni-20Cr 单相合金，由于 Cu 的含量较少，Ni 固溶于 Cu，合金的氧化行为类似于 Ni-20Cr 合金[21]，20%Cu 含量的存在并未阻止 Cr 由合金向合金/氧化膜界面的扩散，合金表面形成连续规则的 Cr_2O_3 外氧化膜。而对于 Cu-40Ni-20Cr 双相合金，情况变得完全不同，合金表面没有形成连续的 Cr_2O_3 外氧化膜。事实上，合金的外氧化膜是连续的 CuO 层，而 Ni、Cr 的氧化发生在合金内部。这种合金与氧化物相共存的混合内氧化与经典的两活泼组元的内氧化明显不同[22]，经典的内氧化是氧向合金内部扩散并与 Ni 和 Cr 在单一或两种不同的规则平坦前沿发生反应形成氧化物，分散在 Cu 基体中，这种混合内氧化主要沿网状α相颗粒进行，而富 Ni 和 Cr 的β相没有被氧化，但其周围被薄且连续的 Cr_2O_3 层包围。因此，合金与氧化区的前沿是极不规则的。在α相岛状物中，Cu 和 Ni 在外部被氧化，在较深处的 Cu 则以金属颗粒的形式存在于 NiO 中。这是一种非平衡状态，由动力学因素所致，相同深度的α相颗粒被氧化而β相颗粒没有被氧化，但其周围被 Cr_2O_3 层包围着，使这些岛状物内部氧的活度变得很低，阻止金属的进一步氧化。

　　形成这种混合内氧化机制是复杂的，取决于氧化时间。事实上，厚的 CuO 外层的存在说明在氧化初期连续的 Cr_2O_3 膜还没有形成时，Cu 能快速向外扩散在合金/氧化膜界面处被氧化，可以认为α相和β相同时参与了这种氧化过程。然而，β相颗粒周围形成 Cr_2O_3 层阻止了 Cu 和 Ni 从这些岛状物中向外扩散。此时，α相岛状物的氧化发生在 Cr_2O_3 层外或还没有形成 Cr_2O_3 层的区域。在α相岛状物的外部氧的活度足以使 Cu 和 Ni 发生氧化，而在较深的内部，氧的活度不足以使 Cu 发生氧化，因此α相内部是 NiO 和金属 Cu。混合内氧化区中氧的扩散机制也不同于经典的内氧化。事实上，氧通过 CuO 和 NiO 的扩散很慢，而混合氧化区的生长速率很快。很明显，氧是通过相界或裂缝向内扩散的。

随着氧化的不断进行，β相颗粒周围薄的 Cr_2O_3 层在混合区内表面逐渐扩展，最后形成了连续的 Cr_2O_3 层，此时 Ni 和 Cu 氧化物的生长被完全抑制。因此，合金氧化动力学曲线的瞬时抛物线速率常数随时间逐渐降低，最后扩散过程受 Cr_2O_3 生长控制，其氧化速率变得很小。

二元 Ni-Cr 合金表面形成连续 Cr_2O_3 外氧化膜的临界浓度是假定 Cr 由合金向外扩散足以维持 Cr_2O_3 生长的情况而获得的[20]。这个条件同样适用于富 Ni 的三元 Cu-Ni-Cr 单相合金。氧化开始时，Cu、Ni 和 Cr 都可被氧化，但连续的 Cr_2O_3 层形成后，Ni 和 Cu 的氧化被抑制。相反，富 Cu 的 Cu-Ni-Cr 合金含有两相，其组成差别很大，特别是β相中 Cr 的含量很高，而α相中 Cr 的含量很低，不足以形成 Cr_2O_3。此外，在氧化初期，两相单独被氧化，形成不同的氧化产物，氧化速率差别也较大，其中α相氧化较快，β相氧化较慢，因此合金表面形成了复杂的氧化膜。事实上，尽管热力学上两相处于平衡状态，但两相的组成差别较大导致它们的氧化行为也明显不同。当混合内氧化区形成连续的 Cr_2O_3 层后，抑制了其他氧化物的形成，合金的氧化速率受 Cr_2O_3 生长的控制。

两种合金中 Cr 的含量相同但其氧化行为明显不同，主要是由于富 Cu 合金中两相的存在阻止了 Cr 由合金向合金/氧化膜界面的扩散，使它不足以维持 Cr_2O_3 以规则平坦的方式生长。相反，Cr 与氧在合金内部反应，在β相颗粒周围产生了连续的 Cr_2O_3 层。然而，Cr_2O_3 的形成不是由于 Cr 在合金内的长距离扩散，主要是 Cr 原位与扩散到合金内部的氧反应。Cr_2O_3 层阻止了 Cr 由β相向合金/氧化膜界面的扩散，在合金内部 Cr_2O_3 岛起初彼此分离，而后逐渐扩展最终形成连续的 Cr_2O_3 层，因此与氧化初期相比，此时的氧化速率明显降低。

Cu-40Ni-20Cr 合金很难形成连续的 Cr_2O_3 外氧化膜，与二元 Cu-Cr 合金的氧化行为相似[19]。Cu-Cr 合金在整个成分范围内是两相，Cr 在 Cu 中的溶解度很低，两相处于平衡状态，缺少扩散的驱动力，因此 Cu-Cr 合金中 Cr 的含量为 50%，甚至在富 Cr 区最高含量达到 90%仍不足以形成完整的 Cr_2O_3 保护膜。对于 Cu-Ni-Cr 合金系情况则不同，Cr 在两相中的溶解度明显高于 Cr 在金属 Cu 中的溶解度，它不一定能阻止三组元的扩散。但 Cu-40Ni-20Cr 与上面的分析略有不同，混合氧化区β相岛状物被 Cr_2O_3 包围，阻挡了 Cr 的向外扩散。在这种条件下具有保护性的 Cr_2O_3 的形成主要是因为合金中有连续网状的β相颗粒存在，导致在相对较短的时间内合金内形成了连续、扭曲的 Cr_2O_3 层。

　　图 5.8 是 Cu-40Ni-20Cr 合金在 700～800℃、1×10⁻²⁰MPa 低氧分压下的氧化动力学曲线。在两种温度下，合金的氧化速率随时间延长按抛物线规律降低得更快，因此其瞬时抛物线速率常数(抛物线图的斜率)也随时间增加而减小。动力学曲线近似由三段抛物线段组成，在 700℃ 时，1h 之前其抛物线速率常数 k_p = 2.5×10⁻³g²/(m⁴·s)，1～5h 抛物线速率常数 k_p = 6.2×10⁻⁴g²/(m⁴·s)，5～24h 抛物线速率常数 k_p = 2.5×10⁻⁶g²/(m⁴·s)；在 800℃时，1h 之前的抛物线速率常数 k_p = 1.3×10⁻³g²/(m⁴·s)，1～3h 抛物线速率常数 k_p = 1.9×10⁻³g²/(m⁴·s)，3～24h 抛物线速率常数 k_p = 5.0×10⁻⁵g²/(m⁴·s)。Cu-40Ni-20Cr 合金在 700℃、2h 之前的氧化增重大于 800℃，但后来变得小于 800℃，直到 24h。图 5.9 是 Cu-40Ni-20Cr 合金在 700～800℃、1×10⁻²⁰MPa 低氧分压下形成氧化膜的微观结构。最外层是一镀镍层，以防止合金表面形成的氧化膜剥落，两个合金均形成了连续的 Cr_2O_3 层，在 Cr_2O_3 层下面形成了一薄的贫 Cr 层，没有观察到有 Cr 的内氧化发生。

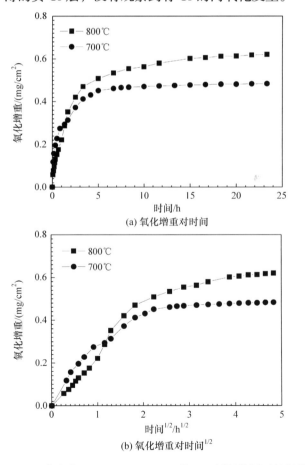

(a) 氧化增重对时间

(b) 氧化增重对时间¹ᐟ²

图 5.8　Cu-40Ni-20Cr 合金在 700～800℃、1×10⁻²⁰MPa 低氧分压下的氧化动力学曲线

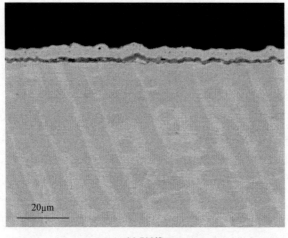

(a) 700℃

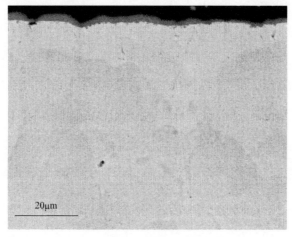

(b) 800℃

图 5.9　Cu-40Ni-20Cr 合金在 700～800℃、$1×10^{-20}$MPa 低氧分压下氧化的断面形貌

　　Cu-Ni-Cr 合金中三种组元可能形成氧化物的热力学稳定性以 Cu_2O、NiO、Cr_2O_3 的顺序增加，因此 Cr 是最活泼组元，而 Cu 是最惰性组元。由于气相中的氧分压为 $1×10^{-20}$MPa，低于 Cu_2O 和 NiO 的平衡氧分压，但高于 Cr_2O_3 的平衡氧分压，因此只有 Cr 可以被氧化。相反，在前面 0.1MPa 纯氧气中的氧化，双相 Cu-40Ni-20Cr 合金发生了一混合外氧化以及由合金和氧化物组成的混合内氧化。尽管合金的初始氧化速度较快，但最终能够在内部混合内氧化区的底部形成薄且非常不规则的 Cr_2O_3 层，从而使氧化速率降低至非常低的值。造成合金在低氧分压和高氧分压下的氧化行为差异的原因主要是在低氧分压下只有 Cr 可被氧化。

影响这种变化的第一个因素是对于二元 A-B 合金(A 是惰性组元，B 是活泼组元)，要实现活泼组元由内氧化向外氧化的转变，在无 A 外氧化膜比有 A 外氧化膜的情况下更容易，在合金/氧化膜界面氧分压相同的条件下，合金中也需要较低的 B 含量[23]。类似的情况也适用于三元合金中最活泼组元由内氧化向外氧化的转变[24,25]。造成这种差异的原因是，在没有 AO 外氧化膜的情况下，合金/氧化膜界面保持静止不动，内氧化前沿迁移速率较慢，这增加了内氧化区域中 B 的富集程度。因此，有利于达到实现内氧化向外氧化过渡所需的依据 Wagner 理论计算的内氧化物的临界体积分数[21]。

影响这种变化的第二个因素是本实验使用的气体氧分压明显低于有 Cu 和/或 Ni 外氧化膜存在的条件下合金/氧化膜界面处的压力。事实上，较低的氧分压促进了二元甚至更复杂合金最活泼组元由内氧化向外氧化的转变。例如，Rapp 等研究了 Ag-In 合金的高温氧化行为，发现合金暴露于 0.1MPa 纯氧气中，In_2O_3 外氧化膜生长所需 In 的含量必须超过 15%。相反，含有 5% In 的 Ag-In 合金在相同氧分压下发生了内氧化，但当氧分压降低至 1×10^{-6}MPa 时，则形成了 In_2O_3 外氧化膜[26]。在其他体系中像固溶体合金或金属间化合物也经常观察到类似的情况，例如，在低氧分压下经热处理后，Ti-Al 金属间化合物由于优先形成了保护性 Al_2O_3 膜，其抗氧化性能得到显著改善，而经空气氧化通常产生非保护性由 TiO_2 和 Al_2O_3 组成的混合氧化膜，合金的氧化速率较高[27]。这种变化的原因在于，根据 Sievert 定律，溶解合金表面的氧浓度与同一地方的氧分压平方根成正比，这种较低的浓度值减慢了内氧化前沿的渗透速率，有利于活泼组元 B 的向外扩散并增加其在内氧化区域中的富集程度，导致内氧化向外氧化转变所需 B 的临界浓度减少。在目前的情况下，合金/氧化膜界面处的氧分压主要由合金中 Cr_2O_3 和 Cr 之间的平衡氧分压控制，该压力当然远低于形成 Cu 和 Ni 氧化物外氧化膜，由 Cu 和 Ni 的氧化物与 Cu 和 Ni 之间平衡控制的压力。

5.1.4　结论

(1) 两种 Cu-Ni-Cr 合金在高氧分压下的氧化动力学曲线极不规则，偏离抛物线规律，其中 Cu-60Ni-20Cr 合金的氧化速率比 Cu-40Ni-20Cr 合金的氧化速率要小。两种合金在开始时氧化增重较大，之后氧化增重随时间不规则降低。

(2) 两种合金中 Cr 的含量相同，但显微组织的差异导致它们在高氧分压下的氧化行为明显不同。Cu-60Ni-20Cr 为单相合金，合金表面形成了连续规则的 Cr_2O_3 外氧化膜，阻止了合金的进一步氧化。而 Cu-40Ni-20Cr 是双相合金，一相是富 Cu 贫 Cr 的α相，另一相则是富 Cr 的β相，两相的存在限制了 Cr 由合金向合金/氧化膜界面的扩散，合金表面没有形成连续的 Cr_2O_3 外氧化膜。事实上，氧化膜的外层是 CuO 层，内层是合金和氧化物相的混合区，其中α相岛状物被氧化，而β相岛状物未被氧化，周围被薄的 Cr_2O_3 层包围，Cr_2O_3 不断扩展，最终在内部形成了网状连续的 Cr_2O_3 层。

(3) 低氧分压下，Cu-40Ni-20Cr 合金的氧化速率随时间延长比抛物规律降低得更快，动力学曲线近似由三段抛物线段组成，Cu-40Ni-20Cr 合金在 700℃、2h 之前的氧化增重高于 800℃，但后来变得低于 800℃，直到 24h。

(4) 两相 Cu-40Ni-20Cr 在 700~800℃，低于 Ni 和 Cu 氧化物的平衡氧分压的情况下能够形成平坦、规则的 Cr_2O_3 外氧化膜。因此，Cr 从合金基体向外的扩散足以支持 Cr_2O_3 的生长。

5.2　三相 Cu-20Ni-20Cr 合金的高温腐蚀性能

5.2.1　引言

通常，服役高温的合金中 Cr 的含量必须超过某一临界值，合金表面才能形成连续、具有保护性、慢速生长的 Cr_2O_3 氧化膜，同时能抑制 Cr 的内氧化[1,21,28,29]。事实上，在相关参数相同的条件下，二元双相合金表面形成活泼组元外氧化远比单相固溶体合金要困难[30-42]。对于三元合金，情况变得更为复杂，5.1 节介绍了两种单/双相 Cu-Ni-Cr 合金的高温腐蚀性能，发现单相 Cu-60Ni-20Cr 合金表面形成了连续的 Cr_2O_3 外氧化膜，而双相 Cu-40Ni-20Cr 合金表面形成了复杂的外氧化膜且发生了合金与氧化物共存的混合内氧化，同时合金内部形成了薄且连续的 Cr_2O_3 层，抑制了合金的进一步氧化[11]。本节介绍三相 Cu-20Ni-20Cr 合金在 700~800℃、0.1MPa 纯氧气中和 $1×10^{-20}$MPa 低氧分压下的氧化动力学行为和氧化膜结构，并与前面研究的两种 Cu-Ni-Cr 合金进行比较，目的在于较系统地揭示三元合金的高温氧化规律[43]。

5.2.2　实验方法

三相 Cu-20Ni-20Cr 合金由纯度为 99.99%的金属原料在氩气保护下，经非自耗电弧炉反复熔炼并在 800℃经真空退火而成。合金设计成分为 Cu-20Ni-20Cr，而实际平均成分为 Cu-21.4Ni-19.4Cr。三相 Cu-20Ni-20Cr 合金的显微组织结构如图 5.10 所示，合金由三相组成，它们的体积分数在某一范围内发生局部变化。其中亮色相是富 Cu 贫 Cr 的α相，其组成为 Cu-16Ni-2Cr;暗色相是富 Ni 的β相，其组成为 Cu-37Ni-33Cr;而黑色相是富 Cr 的γ相，其组成为 Cu-23Ni-74Cr。合金基体主要是由α相组成的，而γ相以单独颗粒形式存在，有时颗粒集中形成枝状。β相也以单独颗粒的形式存在，有时分散在α基体中，有时包围γ相颗粒。将合金锭线切割成面积约为 2.5cm^2 的试片，用砂纸磨至 600$^#$，经水、乙醇及丙酮清洗并干燥后，用 Cahn2000 型热天平测量其在 700～800℃、0.1MPa 纯氧气中和 1×10^{-20}MPa 低氧分压下氧化的质量变化。氧化样品采用 SEM/EDX 和 XRD 进行观察及分析。

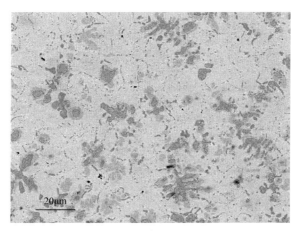

图 5.10　三相 Cu-20Ni-20Cr 合金的显微组织结构

5.2.3　高温腐蚀性能

Cu-20Ni-20Cr 合金在 700～800℃、0.1MPa 纯氧气中氧化 24h 的动力学曲线如图 5.11 所示。700℃时，氧化动力学曲线偏离抛物线规律，瞬时抛物线速率常数随时间延长而降低，其降低的幅度要比相应的按抛物线规律变化大，这说明随着氧化时间的增加，氧化膜变得更具有保护性。700℃时，氧化动力学曲线由两段抛物线段组成，氧化初期的抛物线速率常数 k_p=3.1×10^{-2}g^2/(m^4·s)，而氧化后期的抛物线速率常数 k_p=2.7×10^{-3}g^2/(m^4·s)。800℃时，氧化动力学曲线近似遵循抛物线规律，瞬时抛物线速率常数随时间略有下降，其抛物线速率常数 k_p=2.6×10^{-1}g^2/(m^4·s)。图 5.12 是 Cu-20Ni-20Cr 合金与前面研究的两种合金 Cu-40Ni-20Cr 和 Cu-60Ni-20Cr 在 700～800℃、0.1MPa 纯氧气中氧化 24h 的动力学曲线的比较。尽管三种合金中 Cr 的相对含量相同，但 Cu-60Ni-20Cr 合金是单相合金，Cu-40Ni-20Cr 合金是双相合金，而 Cu-20Ni-20Cr 合金是三相合金。三相 Cu-20Ni-20Cr 合金的氧化速率明显高于单相 Cu-60Ni-20Cr 合金和双相 Cu-40Ni-20Cr 合金。

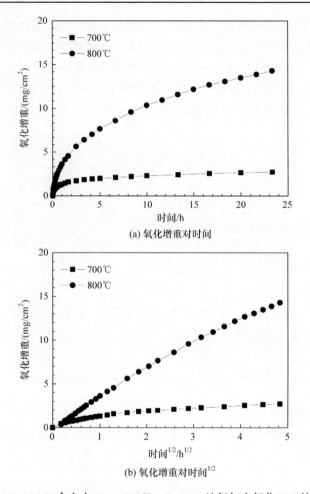

(a) 氧化增重对时间

(b) 氧化增重对时间$^{1/2}$

图 5.11 Cu-20Ni-20Cr 合金在 700～800℃、0.1MPa 纯氧气中氧化 24h 的动力学曲线

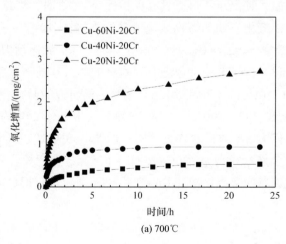

(a) 700℃

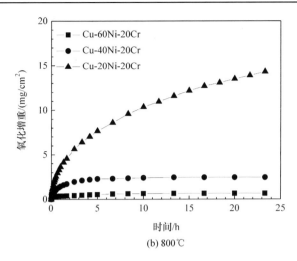

图 5.12　三种 Cu-Ni-20Cr 合金在 700～800℃、0.1MPa 纯氧气中氧化 24h 的
动力学曲线比较

　　Cu-20Ni-20Cr 合金在 700～800℃、0.1MPa 纯氧气中氧化 24h 的断面形貌如图 5.13 所示。由图可知，700℃时，外氧化膜是连续的 CuO 层，CuO 层靠近合金方向分布着薄但不连续的黑色 NiO 层。CuO 层下面是合金与岛状氧化物相共存的混合区。氧化物的体积分数和内氧化深度随合金表面不同区域变化很大，因此这种混合区极不规则。这些岛状氧化物至少是由两个不同氧化物相组成的，其中一相(亮色)是富 Cu 相，但含有少量的 Cr，其组成为 91%Cu、8%Ni 和 1%Cr；另一相(黑色)含有更多的 Ni 和 Cr，其组成为 74%Cu、16%Ni 和 10%Cr(上述的组成均未包括氧)。这些岛状氧化物周围的某些地方形成了较薄且呈黑色的 Cr_2O_3 层，它阻止了氧向合金内部的扩散，因此合金内部没有发生内氧化。这种混合区与经典的内氧化区不同，岛状氧化物通常很大而且常常与外氧化膜相连。800℃时，Cu-20Ni-20Cr 合金表面氧化膜的结构更为复杂，氧化膜的最外层是厚度约为 50μm 的 CuO 层，其下面的某些地方有岛状的 Cu_2O(亮色)。中间是混合氧化层，在某些地方与 CuO 颜色相同的物质实际上是 Cu 和 Ni 的混合氧化物，相同深度黑色岛状的氧化物是 Ni 和 Cr 的尖晶石氧化物，而靠近合金处一些亮色的岛状物是 Cu_2O 和 NiO 的混合物，与合金相连的黑色不规则氧化层是 Cr_2O_3 层。合金/氧化膜界面极不规则，在一些地方氧化物伸向合金较深处，而在另外一些地方合金则伸进氧化膜中。同时在某些地方，亮色富 Cu 相完全被 Cr_2O_3 或 Ni 和 Cr 的尖晶石氧化物包围。与 700℃的情况不同，岛状氧化物没有被合金所包围。

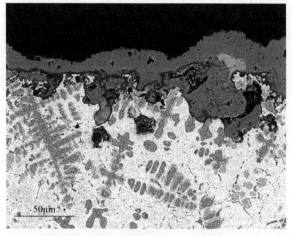

(a) 700℃

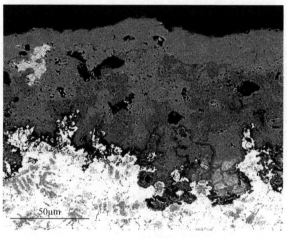

(b) 800℃

图 5.13　Cu-20Ni-20Cr 合金在 700～800℃、0.1MPa 纯氧气中氧化 24h 的断面形貌

　　上述结果表明，Cu-20Ni-20Cr 合金的氧化行为与前面研究的 Cu-60Ni-20Cr 和 Cu-40Ni-20Cr 合金明显不同[11]。对于 Cu-60Ni-20Cr 单相合金，合金表面形成了平坦连续的 Cr_2O_3 外氧化膜。而 Cu-40Ni-20Cr 为双相合金，一相是富 Cu 贫 Cr 的α相，另一相是富 Cr 的β相，两相的限制使合金表面没能形成连续的 Cr_2O_3 外氧化膜。但在氧化初期，合金内部发生了合金与氧化物相共存的混合内氧化，并在合金内部形成薄且连续的 Cr_2O_3 层，抑制了合金的进一步氧化。相反，Cu-20Ni-20Cr 合金经过较长时间氧化后，合金表面和内部均没有形成连续的 Cr_2O_3 层，三组元 Cu、Ni 和 Cr 均发生了氧化。因此，尽管 Cu-20Ni-20Cr 合金的瞬时抛物线速率常

数随时间的增加不断减小，但与 Cu-60Ni-20Cr 和 Cu-40Ni-20Cr 合金相比，其氧化速率仍然很高。

　　Cu-20Ni-20Cr 合金与前面研究的两种合金具有相同的 Cr 含量，但合金表面或内部均没有形成连续的 Cr_2O_3 层，这主要归因于合金中存在三相。事实上，三元合金中只要三相处于平衡，两相之间或每一相中组元的扩散就不会发生。在这种条件下，合金的氧化行为主要受体积分数较大相控制，对于 Cu-20Ni-20Cr 合金，就是富 Cu 贫 Cr 的α相，因此氧化产物主要是 CuO、NiO 以及它们与 Cr_2O_3 组成的针状复合氧化物，而 Cr 仅以复合氧化物的形式随机分布在 Cu 和 Ni 的氧化物中，或者以 Cr_2O_3 颗粒的形式有选择地分布在合金/氧化膜界面。合金/氧化膜界面是非常粗糙和不规则的，它伸向合金较深处。因此，与双相 Cu-40Ni-20Cr 合金特别是与单相 Cu-60Ni-20Cr 合金相比，Cu-20Ni-20Cr 合金表面很难形成 Cr_2O_3 层。

　　Cu-20Ni-20Cr 合金的氧化行为在某种程度上与二元 Cu-Cr 合金相似。Cu-Cr 合金在整个成分范围内只形成互溶度很小的、两个几乎是纯金属的固溶体相。合金系中 Cr 的含量为 75%，甚至在富 Cr 区最高含量达 90%时，仍不足以形成完整的 Cr_2O_3 保护膜，合金表面仅形成了 Cu 和 Cr 的氧化物。此外，Cu-Cr 合金表面氧化膜 CuO 层中，有由动力学因素导致的未氧化完全的 Cr 颗粒存在[19]，而在 Cu-20Ni-20Cr 中，Ni 的加入增加了 Cr 在富 Cu 贫 Cr 的α相中的溶解度，因此合金表面氧化膜中没有金属 Cr 颗粒出现。然而，Cu-20Ni-20Cr 合金表面没有形成连续的 Cr_2O_3 保护膜应归因于合金中存在三相，它阻止了 Cr 由合金向合金/氧化膜界面的扩散。与二元双相合金相似[44-46]，在相关参数相同的条件下，与单相固溶体合金相比，Cu-20Ni-20Cr 合金中三相的存在大大增加了合金表面形成活泼组元保护性氧化膜的临界浓度。

　　与 Cu-40Ni-20Cr 合金相比，氧化膜中 CuO 层下面合金与岛状氧化物相共存的混合区不是混合内氧化。混合区中岛状氧化物伸向合金较深处，大部分与外氧化膜相连，这说明氧可能沿裂缝或孔洞通过氧化物向内扩散而非通过合金基体。另一个有趣的问题是与许多二元双相合金相似[32-36]，在合金/氧化膜界面没有活泼组元 Ni 和 Cr 的贫化带产生。因此，所有组元均被氧化，Ni 和 Cr 主要在合金中被氧化，而 Cu 则在合金/氧化膜界面被氧化，合金表面形成的是 Cu、Ni 和 Cr 的混合氧化物或复合氧化物。而合金组元以不同速率通过氧化膜中的不同相向外扩散，它取决于合金中组元的扩散系数和它们在每一相中的浓度以及不同氧化物的空间分布，最后形成了观察到的混合氧化膜结构。在富 Cu 的合金中观察到氧化膜最外层几乎是纯 Cu 的氧化物，这归因于相对于其他合金，组元 Cu 通过氧化膜的扩散速率较大[14,38-42]。

　　图 5.14 为 Cu-20Ni-20Cr 合金在 700～800℃、1×10^{-20}MPa 低氧分压下氧化的动力学曲线。在两种温度下，合金的氧化速率随时间的增加变化比抛物规律降低得更快，因此瞬时抛物线速率常数也随时间而减小。Cu-20Ni-20Cr 合金在 700℃时的动力学曲线由三段抛物线段组成，20min 之前的抛物线速率常数 $k_p =$ 4.5×10^{-3}g^2/(m$^4\cdot$s)，20min～10h 间的抛物线速率常数 $k_p=1.4\times10^{-4}$g^2/(m$^4\cdot$s)，10～24h 间的抛物线速率常数 $k_p=1.9\times10^{-5}$g^2/(m$^4\cdot$s)；800℃时的动力学曲线由两段抛物线段组成，3h 之前的抛物线速率常数 $k_p=1\times10^{-3}$g^2/(m$^4\cdot$s)，3～24h 间的抛物线速率常数 $k_p=3.8\times10^{-5}$g^2/(m$^4\cdot$s)。Cu-20Ni-20Cr 合金在 700℃、3h 之前的氧化增重大于 800℃情况下的，但后来变得小于 800℃情况下的，直至 24h。图 5.15 给出了 Cu-20Ni-20Cr 合金在 700～800℃、1×10^{-20}MPa 低氧分压下形成的氧化膜的断面形貌。最外层是一镀镍层，以防止合金表面形成的氧化膜剥落，两种温度下合金均形成了连续的 Cr$_2$O$_3$ 层，在 Cr$_2$O$_3$ 层下形成了薄的贫 Cr 层，没有观察到有 Cr 的内氧化发生。

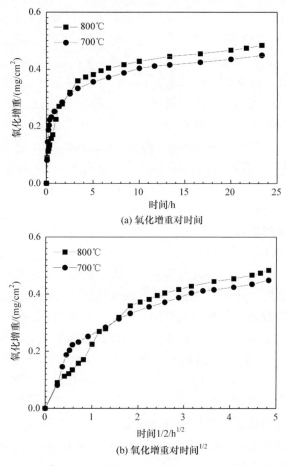

(a) 氧化增重对时间

(b) 氧化增重对时间$^{1/2}$

图 5.14　Cu-20Ni-20Cr 合在 700～800℃、1×10^{-20}MPa 低氧分压下氧化的动力学曲线

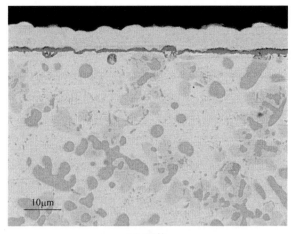

(a) 700℃

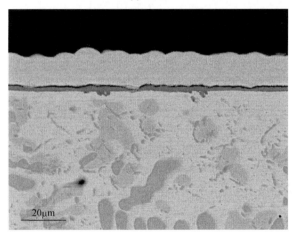

(b) 800℃

图 5.15　Cu-20Ni-20Cr 合金在 700～800℃、$1×10^{-20}$MPa 低氧分压中氧化的断面形貌

　　Cu-Ni-Cr 合金中，Cr 是最活泼组元，而 Cu 是最惰性组元。由于气相中的氧分压为 $1×10^{-20}$MPa，远低于 Cu_2O 和 NiO 的平衡氧分压，但高于 Cr_2O_3 的平衡氧分压。因此，只有 Cr 可以被氧化。相反，前面研究的三相 Cu-20Ni-20Cr 合金在 0.1MPa 纯氧气中氧化，即使经过较长时间的氧化，也不能形成连续的 Cr_2O_3 层。两种合金在低氧分压和高氧分压下的氧化行为之间具有差异主要是由于在低氧分压下只有 Cr 被氧化。

　　目前研究的合金高温氧化的一个更重要方面是它们的相组成。事实上，尽管还没有通常的处理来预测三元复相合金的氧化行为，但许多研究已经证明三元复相合金的氧化行为应与固溶合金有着显著的不同，但除了由存在第三组元引起的一些变化之外，与二元双相合金有一些相似之处。实际上，在等温等压条件下，

Gibbs 相律预测二元合金可能最多含有两个金属相，这两个金属相具有固定的组成。因此，在二元双相合金中没有引起长程扩散的化学势梯度，结果在金属基体内不会发生扩散，这些合金将以无扩散的方式进行氧化，除非在与膜接触的合金层中，优先氧化的一种组分能够产生一相的消失。相反，在恒定温度和压力条件下，三元合金中可以共存的最大相数为 3。因此，与二元双相合金的情况完全相同，三元三相合金基体中的扩散又被抑制。同样，除非在与膜接触的合金层中，优先氧化的一种组分能够导致一相的消失，否则可能发生合金中的扩散。相反，三元双相合金中相的组成可以在有限范围内变化，从而可以通过扩散进行输送而不再需要一相的消失。在三元三相 Cu-20Ni-20Cr 合金中至少有一相，最有可能的是最富 Cr 的γ相，由于形成 Cr_2O_3 外氧化膜而消失时，才能在合金中发生 Cr 的扩散。添加 Ni 有利于增加 Cr 在 Cu 中的溶解度，有利于 Cr 通过单相或双相表面合金层的扩散传输。这种行为类似于二元双相 A-B 合金，由于活泼组元 B 在惰性组元 A 中溶解度的增加，发生选择性外氧化所需的活泼组元 B 的临界浓度显著降低[30,32,37]。总体来说，很难预测由氧化引起的原始合金中相的组成变化，这主要是因为这种计算非常复杂，而且不能获得有关的需要的大量参数的数据。然而，定性上看，目前实验观察到的合金氧化行为与预测是一致的。实际上，Cr_2O_3 外氧化膜的形成导致产生了合金相组成的改变，包括形成单相表面层，特别是在 800℃时是明显的，即使原则上仅涉及三元合金一相的消失，这种行为可以避免发生 Cr 的内氧化发生，这会使 Cr_2O_3 发生外氧化更加困难，甚至不可能发生。与在 0.1MPa 纯氧气中，经过相当长的时间所有成分都发生氧化后，最后能形成不规则但连续的 Cr_2O_3 膜的三相 Cu20Ni-20Cr 合金相比，目前研究合金在低氧分压下能形成比前面研究的二元双相 Cu-Cr 合金平坦规则的 Cr_2O_3 外氧化膜。因此，可以得出结论，在气氛中氧分压低于 Cu 和 Ni 氧化物平衡氧分压的情况下，有利于两相甚至三相 Cu-Ni-Cr 合金上形成 Cr_2O_3 外氧化膜。

5.2.4 结论

(1) Cu-20Ni-20Cr 合金在 800℃、0.1MPa 纯氧气中的氧化动力学曲线遵循近似的抛物线规律，而在 700℃时偏离抛物线规律，其瞬时抛物线速率常数随时间增加而减小，降低的幅度要比相应的按抛物线规律变化大。Cu-20Ni-20Cr 合金的氧化速率明显高于 Cu-40Ni-20Cr 和 Cu-60Ni-20Cr 合金。

(2) 尽管 Cu-20Ni-20Cr 合金中 Cr 的含量相对较高，但在 700～800℃、0.1MPa 纯氧气中氧化 24h 后，合金表面没有形成连续的 Cr_2O_3 保护膜。相反，合金表面形成了含有所有组元氧化物及它们的复合氧化物的复杂氧化膜结构，且合金/氧化膜界面极不规则，氧化物伸向合金内部，合金的氧化行为与更富 Ni 的 Cu-40Ni-20Cr 和 Cu-60Ni-20Cr 合金明显不同，这主要归因于合金中含有三相，而 Cr 的分布不均匀，尤其是α相中 Cr 的含量非常低，三相的存在阻止了 Cr 由合金向合金/氧化膜界面的扩散。因此，Cr 发生了原位氧化，形成了孤立的 Cr_2O_3 颗粒或复合氧化物被溶进外氧化膜中，不具有保护性。这些现象与二元双相合金的氧化行为相似。

(3) Cu-20Ni-20Cr 合金在 700～800℃、$1×10^{-20}$MPa 低氧分压下的氧化速率随时间的变化比抛物线规律变化降低得更快，动力学曲线近似由两段或三段抛物线段组成，Cu-20Ni-20Cr 合金在 700℃、3h 之前的氧化增重大于 800℃时的氧化增重，但后来变得低于 800℃，直至 24h。

(4) 三相 Cu-20Ni-20Cr 合金在在 700～800℃，低于 Ni 和 Cu 氧化物的平衡氧分压的情况下能够形成平坦、规则的 Cr_2O_3 外氧化膜。因此，Cr 从合金基体向外的扩散足以支持 Cr_2O_3 的生长。这主要是因为一方面 Ni 的存在以及靠近合金/氧化膜界面形成薄的单相合金层，有利于增加 Cr 在 Cu 中的溶解度；另一方面，由于不存在 Ni 和 Cu 氧化物，并且与相同的合金在 0.1MPa 纯氧气中氧化时相应值相比，溶解在合金中的氧浓度较低，外部氧化膜的生长速度缓慢。

5.3　三相 Cu-45/25Ni-30Cr 合金的高温腐蚀性能

5.3.1　引言

高温服役的工程合金需要具有良好的抗氧化能力，通常添加 Al、Cr、Si 等元素使合金表面形成具有保护性的 Al_2O_3、Cr_2O_3 和 SiO_2 氧化膜。许多研究已经证实，双相或多相合金中发生最活泼组元的单一选择性外氧化要比单相固溶体合金更为困难，相应的发生单一选择性外氧化所需活泼组元的临界浓度也较固溶体合金高得多[42,44-47]。前面介绍了单相、双相和三相 Cu-Ni-20Cr 合金的氧化行为，但合金中 Cr 的含量相对较低，不足以使合金表面形成具有保护性的 Cr_2O_3 外氧化膜[11,38]。本节介绍 Cr 含量相对较高的 Cu-45Ni-30Cr 和 Cu-25Ni-30Cr 合金在 700～800℃、0.1MPa 纯氧气中的氧化动力学行为、氧化膜结构以及合金成分的变化对合金高温氧化行为的影响[48]。

5.3.2　实验方法

Cu-45Ni-30Cr 和 Cu-25Ni-30Cr 合金由纯度为 99.99%的金属原料在氩气保护下，经非自耗电弧炉反复熔炼并经真空退火而成。合金设计成分为 Cu-45Ni-30Cr 和 Cu-25Ni-30Cr，而实际平均成分为 Cu-47.6Ni-30.1Cr 和 Cu-25.8Ni-30.5Cr。Cu-45Ni-30Cr 为三相合金，其显微组织如图 5.16 所示。其中亮色相是富 Cu 的α相，其平均成分为 Cu-19Ni-7Cr；暗色相是β相，其平均成分为 Cu-53Ni-33Cr；而黑色相则是富 Cr 的γ相，其平均成分为 Cu-15Ni-55Cr。合金基体主要由β相组成，α相以网状形式分散在β相中，而γ相以孤立的较小颗粒的形式出现，有些分散在β相中，有些则分散在α相颗粒中。Cu-25Ni-30Cr 合金的显微组织如图 5.17 所示。可见，合金也由三相组成，它们的体积分数在某一范围内发生局部变化，其中亮色相是富 Cu 贫 Cr 的α相，其组成为 Cu-15Ni-4Cr；暗色相是 Cr 含量较高的β相，其组成为 Cu-52Ni-32Cr；黑色相则是富 Cr 的γ相，其组成为 Cu-27Ni-65Cr。合金基体主要由富 Cu 贫 Cr 的α相组成，而γ相以单独颗粒的形式存在，有时颗粒集中形成枝状结。β相也以单独颗粒的形式存在，有时分散在α基体中，有时包围γ相颗粒。将合金锭线切割成面积约为 2.5cm^2 的试片，并用砂纸将其打磨至 600$^#$，经水、乙醇及丙酮清洗并干燥后，用 Cahn2000 型热天平测量其在 700～800℃、0.1MPa 纯氧气中氧化的质量变化。氧化样品采用 SEM/EDX 和 XRD 进行观察及分析。

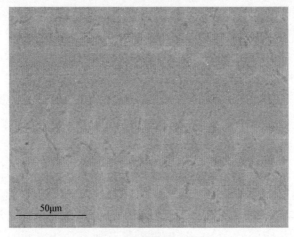

(a) 通常图

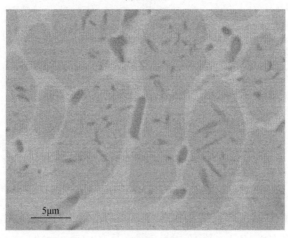

(b) 放大图

图 5.16　Cu-45Ni-30Cr 合金的显微组织

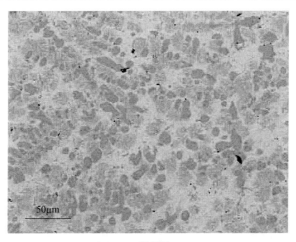

(a) 通常图

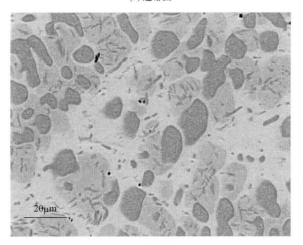

(b) 放大图

图 5.17   Cu-25Ni-30Cr 合金的显微组织

5.3.3   高温腐蚀性能

图 5.18 为 Cu-45Ni-30Cr 合金在 700～800℃、0.1MPa 纯氧气中氧化 24h 的动力学曲线。可见，合金的氧化动力学行为较复杂，其瞬时抛物线速率常数随时间增加而降低。800℃时的氧化速率明显高于 700℃，氧化动力学曲线由两段抛物线段组成，2h 之前的抛物线速率常数 $k_p=2.58\times10^{-2}g^2/(m^4 \cdot s)$，之后抛物线速率常数 $k_p=5.72\times10^{-3}g^2/(m^4 \cdot s)$；而 700℃时的氧化动力学曲线极不规则，在 2h 之前遵循近似的抛物线规律，其抛物线速率常数 $k_p=7.2\times10^{-3}g^2/(m^4 \cdot s)$，而后由三段斜率不同的直线段组成，其中在 2～6h 的氧化速率很小，6h 后略有增加，12h 后的氧化速率又变小。

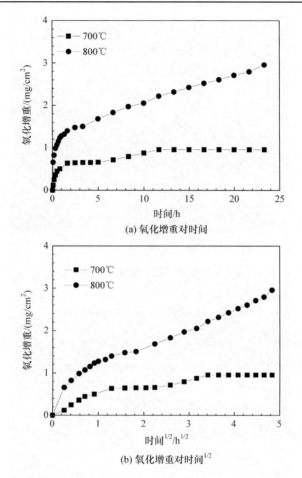

(a) 氧化增重对时间

(b) 氧化增重对时间$^{1/2}$

图 5.18　Cu-45Ni-30Cr 合金在 700~800℃、0.1MPa 纯氧气中氧化 24h 的动力学曲线

　　图 5.19 是 Cu-45Ni-30Cr 合金与前面研究的 Cr 含量较低的双相 Cu-40Ni-20Cr 合金和三相 Cu-20Ni-20Cr 合金的氧化动力学曲线的比较。在 800℃、16h 之前，Cu-40Ni-20Cr 合金的氧化增重明显高于 Cu-45Ni-30Cr，此时 Cu-40Ni-20Cr 合金表面或内部没有形成连续的具有保护性的 Cr_2O_3 膜。随着反应的不断进行，合金内部形成了连续的 Cr_2O_3 层，因此其氧化增重在 16h 后变得低于 Cu-45Ni-30Cr；而在 700℃、12h 之前，Cu-40Ni-20Cr 合金的氧化增重略高于 Cu-45Ni-30Cr，之后其氧化增重与 Cu-45Ni-30Cr 合金几乎相同。相同温度下，Cu-45Ni-30Cr 合金的氧化速率明显高于 Cu-20Ni-20Cr 合金。

　　Cu-45Ni-30Cr 合金在 700~800℃、0.1MPa 纯氧气中氧化 24h 形成的氧化膜结构如图 5.20 所示。两个温度下合金表面氧化膜的最外层均是很薄且不连续的 CuO 层，紧接着是较厚的 Cr_2O_3 层，Cr_2O_3 层下面形成亮色的贫 Cr 带。其中 800℃

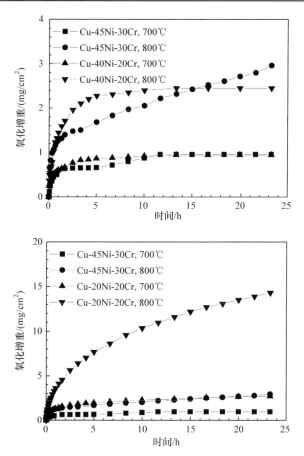

图 5.19　Cu-45Ni-30Cr 合金与 Cr 含量较低的双相 Cu-40Ni-20Cr 合金和三相 Cu-20Ni-20Cr 合金的氧化动力学曲线比较

时，Cr_2O_3 层平坦致密，贫 Cr 带也较宽；而 700℃时，Cr_2O_3 层呈波浪形，一些部位 Cr_2O_3 较厚且向内突起，其上局部有较大的孔洞，亮色的贫 Cr 带较细。合金在两个温度下均产生了合金和氧化物相共存的混合内氧化区，在 700℃时，内氧化区合金基体由β相组成，而在 800℃时，则由α相和β相组成(68%Cu、28%Ni 和 4%Cr，10%Cu、63%Ni 和 27%Cr)，但与原始合金相比更富 Cu 和 Ni。被氧化的岛状物中含有较少的氧，这表明它是由 Cr_2O_3 和 Cu、Ni 组成的。

尽管 Cu-45Ni-30Cr 合金中存在三相，30%Cr 足以使合金表面形成具有保护性的 Cr_2O_3 外氧化膜。事实上，20%Cr 足以使单相固溶体 Cu-60Ni-20Cr 合金表面形成 Cr_2O_3 外氧化膜，双相 Cu-40Ni-20Cr 合金混合内氧化区形成连续的 Cr_2O_3 层，却未能使 Cu-20Ni-20Cr 合金表面形成 Cr_2O_3 外氧化膜，合金表面形成的是由三组元氧化物组成的复杂氧化膜结构[11,43]。

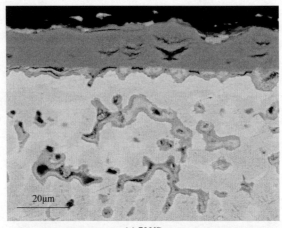

(a) 700℃

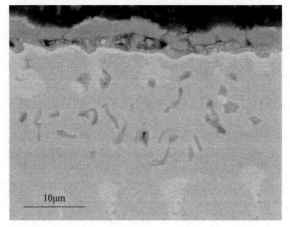

(b) 800℃

图 5.20　Cu-45Ni-30Cr 合金在 700~800℃、0.1MPa 纯氧气中氧化 24h 的断面形貌

由于 Cu-45Ni-30Cr 合金中 Cu 的含量相对较少，Ni 固溶 Cu，合金的氧化行为类似于二元单相 Ni-Cr 合金[49]。25%Cu 的加入未能阻止 Cr 由合金向合金/氧化膜界面的扩散，合金表面形成了连续且规则的 Cr_2O_3 外氧化膜，同时抑制了 Ni 和 Cu 的氧化。Cr 在向外扩散的同时，Ni 和 Cu 向合金内部扩散，因此合金/氧化膜界面下形成了较宽且连续的贫 Cr 带。

Cu-45Ni-30Cr 合金内部发生了 Cr 的内氧化，这种合金与氧化物共存的混合内氧化与经典活泼组元内氧化明显不同[50]。与单相固溶体合金相比，混合内氧化物颗粒较大，被氧化的岛状物中氧的含量比三组元氧化物或它们的复合氧化物低，这也表明这些岛状物由 Cu+Ni+Cr_2O_3 或者 Cu+Cr_2O_3+$NiCr_2O_4$ 组成。这种混合内氧化最可能的形成机制是在较低氧分压下γ相颗粒原位与氧反应形成 Cu+Ni+Cr_2O_3

或者 $Cu+Cr_2O_3+NiCr_2O_4$ 的混合物，而内氧化区中γ相颗粒作为 Cr_2O_3 形核中心吸引了α相和β相中的 Cr，形成比原始合金中γ相颗粒更大的岛状内氧化物，也使α相和β相与原始合金相比变得更富 Cu 和 Ni。同时，混合内氧化区中氧的扩散机制也不同于经典的内氧化。事实上，氧通过 CuO 和 Cr_2O_3 的扩散很慢，很明显氧是通过相界或裂缝向内扩散的。由于混合氧化区的生长速率很慢，Cr_2O_3 没有逐渐扩展最终在合金内部形成网状的 Cr_2O_3 膜。

事实上，对于二元单相固溶体合金，内氧化物颗粒在合金中的分布与活泼组元 B 在原始合金中无任何联系，在任何条件下都是均匀无序的。而对于互溶度很小的二元双相合金，合金通常由富 A(惰性组元)的α相固溶体和富 B(活泼组元)的β相固溶体组成，两相处于热力学平衡状态，很难发生相间扩散。氧化时内氧化区中的β相往往转变成由α+BO 组成的混合物，而不伴随 B 的明显扩散，即通常活泼组元在其原位发生内氧化[51-54]，其中 BO 的大小和空间形态分布与原始合金相似。例如，双相 Fe-Cu 合金在低氧分压(Cu 不发生氧化)条件下氧化时，由于两组元间互溶度极小，使得 Fe 的浓度即使达到了 75%，仍然发生了 Fe 的原位内氧化[55]。对于三元合金，一定温度下可以共存相的数目最多为 3，出现双相时体系中尚有一个自由度，可在给定的成分范围内达到平衡。如果其中某相与氧化介质发生反应而破坏了相间平衡，那么三元双相体系中就可以发生互扩散，但是金属组元的扩散能力也同样受到很大限制。并且最终与固溶体合金相比，双相合金中更容易发生最活泼组元的内氧化，而不容易发生最活泼组元由内氧化向外氧化的转变[56]，这已在 Cu-Fe-Ni 合金的氧化得到证实[57]。然而，目前研究的 Cu-45Ni-30Ni 合金，由于三相中 Cr 的含量较高，加速了活泼组元由内氧化向外氧化的转变，促使合金表面形成 Cr 的外氧化，同时发生了 Cr 的内氧化。

30%Cr 足以使 Cu-45Ni-30Cr 合金表面形成连续的 Cr_2O_3 外氧化膜，这与二元 Cu-Cr 合金系完全不同[37]。由于 Cu-Cr 合金中存在两相，两相对组元扩散的限制、合金显微组织对氧化行为的影响以及 Cr 在 Cu 中的固溶度很低(在 800℃仅为 $6.3×10^{-4}$mol)[58]导致合金中 Cr 的含量为 50%，甚至在富 Cr 相中高达 90%时，仍不足以形成完整的 Cr_2O_3 保护膜。这种临界浓度差异归因于 Ni 的加入使 Cr 在α相中的溶解度明显高于 Cu-Cr 合金系。这种现象与二元双相合金类似，活泼组元 B 形成选择性外氧化膜所需的临界浓度随着它在惰性组元 A 中溶解度的增加而降低。

Cu-45Ni-30Cr 与 Cu-40Ni-20Cr 合金中都有连续的 Cr_2O_3 形成，但在 800℃时，Cu-45Ni-30Cr 合金的氧化动力学行为与 Cu-40Ni-20Cr 合金有些不同。如果反应时间足够长，Cu-45Ni-30Cr 合金的氧化速率要比 Cu-40Ni-20Cr 合金快，其主要原因是合金表面 Cr_2O_3 层中溶进一些 Cu 和 Ni 降低了氧化膜的保护性。

图 5.21 是三相 Cu-25Ni-30Cr 合金在 700~800℃、0.1MPa 纯氧气中氧化 24h 的动力学曲线。对于 Cu-25Ni-30Cr 合金，在 700℃时的氧化动力学曲线近似由三段

抛物线段组成。第一段为实验开始至 2h,其抛物线速率常数 k_p=2.5×10^{-3}g^2/(m^4 · s);第二段为 2~10h,其抛物线速率常数 k_p=5.8×10^{-4}g^2/(m^4 · s);第三段为 10~24h,其抛物线速率常数 k_p=4.8×10^{-5}g^2/(m^4 · s)。在 800℃时的氧化动力学曲线仍由三段抛物线段组成,第一段为实验开始至 3h,其抛物线速率常数 k_p=8.6×10^{-2}g^2/(m^4 · s);第二段为 3~12h,其抛物线速率常数 k_p=1.4×10^{-2}g^2/(m^4 · s);第三段为 12~24h,其抛物线速率常数 k_p=5.7×10^{-3}g^2/(m^4 · s)。在两种温度下,氧化速率均随时间增加而逐渐降低,且比按抛物线规律降低得要快,所以其瞬时抛物线速率常数也随时间增加而逐渐减小。这表明随着反应时间的增加,氧化膜变得更具有保护作用。另外,Cu-25Ni-30Cr 合金在 700℃下的氧化增重比其在 800℃下要小。图 5.22 是 Cu-25Ni-30Cr 合金与 Cr 含量较低的三相 Cu-20Ni-20Cr 和三相 Cu-45Ni-30Cr 合金

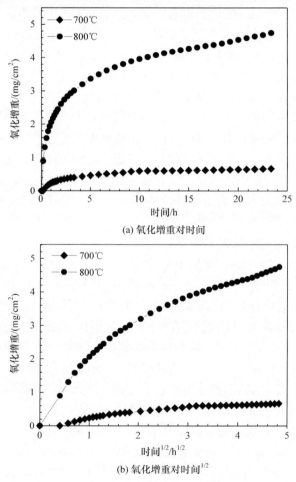

(a) 氧化增重对时间

(b) 氧化增重对时间$^{1/2}$

图 5.21　Cu-25Ni-30Cr 合金在 700~800℃、0.1MPa 纯氧气中氧化 24h 的动力学曲线

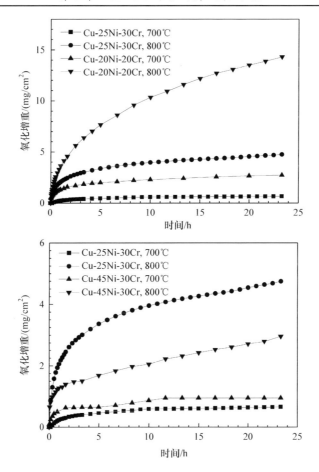

图 5.22　Cu-25Ni-30Cr 合金与 Cr 含量较低的三相 Cu-20Ni-20Cr 合金和三相 Cu-45Ni-30Cr
合金氧化动力学曲线的比较

氧化动力学曲线的比较。通过比较发现，在两种温度条件下，Cu-25Ni-30Cr 合金的氧化增重明显比前面介绍的低 Cr 含量的三相 Cu-20Ni-20Cr 合金要低。在 800℃时，Cu-25Ni-30Cr 合金的氧化增重比前面介绍的 Cu-45Ni-30Cr 合金大，但在 700℃时，Cu-25Ni-30Cr 合金的氧化增重比 Cu-45Ni-30Cr 合金要小。

　　Cu-25Ni-30Cr 合金在 700～800℃、0.1MPa 纯氧气中氧化 24h 形成的断面形貌如图 5.23 所示，合金表面形成的氧化膜的 XRD 图如图 5.24 所示。可见，在 700～800℃，合金表面形成的氧化膜较复杂。根据 XRD 结果分析，给出了氧化物 CuO、NiO、Cr_2O_3 和复合氧化物 $NiCr_2O_4$ 的特征峰。EDX 结果分析表明，在 700℃ 时合金表面均匀外氧化膜是由几乎纯的 CuO 组成的(73.4%Cu、2.1%Ni、1.0%Cr 和 23.5%O)；紧接着是一薄但不连续的暗色伸向合金内部的 Ni-Cr 尖晶石层 (4.4%Cu、33.2%Ni、31.6%Cr 和 30.8%O)，在这一层还有一些被 Cr_2O_3 包围的 β 相颗粒,而最内层是一不规则但连续的 Cr_2O_3 层(3.2%Cu、3.1%Ni、49.9%Cr 和 43.8%O)。在 800℃时,合金表面形成了由 CuO 组成的相对均匀的外氧化层(69.4%Cu、2.0%Ni、1.2%Cr 和 27.4%O),中间是一厚且连续的暗色 Ni-Cr 尖晶石层(2.5%Cu、59.1%Ni、16.8%Cr 和 22.1% O),其上有一些孔洞,而内层是一连续的但比 700℃时厚的 Cr_2O_3 层(2.6%Cu、1.5%Ni、55.6%Cr 和 42.3% O)。在两个温度下,合金内部均形成了由合金和氧化物相组成的混合内氧化区,这与经典的内氧化完全不同,经典内氧化是指在 Cu 基体内部有孤立的 Ni 和 Cr 的氧化物颗粒存在。这种内氧化与前面介绍的三相 Cu-45Ni-30Cr 合金形成的内氧化也不同,它的内氧化前沿是非常不规则

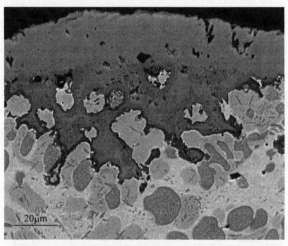

(a) 700℃

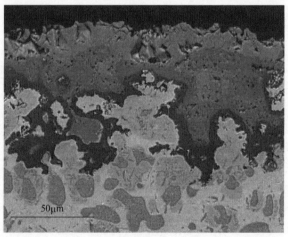

(b) 800℃

图 5.23　Cu-25Ni-30Cr 合金在 700～800℃、0.1MPa 纯氧气中的氧化的断面形貌

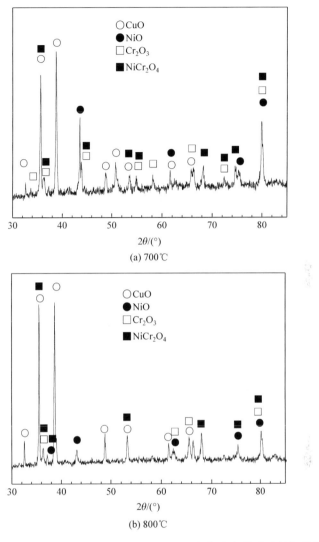

图 5.24　Cu-25Ni-30Cr 合金在 700～800℃、0.1MPa 纯氧气中氧化形成的氧化膜的 XRD 图

的。实际上，这些被氧化的孤立岛状物不是富 Cr 的β相和γ相，而是贫 Cr 的α相。β相和γ相被 Cr_2O_3 层(黑色)包围，α相岛状物在靠近合金/氧化膜界面处被氧化成 CuO 和 NiO(明显暗于 CuO)，而在较深处 Cu 则以金属颗粒的形式存在于 NiO 中。Cr_2O_3 在两个接近的岛状物周围生长，最后形成连续的 Cr_2O_3 层，显著降低了合金的氧化速率，阻止了合金的进一步氧化。低 Cr 含量的三相 Cu-20Ni-20Cr 合金在合金表面和内部均未能形成连续的 Cr_2O_3 膜，相反形成了由所有组元 Cu、Ni 和 Cr 的氧化物以及它们的复合氧化物组成的混合氧化物膜，氧化速率很快。

Cr 含量较高的 Cu-45Ni-30Cr 合金在合金表面形成了连续且平坦的 Cr_2O_3 外氧化膜，但也形成了合金和氧化物相共存的混合内氧化区。尽管目前 Cr 含量较高的 Cu-25Ni-30Cr 合金的氧化行为与低 Cr 含量的三相 Cu-20Ni-20Cr 合金的氧化行为完全不同，也不能直接像 Cu-45Ni-30Cr 合金能在合金表面形成连续平整的 Cr_2O_3 膜，但在经历最初短时间相当快速的氧化之后能在金属内部形成连续的 Cr_2O_3 层。因此，尽管合金中存在三相，但 30%Cr 可使合金形成具有保护性的最活泼组元的选择性氧化。实际上，合金表面形成的氧化膜结构通常取决于热力学和动力学因素。热力学上，四种不同氧化物 CuO、Cu_2O、NiO 和 Cr_2O_3 的稳定性依次为 CuO<Cu_2O<NiO<Cr_2O_3。因此，Cr 是最活泼组元，而 Cu 是惰性组元。由于气体中的氧分压均大于四种氧化物的平衡氧分压，所以，CuO、Cu_2O、NiO 和 Cr_2O_3 在氧化开始时均有可能形成。但 Cr_2O_3 比 CuO、Cu_2O 和 NiO 稳定。动力学上，三组分的氧化速率有较大差异，合金表面 CuO 或 Cu_2O 生长的速率比 NiO 或 Cr_2O_3 快很多。氧化开始时，Cu、Ni 和 Cr 的氧化物均有可能产生。但由于 Cu 的氧化物的生长速率较快，CuO 或 Cu_2O 覆盖了 NiO 和 Cr_2O_3，所以合金表面首先形成连续的 CuO 层。随着氧化的进行，合金/氧化膜界面向内迁移，界面上的氧分压逐渐减小，Ni-Cr 尖晶石复合氧化物形成。然而，当 Cr_2O_3 在β相和γ相岛状物周围形成后，Cu 和 Ni 向外部扩散被抑制，因此氧化速率明显随时间的增加而降低。

5.3.4　结论

(1) Cu-45Ni-30Cr 合金的氧化动力学行为较复杂，其瞬时抛物线速率常数随时间增加而降低，氧化动力学曲线通常不是由单一的抛物线或直线组成的，而是由几段组成，其中 800℃时的氧化速率明显高于 700℃。

(2) Cu-45Ni-30Cr 为三相合金，第一相是富 Cu 的α相，第二相是富 Ni 的β相，而第三相是富 Cr 的γ相。尽管合金中存在三相，30%Cr 却使合金表面形成了连续的 Cr_2O_3 外氧化膜，而内层则是合金和氧化物相共存的混合内氧化区，被氧化的岛状物由 Cr_2O_3 和 Cu、Ni 组成。这种混合内氧化机制与经典内氧化明显不同。

(3) Cr 含量相对较高的三相 Cu-25Ni-30Cr 合金仍不能直接在合金表面形成规则平整的 Cr_2O_3 层，但在经历相当快的氧化阶段后在合金内部形成连续的 Cr_2O_3 层。

(4) Cu-25Ni-30Cr 合金表面外氧化膜主要由 CuO 组成，紧接着是一暗色 Ni-Cr 尖晶石层，再往下是由合金和氧化物组成的混合内氧化区。被氧化的岛状不是富 Cr 的β相和γ相，而是富 Cu 贫 Cr 的α相。β相和γ相被 Cr_2O_3 包围，最终形成连续的 Cr_2O_3 层，也能阻止合金的进一步氧化。

5.4　三相 Cu-30Ni-30/40Cr 合金的高温氧化

5.4.1　引言

先进高温材料和涂层经常使用三元或多元复相合金以获得满足服役工况要求的综合性能，如高温强度、室温韧性与化学稳定性等。事实上，通常需要向合金中添加活泼组元 Cr、Al 和 Si 使合金表面形成慢速增长、具有保护性的 Cr_2O_3、Al_2O_3 和 SiO_2 外氧化膜，以提高合金的抗高温氧化能力[59]。二元双相合金表面形成活泼组元选择性外氧化膜要比单相固溶体合金困难得多，这主要是由于合金中各相总是处于热力学平衡状态以及组元间有限的固溶度，强烈限制了组元在合金基体中的扩散，显著增加合金表面形成活泼组元选择性外氧化膜所需的临界浓度。三元合金的三组元及其氧化物在热力学上的差异和组元在合金及氧化膜之间扩散行为的不同，导致它们的氧化动力学行为和氧化膜结构等都较纯金属或二元合金复杂，且腐蚀机理不同[60]。

Cu-Ni-Cr 合金是研究三元合金高温氧化行为较为典型的模型合金。前面研究了三元 Cu-Ni-Cr 合金的高温氧化行为，发现单相 Cu-60Ni-20Cr 合金表面形成了连续的 Cr_2O_3 外氧化膜，双相 Cu-40Ni-20Cr 合金表面未能形成连续的 Cr_2O_3 外氧化膜，但在合金内部形成了连续的 Cr_2O_3 氧化层，阻止了合金的进一步氧化[11]；三相 Cu-20Ni-20Cr 和 Cu-45Ni-30Cr 合金表面未能形成无内氧化的连续 Cr_2O_3 外氧化膜[43,48]。可见，合金的组成和相数对三元合金高温氧化行为有重要影响。本节介绍三相 Cu-30Ni-30Cr 和 Cu-30Ni-40Cr 两种合金的高温氧化行为，目的在于通过改变合金的组成使三相合金表面能形成连续的 Cr_2O_3 外氧化膜[61]。

5.4.2　实验方法

设计成分为 40%Cu、30%Ni 和 30%Cr(Cu-30Ni-30Cr)以及 30%Cu、30%Ni 和 40%Cr(Cu-30Ni-40Cr)的两种合金由纯度为 99.99%的金属原料在氩气保护下，经非自耗电弧炉反复熔炼而成。随后，合金锭在 800℃真空退火 24h，以消除残余应力。与三元 Cu-Ni-Cr 系在 930℃的相图一致[10]，目前研究的两种合金由三相组成，其显微组织如图 5.25 所示，它们的体积分数在局部发生某种程度的变化。

根据 EDX 分析，Cu-30Ni-30Cr 合金的实际平均成分为 38.9%Cu、30.6%Ni 和 30.5%Cr。亮色富 Cu 的α相含有大约 80.6%Cu、16.1%Ni 和 3.3%Cr。暗色β相含有大约 7.3%Cu、57.8%Ni 和 34.9%Cr。黑色富 Cr 的γ相含有大约 20.1%Cu、5.4%Ni 和 74.5%Cr。Cu-30Ni-40Cr 合金的实际平均成分为 29.5%Cu、30.8%Ni 和 39.7%Cr。

亮色富 Cu 的α相含有大约 67.2%Cu、13.4%Ni 和 19.4%Cr。暗色的β相含有大约 11.8%Cu、55.2%Ni 和 33.0%Cr。黑色富 Cr 的γ相含有大约 3.6%Cu、22.4%Ni 和 74.0%Cr。合金基体由β相组成，富 Cu 的α相形成大的岛状物并且在基体中占据了非常大的体积，而γ相则以孤立小颗粒形式存在，部分镶嵌于β相大颗粒中，部分分散在α相中，而且 Cu-30Ni-40Cr 合金的γ相颗粒中出现非常小的亮色沉积物。

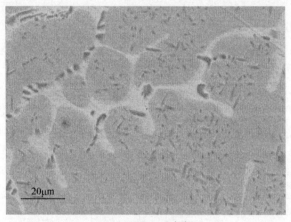

(a) Cu-30Ni-30Cr合金

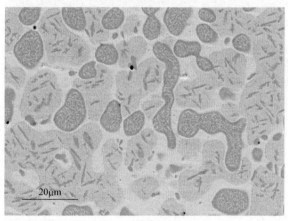

(b) Cu-30Ni-40Cr合金

图 5.25　Cu-Ni-Cr 合金的显微组织结构

合金锭线切割成厚度约为 1mm、面积约为 2cm² 的试片，用砂纸打磨至 800#，经水和丙酮清洗并干燥后，用 Cahn Versa Therm HM 型热分析天平测量其在 700～800℃、0.1MPa 纯氧气下连续氧化 24h 的质量变化。氧化样品采用 XRD、SEM 和 EDX 鉴别氧化产物的性质、组成和空间分布。

5.4.3 高温腐蚀性能

Cu-30Ni-30Cr 和 Cu-30Ni-40Cr 合金在 700～800℃、0.1MPa 纯氧气中氧化 24h 的动力学曲线如图 5.26 所示。两种合金在 800℃时的氧化速率比在 700℃时要快，而且在相同温度下，Cu-30Ni-40Cr 合金的氧化速率比 Cu-30Ni-30Cr 合金要慢。两种合金的氧化动力学曲线不规则且偏离抛物线规律，其瞬时抛物线速率常数随时间增加而降低。Cu-30Ni-30Cr 合金在 700℃时的氧化动力学曲线大体上由两段抛物线段组成，3h 之前的抛物线速率常数 $k_p = 3.4 \times 10^{-3} g^2/(m^4 \cdot s)$，3～12h 内的抛物线速率常数 $k_p = 1.3 \times 10^{-4} g^2/(m^4 \cdot s)$，而 12h 之后氧化速率变得非常小。Cu-30Ni-30Cr 合金在 800℃时的氧化动力学曲线大体上由三段抛物线段组成的，2h 之前的抛物线速率常数 $k_p = 2.8 \times 10^{-2} g^2/(m^4 \cdot s)$，2～4h 内的抛物线速率常数 $k_p = 1.1 \times 10^{-3} g^2/(m^4 \cdot s)$，4h 之后的抛物线速率常数 $k_p = 9.0 \times 10^{-5} g^2/(m^4 \cdot s)$。Cu-30Ni-40Cr 合金在 700℃时的氧化动力学曲线大体上是由两段抛物线段组成的，3h 之前的抛物线速率常数 $k_p = 8.8 \times 10^{-4} g^2/(m^4 \cdot s)$，3h 之后的抛物线速率常数 $k_p = 5.4 \times 10^{-6} g^2/(m^4 \cdot s)$。Cu-30Ni-40Cr 合金在 800℃时的氧化动力学曲线大体上由三段抛物线段组成，3h 之前的抛物线速率常数 $k_p = 7.7 \times 10^{-3} g^2/(m^4 \cdot s)$，3～8h 内的抛物线速率常数 $k_p = 2.6 \times 10^{-4} g^2/(m^4 \cdot s)$，8h 之后的抛物线速率常数 $k_p = 4.1 \times 10^{-5} g^2/(m^4 \cdot s)$。在两种温度下，两种合金的氧化速率降低幅度要比相应的按抛物线规律变化大，所以其瞬时抛物线速率常数随时间增加而降低，这说明随着氧化时间的增加，氧化膜变得更加具有保护性，这可能是 Cr 的氧化物数量相对增加的结果。图 5.27 是目前研究的两种合金同以前研究过的较低 Cr 含量的三相 Cu-20Ni-20Cr 合金在 700～800℃氧化动力学曲线的比较。显然，在两种温度下目前研究的 Cu-30Ni-30Cr 和 Cu-30Ni-40Cr 合金的氧化速率明显低于前面研究的 Cu-20Ni-20Cr 合金。

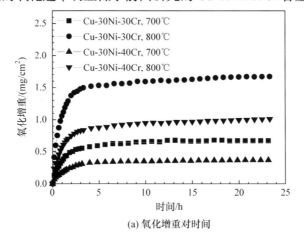

(a) 氧化增重对时间

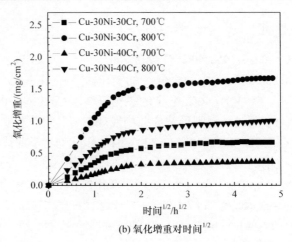

(b) 氧化增重对时间$^{1/2}$

图 5.26　Cu-30Ni-30/40Cr 合金在 700～800℃、0.1MPa 纯氧气中氧化 24h 的动力学曲线

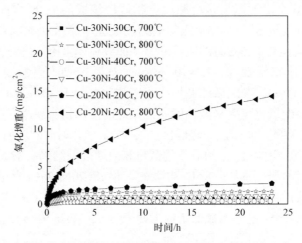

图 5.27　Cu-30Ni-30/40Cr 合金与较低 Cr 含量的三相 Cu-20Ni-20Cr 合金在 700～800℃的氧化
动力学曲线比较

　　Cu-30Ni-30Cr 合金在 700～800℃、0.1MPa 纯氧气下氧化 24h 形成的断面形貌如图 5.28 和图 5.29 所示。根据 EDX 分析，在 700～800℃合金表面形成的氧化膜结构比较复杂。外氧化膜主要是厚但不连续的 Cu 的氧化层(亮色相)，而且在疏松的地方还有一些孔洞。外氧化膜的下面是厚且连续但不规则的黑色的 Cr_2O_3 层(黑色相)，有些地方薄的黑色的 Cr_2O_3 层直接与合金相接触，而有些地方 Cr_2O_3 氧化膜则伸向合金较深处，这不是经典的内氧化。事实上，被氧化的岛状物不是富 Cr 的β相和γ相，而是贫 Cr 的α相。β相和γ相岛状物被 Cr_2O_3 层包围着(黑色相)。在某些情况下，相邻的两个颗粒周围的 Cr_2O_3 不断扩展，最后形成了连续的 Cr_2O_3 层，因此合金的氧化速率明显降低。Cu-30Ni-40Cr 合金在 700～800℃、0.1MPa 纯

氧气中氧化 24h 的断面形貌如图 5.20 所示。在两种温度下，Cu-30Ni-40Cr 合金形成了厚但不连续且含有一些 Ni 的亮色 CuO 层，内层是厚、连续且规则平坦的 Cr_2O_3 层(黑色相)，下面是氧化后形成的薄的亮色的贫 Cr 带。

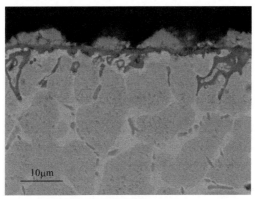

(a) 700℃

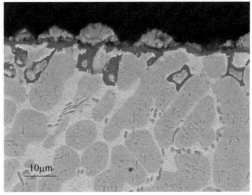

(b) 800℃

图 5.28　Cu-30Ni-30Cr 合金在 700～800℃、0.1MPa 纯氧气中氧化 24h 后的断面形貌

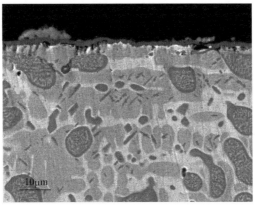

(a) 700℃

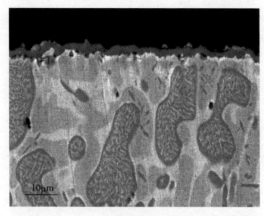

(b) 800℃

图 5.29　Cu-30Ni-40Cr 合金在 700～800℃、0.1MPa 纯氧气中 24h 氧化后的断面形貌

　　在探讨三相 Cu-30Ni-30Cr 和 Cu-30Ni-40Cr 合金的氧化行为之前，首先回顾一下前面研究的有关三元 Cu-Ni-Cr 系合金的氧化行为。

　　对于 Cu-Ni-Cr 合金系，单相 Cu-60Ni-20Cr 合金表面形成了平坦且连续的 Cr_2O_3 外氧化膜，双相 Cu-40Ni-20Cr 合金表面没能形成连续的 Cr_2O_3 外氧化膜，但在氧化初期，合金内部发生了合金与氧化物相共存的混合内氧化并在合金内部形成薄且连续的 Cr_2O_3 层，抑制了合金的进一步氧化[11]。三相 Cu-20Ni-20Cr 合金经过较长时间氧化后，合金表面和内部均没有形成连续的 Cr_2O_3 层，三组元 Cu、Ni 和 Cr 均发生了氧化。因此，尽管合金的瞬时抛物线速率常数随时间增加不断减小，但其氧化速率仍很高[43]。三相 Cu-45Ni-30Cr 合金形成的氧化膜主要由连续且厚的 Cr_2O_3 氧化膜组成，紧接着是含有合金和氧化物混合物的内氧化区[48]。三相 Cu-25Ni-30Cr 合金未能在合金表面形成规则平整的 Cr_2O_3 层，但在经历相当快的氧化阶段后在合金内部形成连续的 Cr_2O_3 层[62]。因此，上述研究的四种三相合金表面均未能形成无内氧化、规则、平坦的 Cr_2O_3 外氧化膜。

　　目前研究的三相 Cu-30Ni-30Cr 和 Cu-30Ni-40Cr 合金表面能形成连续的 Cr_2O_3 外氧化膜。因此，30%Cr 可使三相 Cu-Ni-Cr 合金表面形成活泼组元选择性外氧化膜。三相 Cu-Ni-Cr 合金发生选择性外氧化所需 Cr 的临界浓度要比二元双相合金低。事实上，在相同参数的条件下，二元双相 A-B 合金中活泼组元 B 从内氧化向外氧化转变所需 B(活泼组元)的临界浓度要高于二元单相合金[33,34]。这主要取决于 B 在 A 中的溶解度，活泼组元 B 形成选择性外氧化膜所需的临界浓度随着它在惰性组元 A 中溶解度的增加而降低[30]。例如，对于 Fe-Cr、Co-Cr 和 Ni-Cr 单相合金，形成 Cr_2O_3 外氧化膜所需活泼组元 Cr 的临界浓度为 15%～25%，而对于二元双相 Cu-Cr 合金，即使 Cr 含量达到 75%，也未能在合金表面形成 Cr_2O_3 外氧化膜，这是因为 Cr 在 Cu 中有较低的溶解度和两相处于平衡状态，强烈限制了组元在合金基体中的扩散。相反，合金形成了由 Cu 和 Cr 的氧化物以及 $CuCr_2O_3$ 复合氧化物组成的复杂氧化膜结构[20]。然而，对于目前研究的两种合金情况不同，Cr 在富 Cu 相中的溶解度明显高于在金属 Cu 中的溶解度，它加速了活泼组元由合金基体向外扩散的速率，促使合金表面形成连续的活泼组元的选择性外氧化。

20%Cr 可使单相 Cu-60Ni-20Cr 合金和双相 Cu-40Ni-20Cr 合金形成连续的 Cr_2O_3 氧化膜，而 30%Cr 也能使三相 Cu-30Ni-30Cr 和 Cu-30Ni-40Cr 合金表面形成连续的 Cr_2O_3 氧化膜。因此，对于 Cu-Ni-Cr 合金，形成保护性的 Cr_2O_3 外氧化膜所需活泼组元 Cr 的临界浓度取决于合金中的相数。对于合金中可能存在的相数，根据 Gibbs 相律，在等温等压条件下三元 A-B-C 合金可以共存的相数最多为 3，它在给定的范围内达到平衡。因此，对于三元双相合金，两相只能与一种氧化物共存，所以两相共存不一定能阻止活泼组元由合金内部向外扩散，它有利于 Cr_2O_3 氧化膜的形成。沿平行于合金表面的方向，两相可以继续保持原位平衡，也可借助于沿平行于合金表面的扩散在两相中交换活泼组元 C，合金表面下贫 C 带的形成加速了活泼组元的向外扩散，促使合金表面在适当的条件下可以形成保护性的选择性外氧化膜。然而，对于三元三相合金，情况有所不同。合金表面形成活泼组元 C 的选择性外氧化膜将选择性消耗合金中的组元 C。只有富 C 相能在不破坏平衡的条件下提供活泼组元 C，这里富 C 相用γ表示，它必须分解和转变成其他两相的混合物，这两相分别用α(惰性组元 A 的富集相)和β(富 B 相)表示。同时，与氧化膜相连的γ相将完全被消耗掉，留下的表面层与氧化膜相连，合金将由三相变成两相，所以三相平衡被打破，体系变成单变。通过在两相和三相区界面处γ相的溶解，活泼组元 C 由三相区向两相区扩散。这样可能限制活泼组元 C 向合金表面的扩散。因此，在相同参数的条件下，三元合金表面形成活泼组元 C 选择性外氧化膜要比单相合金难得多。由此可以得出，在三元合金中，三相的存在使合金表面形成活泼组元选择性外氧化膜所需活泼组元的浓度要比三元单相和双相合金高。

Cu-30Ni-30Cr 合金在 Cr_2O_3 外氧化膜下发生了合金和氧化物共存的混合内氧化，这种现象与前面研究的三元双相 Cu-40Ni-20Cr 合金相似，它与经典的二元合金中活泼组元内氧化不同[21]。事实上，Cu-30Ni-30Cr 合金的内氧化主要是沿着网状的α相进行，而β相颗粒主要保持金属性，且周围被薄但不连续的 Cr_2O_3 层包围，以防止它进一步被氧化，因此在合金和被氧化区域的前沿变得不规则。随着时间的延长，薄且不规则的 Cr_2O_3 层逐渐延伸直到最终形成连续的 Cr_2O_3 层，因此 Ni 和 Cu 的氧化物进一步生长被完全抑制。这一过程与合金氧化的瞬时抛物线速率减小一致，最终氧化动力学行为由 Cr_2O_3 的生长速率控制。

目前研究的两种合金的氧化行为与前面研究的三元三相合金不同。在这些体系中，合金表面形成活泼组元选择性外氧化所需临界浓度有较大差别，主要原因是在目前研究的两种合金中 Cr 在 Cu 中有较大的溶解度。合金相中有浓度梯度的存在，活泼组元通过内氧化区向外扩散以维持 Cr_2O_3 外氧化膜的生长。这种行为与二元双相合金相似，形成外氧化膜所需的最活泼组元 B 的临界浓度随着它在惰性组元 A 中的溶解度的增加而减少[38-40]。事实上，在氧化膜中 Cu 和 Ni 氧化物的数量非常小，这表明 Cr_2O_3 膜形成非常迅速，合金/氧化膜界面非常规则平坦。另外，目前研究的两种合金的行为也有一些不同。在氧化初期 Cu-30Ni-30Cr 合金氧化得非常快，形成了大量过渡性的 Ni 和 Cu 的氧化物，而 Cu-30Ni-40Cr 合金能在合金表面形成与气相直接接触的 Cr_2O_3 层，抑制了三组元氧化物最初阶段的快速生长。

5.4.4　结论

(1) Cu-30Ni-30Cr 和 Cu-30Ni-40Cr 合金的氧化动力学曲线不规则且偏离抛物线规律，其瞬时抛物线速率常数随时间而降低。其中 Cu-30Ni-40Cr 合金的氧化速率比 Cu-30Ni-30Cr 合金要小，且两种合金的氧化速率明显低于前面研究的 Cu-20Ni-20Cr 合金。

(2) Cu-30Ni-30Cr 和 Cu-30Ni-40Cr 合金由三相组成，合金基体由暗色的 β 相组成，富 Cu 贫 Cr 的亮色 α 相形成了大的岛状物而且在基体中占据了非常大的体积部分，而黑色富 Cr 的 γ 相孤立小颗粒的形式分散在 α 相和 β 相中，而且 Cu-30Ni-40Cr 合金的 γ 相颗粒中出现非常小的亮色沉积物。

(3) Cu-30Ni-30Cr 合金形成的外氧化膜主要由厚但不连续亮色铜的氧化物组成。外氧化膜下面是一层厚且连续但不规则的黑色 Cr_2O_3 层，有些地方薄的黑色 Cr_2O_3 层直接与合金相接触，而有些地方 Cr_2O_3 氧化膜伸入合金较深处。Cu-30Ni-40Cr 合金形成了厚但不连续且含有一些 Ni 的亮色的 CuO 层，内层则是厚、连续且规则平坦的 Cr_2O_3 层(黑色)，下面是氧化后形成薄的亮色的贫 Cr 带。

参 考 文 献

[1] Kofstad P. High Temperature Corrosion[M]. New York: Elsevier Applied Science, 1988.

[2] Sims C T, Stoloff N S, Hagel W C, et al. Superalloys. II[M]. New York: Academic Press, 1987.

[3] Tien J K, Caufield T. Superalloys, Supercomposites and Superceramics[M]. New York: Academic Press, 1989.

[4] Stott F H, Wood G C, Stringer J. The influence of alloying elements on the develop ment and maintenance of Protective Scales[J]. Oxidation of Metals, 1995, 44(1-2): 113-145.

[5] Croll J E, Wallwork G R. The design of iron-chromium-nickel alloys for use at high temperatures[J]. Oxidation of Metals, 1969, 1(1): 55-71.

[6] Niu Y, Gesmundo F, Viani F, et al. The corrosion of two Ni-Nb alloys under 1 atm O₂ at 600-800℃[J]. Corrosion Science, 1995, 37(12): 2043-2058.

[7] Viani F, Nanni P, Gesmundo F. Oxidation of two-phase Co-55.86wt%Cu alloy at 700-1000℃[J]. Oxidation of Metals, 1983, 19(1-2): 53-76.

[8] Niu Y, Gesmundo F, Viani F, et al. The air oxidation of two-phase Cu-Ag alloys at 650-750℃[J]. Oxidation of Metals, 1997, 47(1-2): 21-52.

[9] Bastow B D, Wood G C, Whittle D F. Morphologies of uniform adherent scales on binary alloys[J]. Oxidation of Metals, 1981, 16(1-2): 1-28.

[10] Villars P, Prince A, Okamoto H. Hand of Ternary Alloy Phase Diagrams[M]. Ohio: ASM, 1997.

[11] Cao Z Q, Niu Y, Gesmundo F. The oxidation of two ternary Cu-Ni-Cr alloys at 700-800℃ under high oxygen pressures[J]. Oxidation of Metals, 2001, 56(3-4): 287-297.

[12] 付广艳. 二元双相 Fe-Ce, Co-Ce 和 Cu-Cr 合金的高温氧化-硫化[D]. 沈阳: 中国科学院金属研究所, 1997.

[13] 牛焱, 曹中秋, 王文, 等. 三元合金高温理论氧化图. I. 高氧分压下的近似分析[J]. 金属学报, 2000, 36(7): 744-748.

[14] Whittle D P, Wood G C. Two-phase scale formation on Cu-Ni alloys[J]. Corrosion Science, 1968, 8(5): 295-308.

[15] Hausgrud R, Kofstad P. On the high-temperature oxidation of Cu-rich Cu-Ni alloys[J]. Oxidation of Metals, 1998, 50(3-4): 189-213.

[16] Hausgrud R. On the influence of non-protective CuO on high-temperature oxidation of Cu-rich Cu-Ni based alloys[J]. Oxidation of Metals, 1999, 52(5-6): 427-445.

[17] Cao Z Q, Niu Y. Air oxidation of Cu-50Ni and Cu-70Ni alloys at 800℃[J]. Transactions of Nonferrous Metals Society of China, 2001, 11(4): 499-502.

[18] Cao Z Q, Cao L J, Niu Y, et al. Effect of grain size on high-temperature oxidation behavior of Cu-80Ni alloy[J]. Transactions of Nonferrous Metals Society of China, 2003, 13(4): 907-911.

[19] Niu Y, Gesmundo F, Douglass D L, et al. The air oxidation of two-phase Cu-Cr alloys at 700-900℃[J]. Oxidation of Metals, 1997, 48(5-6): 357-380.

[20] Birk N, Richert H. The oxidation mechanism of some nickel-chromium alloys[J]. Journal of the Japan Institute of Metals, 1963, 91(8): 308-313.

[21] Wagner C. Theoretical analysis of the diffusion process determining the oxidation rate of alloys[J]. Journal of the Electrochemical Society, 1952, 99(10): 369-380.

[22] Smeltzer W W, Whittle D P. The criterion for the onset of internal oxidation beneath the external scales on binary alloys[J]. Journal of the Electrochemical Society, 1978, 125(7): 1116-1126.

[23] Gesmundo F, Viani F. Transition from internal to external oxidation for binary alloys in the presence of an outer scale[J]. Oxidation of Metals, 1986, 25: 269-282.

[24] Gesmundo F, Niu Y. The internal oxidation of ternary alloys. V: The transition from internal to external oxidation of the most-reactive component under low oxidant pressures[J]. Oxidation of Metals, 2004, 62: 371-390.

[25] Niu Y, Gesmundo F. The internal oxidation of ternary alloys. VI: The transition from internal to external oxidation of the most-reactive component under intermediate oxidant pressures[J].

Oxidation of Metals, 2004, 62: 391-410.

[26] Rapp R A. The transition from internal to external oxidation and the formation of interruption bands in silver indium alloys[J]. Acta Metallurgica et Materialia, 1961, 9: 730-741.

[27] Kobayashi E, Yoshihara M, Tanaka R. Improvement in oxidation resistance of the metallic compound titanium aluminide by heat treatment under a low partial pressure oxygen atmosphere[J]. High Temperature Technology, 1990, 8(1): 179-193.

[28] Zhang X J, Wang S Y, Gesmundo F, et al. The effect of Cr on the oxidation of Ni-10 at% Al in 1atm O_2 at 900-1000℃[J]. Oxidation of Metals, 2006, 65(34): 151-165.

[29] Gesmundo F, Niu Y. The criteria for the transitions between the various oxidation modes of binary solid-solution alloys forming immiscible oxides at high oxidant pressures[J]. Oxidation of Metals, 1998, 50(1-2): 1-26.

[30] Gesmundo F, Niu Y, Viani F, et al. The transition from the formation of mixed scales to the selective oxidation of the most-reactive component in the corrosion of single and two-phase binary alloys[J]. Oxidation of Metals, 1993, 40(3-4): 373-393.

[31] Gesmundo F, Viani F, Niu Y. The possible scaling modes in the high-temperature oxidation of two-phase binary alloys. Part I: High oxidant pressures[J]. Oxidation of Metals, 1994, 42(5-6): 409-429.

[32] Gesmundo F, Viani F, Niu Y, et al. An improvement treatment of the conditions for the exclusive oxidation of the most-reactive component in the corrosion of two-phase binary alloys[J]. Oxidation of Metals, 1994, 42(5-6): 465-483.

[33] Gesmundo F, Niu Y, Viani F. The possible scaling modes in the high-temperature oxidation of two-phase binary alloys. Part II: Low oxidant pressures[J]. Oxidation of Metals, 1995, 43(3-4): 379-394.

[34] Gesmundo F, Gleeson B. Oxidation of multicomponent two-phase alloys[J]. Oxidation of Metals, 1995, 44(1-2): 211-237.

[35] Gesmundo F, Viani F, Niu Y. The internal oxidation of two-phase binary alloys under low oxidant pressures[J]. Oxidation of Metals, 1996, 45(1-2): 51-76.

[36] Gesmundo F, Castello P, Viani F. The steady-state corrosion kinetics of two-phase binary alloys forming the most-stable oxide[J]. Oxidation of Metals, 1996, 46(5-6): 383-398.

[37] Gesmundo F, Viani F, Niu Y. The interal oxidation of two-phase binary alloys beneath an external scale of the less-stable oxide[J]. Oxidation of Metals, 1997, 47(3-4): 355-380.

[38] Niu Y, Yan R Y, Fu G Y, et al. The oxidation of two Fe-Y alloys under low oxygen pressures at 600-800℃[J]. Oxidation of Metals, 1998, 49(1-2): 91-114.

[39] Niu Y, Gesmundo F, Li Y S. The corrosion of Co-15wt.% Y at 600-800℃ in sulfidizing-oxidizing atmospheres[J]. Oxidation of Metals, 1999, 51(5-6): 421-447.

[40] Gesmundo F, Niu Y, Oquab D, et al. The air oxidation of two-phase Fe-Cu alloys at 600-800℃[J]. Oxidation of Metals, 1998, 49(1-2): 115-146.

[41] Gesmundo F, Niu Y, Viani F, et al. The oxidation of two-phase Cu-Cr alloys under 10^{-19}atm O_2 at 700-900℃[J]. Oxidation of Metals, 1998, 49(1-2): 147-167.

[42] Niu Y, Li Y S, Gesmundo F. High temperature scaling of two-phase Fe-Cu alloys under low oxygen pressures[J]. Corrosion Science, 2000, 42(1): 165-181.

[43] Cao Z Q, Niu Y, Farne F, et al. The oxidation of the three-phase alloy Cu-20Ni-20Cr at 973-1073K

in 101kPa O₂[J]. High Temperature Materials and Processes, 2001, 20(5-6): 377-384.

[44] Niu Y, Song J, Gesmundo F, et al. The air oxidation of two-phase Co-Cu alloys at 600-800℃[J]. Corrosion Science, 2000, 42(5): 799-815.

[45] Niu Y, Fu G Y, Wu W T, et al. The oxidation of two Fe-Ce alloys under low oxygen pressures at 600-800℃[J]. High Temperature Materials and Processes, 1999, 18(3): 159-170.

[46] Fu G Y, Niu Y, Wu W T, et al. The oxidation of a Co-15wt%Ce alloy under low oxygen pressures at 600-800℃[J]. Corrosion Science, 1998, 40(7): 1215-1228.

[47] Lu L Y, Wang S, Gesmound F, et al. Anomalous behavior of the internal oxidation of dilute Cu-Ni alloys under 1atm O₂ at 900℃[J]. Oxidation of Metals, 2011, 75(5-6): 297-311.

[48] Cao Z Q, Gesmundo F, Al-Omary M, et al. Oxidation of a three-phase Cu-45Ni-30Cr alloy at 700-800℃ under 1atm O₂[J]. Oxidation of Metals, 2002, 57(5-6): 395-407.

[49] Han S, Young D J. Simultaneous internal oxidation and nitridation of Ni-Cr-Al alloys[J]. Oxidation of Metals, 2001, 55(3-4): 223-242.

[50] Gesmundo F, Viani F, Niu Y. The kinetics of growth and the critical conditions for the formation of the most-stable oxide in the oxidation of binary alloys[J]. Oxidation of Metals, 1994, 42(3-4): 285-301.

[51] Li Y S, Niu Y, Gesmundo F. High temperature scaling of binary Fe-Y alloys in pure oxygen[J]. High Temperture Materials and Processes, 1999, 18(3): 185-195.

[52] Niu Y, Li Y S, Gesmundo F. The oxidation of a Co-15wt% yttrium alloy in 1atm O₂ at 600-800℃ [J]. Intermetallics, 2000, 8(3): 293-298.

[53] Monteiro M J, Niu Y, Rizzo F C, et al. The oxidation of Co-Nb alloys under low oxygen pressures[J]. Oxidation of Metals, 1995, 43(5-6): 527-542.

[54] Oliveira J F, Niu Y, Rizzo F C, et al. The oxidation of Ni-Nb under 1atm O₂ at 600-800℃[J]. Oxidation of Metals, 1995, 44(3-4): 399-415.

[55] Gesmundo F, Niu Y, Oquab D, et al. The air oxidation of two-phase Fe-Cu alloys at 600-800℃[J]. Oxidation of Metals, 1998, 49(1-2): 115-146.

[56] Gesmundo F, Niu Y. The formation of two layers in the internal oxidation of binary alloys by two oxidants in the absence of external scales[J]. Oxidation of Metals, 1999, 51(1-2): 129-158.

[57] 李远士, 牛焱, 吴维岌. Cu-Ni-Fe 三元双相合金在 700-900℃空气中的氧化[J]. 金属学报, 2000, 36(7): 749-752.

[58] Chakrabarti D J, Laughlin D E. Copper-chromium phase diagram[J]. Bulletin of Alloy Phase Diagram, 1984, 5: 59-67.

[59] 翟金坤. 金属高温腐蚀[M]. 北京: 北京航空航天大学出版社, 1994.

[60] Stott F C, Wood G C, Stringer J. The influence of alloying elements on the development and maintenance of protective scales[J]. Oxidation of Metals, 1995, 44(1-2): 113-145.

[61] Cao Z Q, Shen Y, Liu W H, et al.Oxidation of two three-phase Cu-30Ni-Cr alloys at 700-800 in 1atm of pure oxygen[J]. Materials Science and Engineering A, 2006, 425(1-2): 138-144.

[62] Cao Z Q, Liu W H, Zhai G P, et al. Oxidation behavior of three-phase Cu-25Ni-30Cr alloy at 700-800℃ under high oxygen pressures[J]. Transaction of Nonferrous Metals Society of China, 2005, 15(3): 491-495.

第 6 章　纳米晶 Cu-Ni-Cr 合金的高温腐蚀性能

6.1　引　　言

前面研究的用传统电弧熔炼法制备常规尺寸的三元复相合金受限于组元间有限的固溶度,无法避免其显微组织的粗大(相粒子尺寸为 30～50μm)和相分布的不均匀性,这使其合金表面形成活泼组元选择性外氧化所需的临界浓度较高[1-6]。为降低形成活泼组元选择性外氧化膜所需的临界浓度,采用机械合金化技术通过热压使合金显微组织细化也是较好的方法之一。有关细晶(如纳米晶)合金/涂层的制备方法及其高温腐蚀性能的研究已有报道,例如,利用超声喷丸技术在纯铁及316L 不锈钢等材料上制备出晶粒尺寸约为 10nm、厚度约为 1μm 的纳米结构表层,表面纳米化改善了材料的力学性能和化学性能等[7]。又如,利用磁控溅射技术在K38G 等合金上制备涂层并研究它们的高温腐蚀性能发现,表面纳米化后降低了合金表面形成保护性 Al_2O_3 外氧化膜所需的临界浓度,改善了氧化膜的黏附性[8]。采用机械合金化技术通过热压是制备细晶如纳米晶块体合金的一种有效方法[9],它利用高能球磨技术,不同成分的粉末在球磨罐中发生碰撞使混合粉末不断破裂、变形、冷焊和短程扩散从而实现合金化[10-16],然后用热压或烧结的方法将其制备成致密、一定形状的固体。可以通过控制球磨时间在一定程度上控制晶粒的尺寸,热压时通过互扩散和塑性变形消除样品中的孔洞使材料达到致密[9]。由于纳米级粉末处于热力学不平衡状态,晶粒细微、表面积大及内应力高,一经热处理,这种球磨得到的原子级混合粉末便会脱溶及晶粒长大。在致密化过程中也易产生两个问题,一是存在残余空隙度,二是由于升温,粉末纳米晶结构破坏,而这两者往往是矛盾的。因此,机械合金化技术虽然成功地用于制备纳米晶粉末材料,如金属间化合物、亚稳态超固溶粉末等,但用于制备纳米晶块体材料的报道不是很多。有关采用机械合金化技术通过热压制备纳米晶块体合金及其高温氧化行为的研究大多都集中在二元合金上,如采用机械合金化技术通过热压制备相粒子尺寸为 20～80nm 的 Cu-Cr 合金中 Cr 的含量达 40%时,合金表面形成双层氧化膜结构,即 CuO 层下形成了连续的 Cr_2O_3 外氧化膜[17]。可见,显微组织细化明显降低了合金表面形成活泼组元外氧化膜所需的临界浓度。这主要是由于采用机械合金化技术通过热压使合金显微组织细化后,一方面晶粒尺寸的降低使合金中有大量相界存在,增加了其表面积与体积的比值,并减小了扩散距离,为活泼组元提供了由合金内部向合金表面快速扩散的通道；另一方面，与其他纳米/微晶涂层不同的是，机械合金化后显著提高了组元间的互溶度，并使活泼组元的颗粒变小且均匀弥散分布，活泼组元颗粒表面积大、溶解速率快，通过颗粒的不断溶解来补充活泼组元，使其由合金内部向合金表面的传输速率加快[18]。因此，尽管三元合金较二元合金更为复杂，但这些都为降低三元复相合金表面形成活泼组元选择性外氧化膜所需的临界浓度创造了有利条件。本节在对电弧熔炼制备的几种常规尺寸 Cu-Ni-Cr 合金高温腐蚀性能研究的基础上，介绍改变合金的晶粒尺寸，采用机械合金化技术通过热压方法制备的纳米晶 MA Cu-20Ni-20Cr、MA Cu-40Ni-20Cr 和 MA Cu-45Ni-30Cr 三种合金在 700～800℃、0.1MPa 纯氧气中的氧化行为，比较该合金与相同成分常规尺寸铸态合金高温腐蚀性能的差异，以揭示三元合金成分、显微组织与氧化行为之间的相关性规律[19-21]。

6.2　样品制备及显微组织

6.2.1　纳米晶样品制备及致密度曲线

纳米晶 MA Cu-20Ni-20Cr、MA Cu-40Ni-20Cr 和 MA Cu-45Ni-30Cr 合金的制备包括球磨、热压等过程。为使合金的显微组织更为均匀，先将粒径小于 100μm 的纯铬粉(≥99.99%)在南京大学生产的 QR-1SP 行星式球磨机上球磨，球罐与磨球材质均为 1Cr18Ni9Ti 不锈钢，球料质量比为 10∶1。为防止球磨过程中样品被氧化，将球罐抽真空后再充入氩气保护。每球磨 1h，停机 15min 以避免过热，共球磨 20h，然后将粒径小于 100μm 的纯铜和纯镍(≥99.99%)以及球磨后的铬粉按比例混合再按上述方法在球磨机上分别球磨 40h 和 60h。采用真空热压法制备致密的样品，将磨好的粉末放入 ϕ20mm 的石墨模具，将模具置于 0.06Pa 的真空炉中，并在 750℃、58MPa 压力下保持 10min，然后随炉冷却。热压时将所有参数，如温度、位移及应变等输入计算机，进一步得到致密化曲线，详见文献[9]。为判断热压致密的样品是否处于亚稳状态，部分样品在与热压相近的温度下稳定化处理，即在 800℃真空中退火 12h，然后随炉冷却。热压和退火的样品经切割后抛光，再用加 CrO_4 的浓硫酸腐蚀，以消除其表面的应变层。

用排水法测得纳米晶块体材料密度达到理论值的 98%以上。图 6.1 为 MA Cu-20Ni-20Cr 合金的等温热压致密化曲线，由此可见其在很短的时间内，即 2～3min 就实现了致密化，仅在样品的周边区域存在少量空隙，它是因膜壁对粉末运动的阻滞形成的。由于纳米晶块体存在大量晶界，在相对高的温度下呈现黏性，致密化过程能较快实现。用 SEM 观察合金的断面也表明，仅在合金锭的边缘才可见少许空隙，合金的致密度很高。

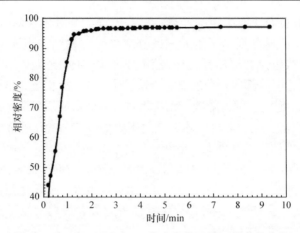

图 6.1　MA Cu-20Ni-20Cr 合金的等温热压致密化曲线

6.2.2　合金的晶粒度和晶格常数

采用日本理学 D/MAX-rA 衍射仪(CuKα)测定 XRD 曲线，电压 50kV，电流 80mA，环境温度(26±2)℃。采用半高峰法，应用 Scherrer 公式(去除 Kα₂ 引起的峰宽化)计算晶粒度，按 Bragg 衍射公式计算出晶格常数及每次测定的误差[22-24]。Bragg 衍射公式为

$$d_{hkl} = \lambda_{CuK\alpha} / (2\sin\theta) \tag{6.1}$$

$$a = d_{hkl} / (h^2 + k^2 + l^2)^{1/2} \tag{6.2}$$

$$\Delta a = a\cot\theta\Delta\theta \tag{6.3}$$

其中，d_{hkl} 为(hkl)的面间距，nm；a 为晶格常数，nm；Δa 为晶格常数的误差，nm。

图 6.2 是 MA Cu-20Ni-20Cr 和 MA Cu-40Ni-20Cr 合金混合粉末分别经过 0.5h、10h、20h、40h 或 60h 球磨后热压和真空退火 24h 的 XRD 图，其中 0.5h 球磨粉末的状态可认为是初始状态，即只有混合过程而无固溶过程。从 XRD 谱线可知，随着球磨时间的延长，由于晶粒的细化和应变，衍射峰发生明显的宽化。

由 Scherrer 公式计算可得，Cu-20Ni-20Cr 合金球磨 40h 后的晶粒尺寸约为 10nm，热压后的晶粒尺寸约为 40nm，真空退火 24h 的晶粒尺寸约为 80nm。Cu-40Ni-20Cr 合金球磨 60h 后的晶粒尺寸约为 10nm，热压后的晶粒尺寸约为 40nm，真空退火 6h 的晶粒尺寸约为 70nm。Cu-45Ni-30Cr 合金球磨 60h 后的晶粒尺寸约为 8nm，热压后的晶粒尺寸约为 35nm，真空退火后的晶粒尺寸约为 73nm。

用 XRD 法，按 Bragg 衍射公式计算出晶格常数及每次测定的误差，XRD 实验的扫描步长为 0.02，θ 角误差为 0.03°，即 0.00052rad，表 6.1 和表 6.2 列出了测量结果，表中注明了样品状态、所测的面(hkl)、晶格常数 a、晶格常数的误差 $\Delta a(a-a_{av})$、极差 $\Delta a_{max}(a_{mix}-a_{min})$ 以及晶格常数平均值和 Cu 的标准晶格常数之差等。

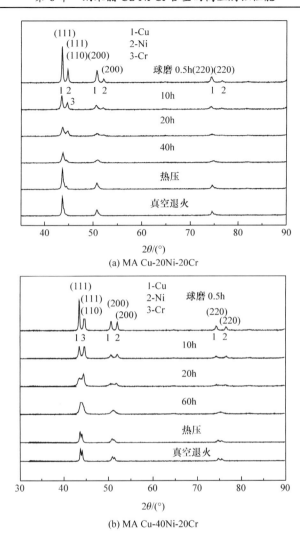

(a) MA Cu-20Ni-20Cr

(b) MA Cu-40Ni-20Cr

图 6.2　MA Cu-20Ni-20Cr 和 MA Cu-40Ni-20Cr 合金混合粉末分别经过球磨、热压和真空退火 24h 的 XRD 图

表 6.1　MA Cu-20Ni-20Cr 合金在不同晶面的晶格常数及其他参数

组元	状态	(hkl)	晶格常数±晶格常数的误差/nm	a	Δa	Δa_{max}
Cu	MA,0.5h	(111)	0.359934±0.027032	0.360338	−0.001162	0.000706
		(200)	0.360440±0.022850	—	—	—
		(220)	0.360640±0.014254	—	—	—
	MA,10h	(111)	0.361119±0.027224	0.361088	−0.000412	0.000079
		(200)	0.361104±0.022945	—	—	—
		(220)	0.361040±0.013296	—	—	—

续表

组元	状态	(hkl)	晶格常数±晶格常数的误差/nm	a	Δa	Δa_{max}
Cu	MA,20h	(111)	0.359148±0.026904	0.360144	−0.001356	0.001700
		(200)	0.360436±0.022840	—	—	—
		(220)	0.360848±0.014275	—	—	—
	MA,40h	(111)	0.358758±0.026841	0.359090	−0.002410	0.000642
		(200)	0.359112±0.022663	—	—	—
		(220)	0.359400±0.014178	—	—	—
	热压后	(111)	0.359706±0.026994	0.359969	−0.001531	0.000454
		(200)	0.360040±0.022794	—	—	—
		(220)	0.350160±0.014204	—	—	—
	真空退火后	(111)	0.359778±0.027006	0.360137	−0.001363	0.000614
		(200)	0.360240±0.022829	—	—	—
		(220)	0.360392±0.014229	—	—	—
Ni	MA,0.5h	(111)	0.351129±0.025621	0.351510	−0.000870	0.001129
		(200)	0.351400±0.021591	—	—	—
		(220)	0.352000±0.013357	—	—	—
	MA,10h	(111)	0.351876±0.025739	0.352252	−0.000128	0.000684
		(200)	0.352320±0.021719	—	—	—
		(220)	0.352560±0.013441	—	—	—
	MA,20h	(111)	0.351876±0.025707	0.351478	−0.000902	0.000796
		(200)	0.351080±0.021547	—	—	—
	MA,40h	(111)	0.358758±0.026841	0.359090	0.006708	0.000642
		(200)	0.359112±0.022663	—	—	—
		(220)	0.359400±0.014128	—	—	—
	热压后	(111)	0.352890±0.025900	0.353870	0.001490	0.001959
		(220)	0.354849±0.013831	—	—	—
	真空退火后	(111)	0.357669±0.026666	0.357734	0.005354	0.000153
		(200)	0.357822±0.022486	—	—	—
		(220)	0.357712±0.013956	—	—	—

续表

组元	状态	(hkl)	晶格常数±晶格常数的误差/nm	a	Δa	Δa_max
Cr	MA,0.5h	(110)	0.286696±0.020919	—	−0.001694	—
	MA,10h	(110)	0.287306±0.021016	—	−0.001084	—
	MA,20h	(110)	0.287002±0.020968	—	−0.001388	—
	MA,40h	(110)	0.288584±0.020213	—	0.000194	—
	热压后	(110)	0.288134±0.021147	—	−0.000254	—
	真空退火后	(110)	0.292042±0.021773	—	0.003652	—

注:金属 Cu 的晶格常数为 0.361500nm;金属 Ni 的晶格常数为 0.352380nm;金属 Cr 的晶格常数为 0.288390nm。

表 6.2　MA Cu-40Ni-20Cr 合金在不同晶面的晶格常数及其他参数

组元	状态	(hkl)	晶格常数±晶格常数误差/nm	a	Δa	Δa_max
Cu	MA,0.5h	(111)	0.360723±0.054318	0.360793	−0.000707	0.000557
		(200)	0.360760±0.046660	—	—	—
		(220)	0.361280±0.028636	—	—	—
	MA,10h	(111)	0.360327±0.054190	0.360862	−0.000638	0.000813
		(200)	0.361120±0.045889	—	—	—
		(220)	0.361140±0.028651	—	—	—
	MA,20h	(111)	0.359934±0.054062	0.360445	−0.001055	0.001055
		(200)	0.360768±0.045793	—	—	—
		(220)	0.360632±0.028507	—	—	—
	MA,60h	(111)	0.356430±0.052932	0.357170	−0.004330	0.001698
		(200)	0.358128±0.045050	—	—	—
		(220)	0.356952±0.027971	—	—	—
	热压后	(111)	0.359151±0.053808	0.359288	−0.002212	0.000488
		(200)	0.359112±0.045326	—	—	—
		(220)	0.359600±0.028297	—	—	—
	真空退火后	(111)	0.358368±0.053556	0.358781	−0.002719	0.000824
		(200)	0.358784±0.045234	—	—	—
		(220)	0.359192±0.028214	—	—	—

组元	状态	(hkl)	晶格常数±晶格常数误差/nm	a	Δa	Δa_max
Ni	MA,0.5h	(111)	0.351504±0.051359	0.351795	−0.000585	0.000656
		(200)	0.351720±0.043268	—	—	—
		(220)	0.352160±0.026803	—	—	—
	MA,10h	(111)	0.351876±0.051478	0.351799	−0.000581	0.000156
		(200)	0.351720±0.043268	—	—	—
		(220)	0.351800±0.026727	—	—	—
	MA,20h	(111)	0.353004±0.051836	0.352959	0.000579	0.000704
		(200)	0.353288±0.043703	—	—	—
		(220)	0.352584±0.026883	—	—	—
	MA,60h	(111)	0.356430±0.052932	0.357170	−0.004330	0.001698
		(200)	0.358128±0.045050	—	—	—
		(220)	0.356952±0.027971	—	—	—
	热压后	(111)	0.355662±0.052685	0.356063	0.003683	0.000690
		(200)	0.356176±0.044503	—	—	—
		(220)	0.356352±0.027639	—	—	—
	真空退火后	(111)	0.355281±0.052563	0.355762	0.003382	0.000871
		(200)	0.355852±0.044414	—	—	—
		(220)	0.356152±0.027600	—	—	—
Cr	MA,0.5h	(110)	0.287000±0.041935	—	−0.001390	—
	MA,10h	(110)	0.287306±0.042031	—	−0.001084	—
	MA,20h	(110)	0.288226±0.042324	—	−0.000164	—
	MA,60h	(110)	0.288627±0.421161	—	0.000237	—
	热压后	(110)	0.290400±0.043018	—	0.002010	—
	真空退火后	(110)	0.290086±0.042917	—	0.001696	—

注：Cu 的晶格常数为 0.361500nm；Ni 的晶格常数为 0.352380nm；Cr 的晶格常数为 0.288390nm。

6.2.3 球磨时间对合金结构的影响

最近机械作用力驱动相变的模型得以发展[20]，并应用到球磨过程中[25]。人们对形成二元合金过程中的剪切变形和热扩散也进行了计算机模拟研究[25]，研究证实稳定相的形成取决于机械合金化和扩散控制分解的竞争过程。剪切速率和扩散迁移速率的变化造成两种机制的转变：①当剪切作用占主导时，形成合金固溶；②当由扩散迁移速率控制时，即开始脱溶分解过程时，剪切速率越高，扩散控制分解作用越大。由图 6.2 可见，Cu-20Ni-20Cr 合金球磨 0.5h 的粉末结构基本保持原始混合状态。合金为两相，一相是富 Cu 的α相，另一相是富 Cr 和 Ni 的γ相。富 Cu 的α相(111)面的衍射角(2θ)为 43.55°，富 Cr 和 Ni 的γ相(110)面的衍射角为 44.70°。随着球磨时间的增加，合金粉末反复变形，局域应变的增加引起缺陷密度的增加，当局域切变带中缺陷密度达到某一临界值时，粗晶内部破碎。球磨初期，晶粒间取向的角度变化很小。随着球磨时间的延长，小角度晶界逐渐被大角度晶界取代，同时晶粒发生偏转[26]。这个过程不断重复，在粗晶中形成了纳米颗粒，或粗晶破碎形成单个纳米粒子，其中大部分以前者状态存在。随着球磨时间的延长，由于晶粒的细化和应变，衍射峰下降、偏移并有明显的宽化产生，Cu 在 Cr 或 Cr 在 Cu 中的固溶度明显增加。当球磨 40h 后，富 Cu 的α相(111)面的衍射角右移 0.15°，富 Cr 和 Ni 的β相(110)面的衍射角左移 0.32°，合金由双相变成近似亚稳态的单相。富 Cu 的α相固溶了原子半径较小的 Ni 和 Cr，Ni 和 Cr 取代 Cu 原子后，晶格常数变小，而富 Ni 和 Cr 的β相固溶了原子半径较大的 Cu 后，晶格常数变大。由于机械合金化的粉末处于非平衡状态，其过饱和固溶体随热压过程的进行会慢慢分解，溶入的原子将脱溶出来，表现为富 Cu 相(111)面的衍射角为 43.57°，接近初始状态，而富 Cr 和 Ni 相(110)面的衍射角为 44.47°，比球磨 40h 时右移了 0.08°，合金已变成两相，这与下面的 SEM/EDX 观察结果一致。热压后衍射峰又都变锐，按 Scherrer 公式估算热压后晶粒长大至 40nm。对于 Cu-40Ni-20Cr 合金，随着球磨时间的延长，由于其晶粒细化和应变，衍射峰偏移并有明显的宽化产生，Cu 在 Cr 或 Cr 在 Cu 中的固溶度明显增加。当球磨 60h 后，合金由双相变成亚稳态的单相。由于机械合金化的粉末处于非平衡状态，其超固溶度溶质随热压过程的进行会慢慢脱溶分解出来，热压后合金的衍射峰都变锐，晶粒长大约 30nm。

6.2.4　晶格常数的变化

从图 6.2(a)可见，Cu-20Ni-20Cr 机械合金化球磨 40h 后形成了 Cu-Ni-Cr 饱和固溶体。由表 6.1 可知，形成固溶体后，Cu 的晶格常数变小，Ni 和 Cr 的晶格常数变大，说明经球磨后，Cu、Ni 和 Cr 都形成了相互间的置换式固溶体，原子尺寸小的 Ni 或 Cr 取代 Cu 原子形成固溶体后，Cu 的晶格常数变小。相反，尺寸大的 Cu 取代 Ni 形成固溶体后，Ni 的晶格常数变大，而尺寸较大的 Cu 和 Ni 取代 Cr 后，Cr 的晶格常数也变大。Cu-Ni-Cr 粉末合金经热压和真空退火后，合金由亚稳态的单相变成双相结构，组元间的固溶度下降，Ni 的晶格常数变小，Cu 晶格常数变大。但 Cr 的晶格常数在退火后与热压后相反，Cr 的晶格常数变大。显然，这一结果不能用 Cu 和 Ni 取代式固溶于 Cr 中来解释，否则 Cr 的晶格常数应该变小。所以，Cr 晶格常数的增大需要进一步的证实。

从图 6.2(b)可见，机械合金化球磨 60h 后形成了 Cu-Ni-Cr 饱和固溶体。由

表 6.2 可知，形成固溶体后，Cu 晶格常数变小，Ni 和 Cr 的晶格常数变大，说明
经球磨后，Cu、Ni 和 Cr 都形成了相互间的取代式固溶体，原子尺寸小的 Ni 或
Cr 取代 Cu 原子形成固溶体后，Cu 的晶格常数变小。相反，尺寸大的 Cu 取代 Ni
形成固溶体后，Ni 的晶格常数变大，而尺寸较大的 Cu 和 Ni 取代 Cr 后，Cr 的晶
格常数也变大。Cu-Ni-Cr 粉末合金经热压和真空退火后，合金由亚稳态的单相变
成双相结构，组元间的固溶度下降，Ni 的晶格常数变小，Cu 的晶格常数变大。
但 Cr 的晶格常数在真空退火后却与热压后相反，Cr 的晶格常数变大。显然，这
一结果不能用 Cu 和 Ni 取代式固溶于 Cr 中来解释，否则 Cr 的晶格常数应该变小。
所以，Cr 晶格常数的增大需要进一步的证实。

6.2.5　合金显微组织的稳定性

采用 Philips XL 热场发射 SEM 观察样品的显微组织，并利用 EDX 对不同
相进行定性和定量分析。图 6.3 为 MA Cu-20Ni-20Cr、MA Cu-40Ni-20Cr 和
Cu-45Ni-30Cr 合金的显微组织。SEM/EDX 扫描分析表明，MA Cu-20Ni-20Cr 合
金的实际平均成分为 Cu-21Ni-23Cr，合金由两相组成，富 Cu 的α相基体上弥散地
分布着较细小的富 Cr 的β相颗粒，其中α相组成为 Cu-26Ni-24Cr，而β相组成为
Cu-3Ni-94Cr。MA Cu-40Ni-20Cr 合金的实际平均成分为 MA Cu-43Ni-19Cr，合金也
由两相组成，富 Cr 的β相基体上分散着网状的富 Cu 的α相，其中富 Cu 的α相组成
为 Cu-40Ni-17Cr，富 Cr 的β相组成为 Cu-43Ni-24Cr。MA Cu-45Ni-30Cr 合金的实
际平均成分为 Cu-43.4Ni-31.7Cr，合金由三相组成，其中富 Cu 的α相组成为
Cu-33.7Ni-10.3Cr，β相组成为 Cu-47.2Ni-27.6Cr，富 Cr 的γ相组成为
Cu-8.5Ni-87.6Cr，合金基体主要由β相组成，其上弥散地分布着较细的富 Cr 的γ
相颗粒，而α相则以片状的形式分散在β相上。

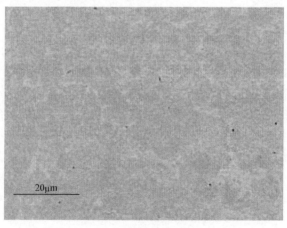

(a) MA Cu-20Ni-20Cr合金

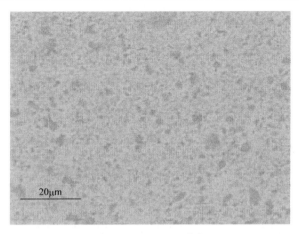

(b) MA Cu-40Ni-20Cr合金

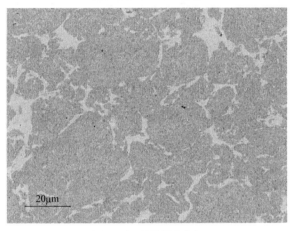

(c) MA Cu-45Ni-30Cr合金

图 6.3　MA Cu-Ni-Cr 合金的显微组织

由于机械合金化的合金粉末处于非平衡状态，其过饱和固溶体随热压过程的进行慢慢分解。从图 6.2 可见，热压后的合金中富 Cu 相和富 Cr 相的衍射峰都变锐，且向衍射角减小的方向移动。球磨 40h 的粉末中晶粒尺寸为 10nm，热压后合金中晶粒尺寸增大至 40nm。这是由于要达到较稳定状态，在热压的作用下，粉末中的细小颗粒渐渐长大。SEM/EDX 分析表明，由于 Ni 元素的加入，Cu-20Ni-20Cr 合金中 Cu 在 Cr 或 Cr 在 Cu 中的溶解度(富 Cu 相中 Cr 的含量为 24%，富 Cr 相中 Cr 的含量为 94%)、Cu-40Ni-20Cr 合金中 Cr 在 Cu 和 Cu 在 Cr 中的溶解度(α-Cu 相中 Cr 的含量为 17%，β-Cr 相中 Cu 的含量为 33%)都明显增加。这些纳米晶粉末经热压后，溶质脱溶量也相对减少，尽管合金中晶界扩散系数较高，但没有像 Cu-Cr 合金中有连续的 Cr 网形成[17]。

6.2.6　结论

(1) 采用机械合金化技术，通过控制热压条件制备的纳米晶 Cu-20Ni-20Cr 和 Cu-40Ni-20Cr 合金均为双相，Cu-45Ni-30Cr 合金为三相，它们的显微组织均匀、稳定。

(2) 随着球磨时间的延长，Cu 在 Cr 和 Cr 在 Cu 中的固溶度明显增加，当球磨 40h 或 60h 后，合金由双相变成亚稳态的单相。由于机械合金化的粉末处于非平衡状态，其超固溶度溶质随热压和真空退火过程的进行会慢慢脱溶分解出来，合金由单相变成双相，两相颗粒均成倍长大，但仍然保持纳米级尺度。

(3) 机械合金化、热压和真空退火后过程中 Cu、Ni 和 Cr 的晶格均未发生畸变。

6.3　高温腐蚀性能

三种纳米晶 Cu-Ni-Cr 合金在 700～800℃、0.1MPa 纯氧气中氧化 24h 的动力学曲线如图 6.4～图 6.6 所示，合金的氧化动力学行为极其复杂，其中 MA Cu-20Ni-20Cr 合金的动力学曲线由两段抛物线段组成，在 700℃、6h 之前的抛物线速率常数 k_p=4.27×10^{-3}g^2/(m^4·s)，而后的抛物线速率常数 k_p=2.7×10^{-3}g^2/(m^4·s)；而在 800℃、6h 之前合金的氧化速率较小，其抛物线速率常数 k_p=4.6×10^{-2}g^2/(m^4·s)，而后合金的氧化速率增大很快，其抛物线速率常数 k_p=7.6×10^{-1}g^2/(m^4·s)。MA Cu-40Ni-20Cr 合金在 800℃时的动力学曲线由两段抛物线段组成，3h 之前的抛物线速率常数 k_p=3.83×10^{-3}g^2/(m^4·s)，之后的抛物线速率常数 k_p=1.51×10^{-3}g^2/(m^4·s)；而在 700℃时的氧化动力学曲线由一段抛物线段和斜率不同的三段直线段组成，6h 之前抛物线速率常数 k_p=1.57×10^{-3}g^2/(m^4·s)，6～12h 合金的氧化速率很小，12～20h 氧化速率略有增加，20h 后氧化速率则又变得很小。MA Cu-45Ni-30Cr 合金在 700℃ 时的氧化动力学曲线由两段抛物线段和一段直线段组成，40min 之前的抛物线速率常数 k_p=5.4×10^{-3}g^2/(m^4·s)，40min～1.5h 抛物线速率常数 k_p=1.6×10^{-3}g^2/(m^4·s)，而后直线段的氧化增重很小；800℃时的氧化动力学曲线仍由两段抛物线段和一段直线段组成，在 50min 之前的抛物线速率常数 k_p=4.7×10^{-3}g^2/(m^4·s)，50min～3h 的抛物线速率常数 k_p=6.8×10^{-4}g^2/(m^4·s)，而后直线段的氧化增重很小，800℃时的氧化速率明显大于 700℃。

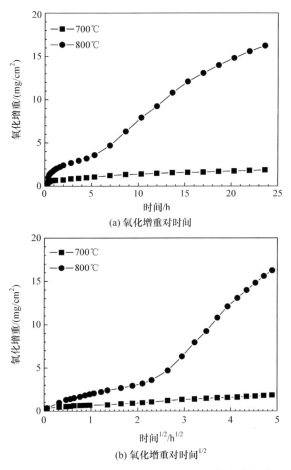

(a) 氧化增重对时间

(b) 氧化增重对时间$^{1/2}$

图 6.4 MA Cu-20Ni-20Cr 合金在 700~800℃、0.1MPa 纯氧气中氧化 24h 的动力学曲线

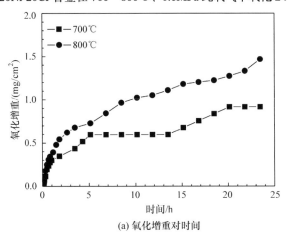

(a) 氧化增重对时间

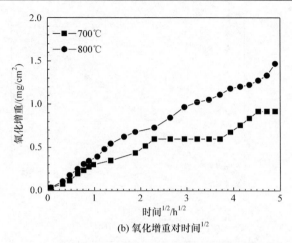

(b) 氧化增重对时间$^{1/2}$

图 6.5　MA Cu-40Ni-20Cr 合金在 700～800℃、0.1MPa 纯氧气中氧化 24h 的动力学曲线

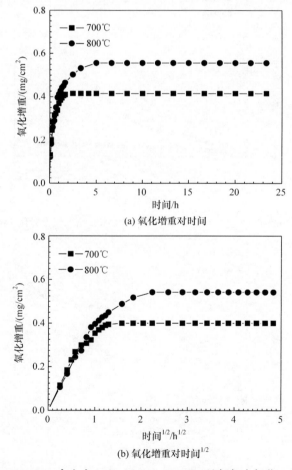

(a) 氧化增重对时间

(b) 氧化增重对时间$^{1/2}$

图 6.6　MA Cu-45Ni-30Cr 合金在 700～800℃、0.1MPa 纯氧气中氧化 24h 的动力学曲线

图 6.7 是纳米晶 MA Cu-20Ni-20Cr、MA Cu-40Ni-20Cr 和 MA Cu-45Ni-30Cr 合金与相同成分的常规尺寸铸态合金在 700~800℃氧化 24h 的动力学曲线比较。对于 Cu-20Ni-20Cr 合金，在 700℃时，CA Cu-20Ni-20Cr 合金的氧化速率高于 MA Cu-20Ni-20C 合金；在 800℃时，在 16h 之前，CA Cu-20Ni-20Cr 合金的氧化速率高于 MA Cu-20Ni-20Cr 合金，16h 之后 MA Cu-20Ni-20Cr 合金的氧化速率又高于 CA Cu-20Ni-20Cr 合金。而 MA Cu-40Ni-20Cr 和 MA Cu-45Ni-30Cr 合金在 700~800℃时的氧化速率明显小于相应的 CA Cu-40Ni-20Cr 和 CA Cu-45Ni-30Cr 合金，可见合金表面仅形成了致密的 Cr_2O_3 外氧化膜。

三种合金在 700~800℃、0.1MPa 纯氧气中氧化 24h 的氧化膜结构如图 6.8~图 6.10 所示。由图可知，MA Cu-20Ni-20Cr 合金在 800℃时没有形成连续的 Cr_2O_3 外氧化膜。事实上，氧化膜最外层是相当规则的 CuO 层，CuO 层靠近合金方向分布着连续、呈波浪形的黑色 $Cu_2Cr_2O_4$ 复合氧化层，其组成为 36%Cu、8%Ni、

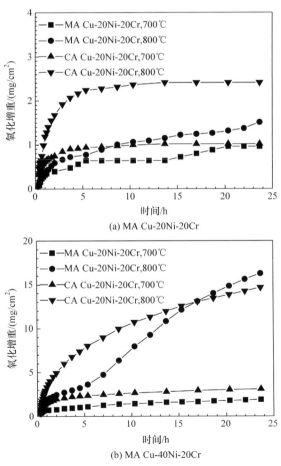

(a) MA Cu-20Ni-20Cr

(b) MA Cu-40Ni-20Cr

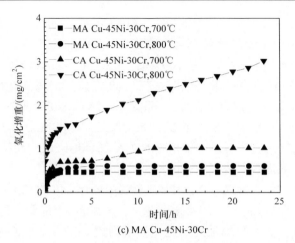

(c) MA Cu-45Ni-30Cr

图 6.7　MA Cu-20Ni-20Cr、MA Cu-40Ni-20Cr 和 MA Cu-45Ni-30Cr 合金与相同成分的铸态合金
在 700~800℃、24h 的氧化动力学曲线比较

26%Cr 和 30%O。相邻的内层是混合氧化层，前沿局部分布着亮色的 Cu_2O，其下
是由 Cu_2O、NiO 和少量 Cr_2O_3 组成的混合区，在靠近合金方向有许多细小的孔洞
分布。氧化膜的最里面有不连续的 Cr_2O_3 层形成。而在 700℃时，合金表面形成
的氧化膜极不规则，氧化膜外层是 CuO 层，一些部位 CuO 较厚且向内突起，相
邻的内层则形成了连续的 Cr_2O_3 层，但分布不均匀，局部有 Cr_2O_3 伸向合金较深
处。两种温度下合金与氧化膜界面下均有较宽亮色的贫 Cr 带形成。

　　MA Cu-40Ni-20Cr 合金的氧化膜结构较 MA Cu-20Ni-20Cr 简单。在 700~
800℃时，MA Cu-40Ni-20Cr 合金表面均形成了双层氧化膜结构，外层是薄且不连
续的 CuO 层，内层则形成了规则连续的 Cr_2O_3 层，Cr_2O_3 层下面合金基体中也有
连续亮色的贫 Cr 带产生。

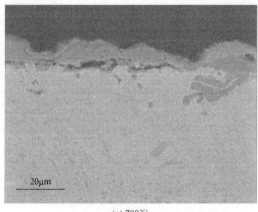

20μm

(a) 700℃

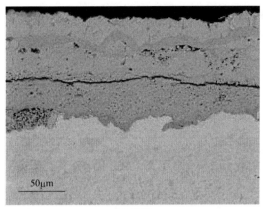

(b) 800℃

图 6.8　MA Cu-20Ni-20Cr 合金在 700~800℃、0.1MPa 纯氧气中氧化 24h 的断面形貌

(a) 700℃

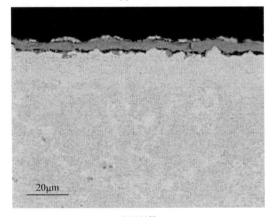

(b) 800℃

图 6.9　MA Cu-40Ni-20Cr 合金在 700~800℃、0.1MPa 纯氧气中氧化 24h 的断面形貌

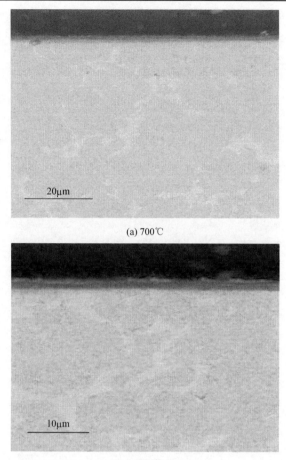

(a) 700℃

(b) 800℃

图 6.10   MA Cu-45Ni-30Cr 合金在 700～800℃、0.1MPa 纯氧气中氧化 24h 的断面形貌

MA Cu-45Ni-30Cr 合金表面氧化膜的最外层均是薄且不连续的 CuO 层, 紧接着是连续的 Cr_2O_3 层, 合金内部没有发生由合金和氧化物相组成的混合内氧化, 晶粒细化促使合金表面由混合内氧化向单一选择性外氧化转变, 形成了致密、单一的 Cr_2O_3 氧化膜。

尽管合金 MA Cu-20Ni-20Cr 与 CA Cu-20Ni-20Cr、MA Cu-40Ni-20Cr 与 CA Cu-40Ni-20Cr、MA Cu-45Ni-30Cr 与 CA Cu-45Ni-30Cr 的成分相同, 但其显微组织的差异导致它们的氧化行为明显不同。对于 Cu-20Ni-20Cr 合金, CA Cu-20Ni-20Cr 为三相合金, 三相的存在阻止了 Cr 由合金基体向合金/氧化膜界面的扩散, 因此合金表面没有形成连续的 Cr_2O_3 保护膜。相反, Cu-20Ni-20Cr 合金表面形成了含有所有组元氧化物及其复合氧化物的复杂氧化膜结构, 合金/氧化膜界面极不规则, 氧化物伸到了合金较深处。而 MA Cu-20Ni-20Cr 为双相合金,

800℃时，合金表面尽管没有形成连续的 Cr_2O_3 外氧化膜，但氧化膜规则平坦，外层是 CuO，中间层是 Cu_2O、NiO 和 Cr_2O_3 的混合氧化区，内层形成了薄但不连续的 Cr_2O_3 层；而在 700℃时，合金表面形成的氧化膜极不规则，外层是 CuO 层，一些部位 CuO 较厚且向内突起，相邻的内层则形成了连续的 Cr_2O_3 层，但分布不均匀，局部有 Cr_2O_3 伸向合金较深处。在 700~800℃时，合金/氧化膜界面下合金基体中均有较宽亮色的贫 Cr 带形成。

Cu-40Ni-20Cr 合金为双相组织，其中 CA Cu-40Ni-20Cr 合金表面没有形成连续的 Cr_2O_3 外氧化膜。事实上，氧化膜的外层是连续的 CuO 层，内层是合金和氧化物组成的混合内氧化区，氧化层最里面形成了薄且连续的 Cr_2O_3 膜，抑制了合金的进一步氧化。MA Cu-40Ni-20Cr 合金表面形成了规则连续的 Cr_2O_3 层，Cr_2O_3 层下面合金基体中也有连续的亮色贫 Cr 带产生。

Cu-45Ni-30Cr 为三相合金，一相是富 Cu 的α相，另一相是β相，第三相是富 Cr 的γ相。尽管合金中存在三相，但 30%Cr 使合金表面形成了连续的 Cr_2O_3 外氧化膜，内层则是合金和氧化物相共存的混合内氧化区，被氧化的岛状物由 Cr_2O_3、Cu 和 Ni 组成。MA Cu-45Ni-30Cr 合金实现了活泼组元由内氧化向外氧化的转化，合金表面仅形成了具有保护性的 Cr_2O_3 外氧化膜。由此可见，合金的氧化行为与合金的显微组织有直接关系。

有关显微组织特别是晶粒尺寸对合金氧化行为的影响已有较多报道[27-33]，通常认为晶粒减小可能导致与合金氧化行为相关的一些重要参数，如氧在合金中的溶解度、组元间的互溶度、反应物在合金基体及氧化膜中的扩散系数等的改变，从而影响合金的高温氧化行为。

与相应的粗晶合金相比，扩散机制的改变明显影响细晶合金的高温氧化行为。通常认为在一个具有大量的快速通道，如晶界、位错的合金系统中，组元的有效扩散系数应居于其体扩散系数和沿快速通道扩散系数之间[34]。这种情况下，仅考虑晶界的贡献，根据 Hart 理论[35]，用相应的有效扩散系数代替体扩散系数。有效扩散系数可表示为

$$D_{eff} = (1-f)D_b + fD_g \tag{6.4}$$

其中，D_b 和 D_g 分别是体扩散系数和晶界扩散系数；f 是晶界扩散位置所占的百分数，对于边长为 d 的立方晶粒，$f = 2\delta/d$ [34]，δ 是晶界宽度(通常约为 1nm)[35]。因此，有效扩散系数可以从体扩散系数(粗晶合金)变化到接近晶界扩散系数(极细合金)。一般来说，金属中短程扩散的激活能比体扩散小 50%~70%，而 D_{gb}/D_b 的比值为 10^4~10^6。晶粒细化提供了大量可作为优先扩散通道的晶界，晶界所占的比例增加，晶界扩散所做的贡献增大，因此选择性氧化组元向外传输的速率也增大。

　　晶粒细化的另一个可能作用是提高合金中活泼组元 B 在α相中的溶解度，从而影响合金高温氧化行为。事实上，如果在合金表面能够形成活泼组元的单一外氧化膜，需活泼组元能够向外快速扩散以充分供应外氧化膜的生长。对于双相或多相合金(其中 B 为活泼组元，本节为 Cr)，各相总是处于热力学平衡状态及组元间极低的互溶度的限制导致它与单相固溶体合金相比，发生活泼组元 B 由内氧化向外氧化转变，或由形成所有组元的混合物到活泼组元的单一外氧化转变更为复杂，活泼组元 B 由合金向合金/氧化膜界面的扩散也变得非常困难。结果，合金/氧化膜界面处组元 B 的浓度比相应的单相固溶体合金要小得多，同时内氧化区中能够支持 BO 生长的有效 B 浓度明显小于相同条件下的单相合金[36-38]，相应的合金中发生活泼组元由内氧化向外氧化转变的临界浓度高于单相合金[39]，这种浓度的差别随着 B 在 A 中溶解度的降低而增大。因此，对于电弧熔炼的铸态 Cu-Ni-Cr 合金，Cr 在α相中的溶解度较小(如 Cu-20Ni-20Cr，在 800℃仅为 2%(原子分数))，难以发生 Cr 的单一选择性外氧化。

　　然而，对于机械合金化制备的纳米晶 Cu-Ni-Cr 合金，合金表面氧化膜中形成了富 Cr 的单相层，这与晶粒细化增加了组元间的互溶度有较大关系。实际上，溶质 B 在α相中的溶解度增加幅度与粒子半径有关，通常粒子半径越小，溶解度越大，这已经从热力学上得到证明。根据 Thomson-Freundich 公式[40]：

$$\ln \frac{(x_B^\alpha)_r}{x_B^\alpha} = \frac{2\sigma M}{rRT\rho} \tag{6.5}$$

其中，$(x_B^\alpha)_r$ 指粒子半径为 r 时 B 在α相中的溶解度，x_B^α 是 $R=\infty$ 时 B 在α相中的溶解度；σ 为表面能；M 为粒子的分子量；ρ 为材料的密度；R 为气体常数；T 是绝对温度。当晶粒尺寸由 r_1 到 r_2 变化时，可以推导出固溶度有如下变化：

$$\frac{(x_B^\alpha)_{r_2}}{(x_B^\alpha)_{r_1}} = e^{\frac{2\sigma M}{RT\rho}\left(\frac{1}{r_2}-\frac{1}{r_1}\right)} = e^{\frac{2\sigma M}{RT\rho}\frac{r_1-r_2}{r_1 r_2}} = e^{\frac{2\sigma M}{RT\rho}\frac{1}{r_2}} \tag{6.6}$$

　　可见，当晶粒尺寸由铸态时的 r_1(微米级)急剧降到机械合金化的 r_1(纳米级)后，溶质 B 在α相的溶解度显著增加。具体到当前的 Cu-Ni-Cr 合金系，由于缺少相关的参数，目前还无法从理论上计算合金的晶粒尺寸由微米级降到纳米级时溶质 B 在α相中的溶解度增加量，但从对 MA Cu-20Ni-20Cr 的 SEM/EDX 分析可知，Cr 在α相中的溶解度明显增大(如 MA Cu-20Ni-20Cr，在 800℃时为 14%(原子分数))。

　　晶粒细化导致活泼组元 B 在α相中的溶解度增加，在β相粒子体积分数一定的情况下，晶粒越小，表面积越大，其溶解速率也越大，它加速了组元 B 的向外供应，因此合金表面形成单一的 BO 氧化膜所需的临界浓度也大为降低，有利于活泼组元 B 从内氧化向外氧化的转变。由于缺少相关的理论和动力学及热力学等参数，目前还无法对三元 Cu-Ni-Cr 中 Cr 的临界浓度进行计算，但从实验中可以发现铸态双相或多相合金表面没有形成连续的 Cr₂O₃，而相应的机械合金化纳米晶合金表面形成了连续的 Cr₂O₃ 膜，这说明晶粒细化后降低了形成单一 Cr₂O₃ 膜所需的 Cr 的临界浓度。另外，晶界可以作为氧化物优先成核的位置，也促进了组元 B 的氧化。当热压后的原始合金高温氧化时，除合金的晶粒细化外，合金中存在相当可观的固溶度，合金内由球磨引入的位错、滑移等缺陷以及由晶粒细化所引起的合金显微组织的变化都影响着合金的氧化行为。

机械合金化法与电弧熔炼法制备的 Cu-Ni-Cr 合金的显微组织相比，前者的显微组织均匀，这种显微组织的变化对其高温腐蚀性能产生很大的影响[41]。首先，在相同 Cr 含量的 Cu-Ni-Cr 合金中，如果富 Cu 的α相基体上分布的 Cr 颗粒尺寸较大，则相邻两个 Cr 颗粒之间的距离大，Cr 颗粒的不断溶解向合金表面输送 Cr 的速率很小。反之，如果 Cr 颗粒很小且均匀弥散分布，那么富 Cu 相上相邻两个 Cr 颗粒之间的距离小，同时小 Cr 颗粒表面积大，溶解速率较大颗粒快，通过小 Cr 颗粒的不断溶解来补充 Cr 使得 Cr 向合金表面的传输速率加快，为 Cr₂O₃ 膜的形成创造了条件。其次，两相的颗粒细化后，两相间界面增多，相界面处溶解的 Cr 量也增多，有利于 Cr₂O₃ 膜的形成。总之，在本节的实验条件下，两相颗粒的细化促进了 Cr₂O₃ 膜的形成。

此外，尽管合金中 Cr 的含量相同，但 Cu 含量的差异也会严重影响它们的氧化行为，MA Cu-40Ni-20Cr 合金中 Cu 的含量较低，Cr 能较好地抑制 Cu 的氧化，因此合金表面形成的氧化膜较简单，外层 CuO 很薄且不连续，氧化增重较小。而 MA Cu-20Ni-20Cr 合金中 Cu 的含量较高，Cr 对 Cu 氧化能的抑制作用小，合金表面 Cr₂O₃ 膜的形成较为困难，尤其是在 800℃时，氧化膜结构较复杂，氧化增重较大。

晶粒尺寸较大的 CA Cu-45Ni-30Cr 合金表面形成了连续的 Cr₂O₃ 外氧化膜，但在合金内部却发生了合金和氧化物相共存的混合内氧化。有关稳定组元由内氧化向外氧化转变的临界浓度可由 Wagner 给出的公式 $N_B=[(\pi g^* N_O D_O V_M)/(2D_B V_{ox})]^{1/2}$ 进行计算[42]，其中，g^* 为一常数；$N_O D_O$ 是氧在合金中的扩散通量；D_B 是组元 B 在合金中的扩散系数；V_M 和 V_{ox} 分别是合金和氧化物的摩尔体积。Wagner 给出的公式可简化为 $N_B \propto D_B^{-1/2}$。晶粒细化导致晶界的大量增加，从而使 D_B 显著增加，N_B 明显减小。因此，晶粒尺寸较小的纳米晶 MA Cu-45Ni-30Cr 合金表面仅形成了 Cr₂O₃ 外氧化膜而没有发生 Cr 的内氧化。

6.4　结　论

(1) MA Cu-Ni-Cr 合金的氧化动力学曲线偏离抛物线规律，动力学曲线由几段组成。对于 Cu-20Ni-20Cr 合金，在 700℃时，CA Cu-20Ni-20Cr 合金的氧化速率高于 MA Cu-20Ni-20Cr 合金；在 800℃时，16h 之前，CA Cu-20Ni-20Cr 合金的氧化速率高于 MA Cu-20Ni-20Cr 合金，16h 之后 MA Cu-20Ni-20Cr 合金的氧化速率又高于 CA Cu-20Ni-20Cr 合金。而 MA Cu-40Ni-20Cr 和 MA Cu-45Ni-30Cr 合金在 700 ～ 800 ℃ 时 的 氧 化 速 率 明 显 低 于 相 应 的 CA Cu-40Ni-20Cr 和 CA Cu-45Ni-30Cr 合金，可见合金表面仅形成了致密的 Cr_2O_3 外氧化膜。

(2) MA Cu-20Ni-20Cr 和 MA Cu-40Ni-20Cr 合金为双相组织，而 MA Cu-45Ni-30Cr 合金由三相组成。MA Cu-20Ni-20Cr 合金在 800℃时尽管没有形成 Cr_2O_3 外氧化膜，但氧化膜规则平坦，外层是 CuO，中间层是 Cu_2O、NiO 和 Cr_2O_3 的混合氧化区，内层形成了薄但不连续的 Cr_2O_3 层；而在 700℃时合金表面形成了连续的 Cr_2O_3 层。MA Cu-40Ni-20Cr 和 MA Cu-45Ni-30Cr 合金在 700～800℃时合金表面均形成了连续的 Cr_2O_3 层。三种合金在 Cr_2O_3 层下均有较宽亮色的贫 Cr 带形成。可见，机械合金化纳米晶的高温氧化行为与铸态合金明显不同。

参 考 文 献

[1] Niu Y, Gesmundo F, Douglass D L, et al. The air oxidation of two-phase Cu-Cr alloys at 700-900℃[J]. Oxidation of Metals, 1997, 48(5-6): 357-380.

[2] Cao Z Q, Niu Y. Oxidation of two ternary Cu-Ni-20Cr alloys at 973-1073K in $1.01×10^{-17}$kPa O_2[J]. High Temperature Materials and Processes, 2006, 25(4): 390-394.

[3] Zhang X J, Wang S Y, Gesmundo F, et al. The effect of Cr on the oxidation of Ni-10 at% Al in 1atm O_2 at 900-1000℃[J]. Oxidation of Metals, 2006, 65(3-4): 151-165.

[4] Wu Y, Niu Y. High temperature scaling of Ni-xSi-10 at.% Al alloys in 1atm of pure O_2[J]. Corrosion Science, 2007, 49(3): 1656-1672.

[5] Gesmundo F, Viani F, Niu Y, et al. An improved treatment of the conditions for the exclusive oxidation of the most-reactive component in the corrosion of two-phase alloys[J]. Oxidation of Metals, 1994, 42(5-6): 465-483.

[6] Huber P, Gessinger G H. Materials and Coating to Resist High Temperature Corrosion[M]. London: Applied Science Publishers, 1980.

[7] Lu K. Surface nanocrystallization(SNC) of metallic materials-presentation of the concept behind a new approach[J]. Journal of Materials Science and Technology, 1999, 15(3): 193-197.

[8] Wang F H. The effect of nanocrystallization on the selective oxidation and adhesion of Al_2O_3 scales[J]. Oxidation of Metals, 1997, 48(3-4): 215-224.

[9] Wang C L, Lin S Z, Niu Y, et al. Microstructual properties of bulk nanocrystalline Ag-Ni alloy

prepared by hot pressing of mechanically pre-alloyed powders[J]. Applied physics A—Materials Science & Processing, 2003, 76(2): 157-163.

[10] Benjamin J S. Dispersion strengthened superalloys by mechanical alloying[J]. Metallurgical Transactions, 1970, 1(10): 2943-2951.

[11] Benjamin J S, Volin T E. The mechanism of mechanical alloying[J]. Metallurgical Transactions, 1974, 5(8): 1929-1934.

[12] Murphy B R, Courtney T H. Synthesis of Cu-NbC nanocomposites by mechanical alloying[J]. Nanostructured Materials, 1994, 4(4): 365-369.

[13] Abe S, Saji S, Hori S. Mechanical alloying of Al-20%Ti mixed powders[J]. Journal of the Japan Institute of Metals, 1990, 54(8): 895-902.

[14] Zdujic E M, Kobayashi K F, Shingu P H. Mechanical alloying of Al-3%(mol fraction) Mo powders[J]. Zeitschrift fuer Metallkunde, 1990, 81: 380-385.

[15] Xu J, Herr U, Klassen T, et al. Formation of supersaturated solid solution in the immiscible Ni-Ag system by mechanical alloying[J]. Journal of Applied Physics, 1996, 79(8): 3935-3942.

[16] Beck T R. A non-consumable metal anode for production of aluminum with low-temperature fluoride melts[C]. Light Metals: Proceedings of the 124th TMS Annual Meeting, TMS Warrendale, 1995: 1104-1109.

[17] 付广艳, 牛焱, 吴维弢. 不同方法制 Cu-Cr 合金氧化行为的研究[J]. 金属学报, 2003, 39(3): 297-300.

[18] Wang F H, Lou H Y, Wu W T. The oxidation resistance of a sputtered microcrystalline TiAl intermetallic-compound film[J]. Oxidation of Metals, 1995, 43(5-6): 395-406.

[19] 曹中秋, 牛焱, 王崇琳, 等. 三元 $Cu_{60}Ni_{20}Cr_{20}$ 合金的制备及其显微组织[J]. 中国有色金属学报, 2004, 14(5): 791-796.

[20] 曹中秋, 曹丽杰, 牛焱. 晶粒细化对 Cu-45Ni-30Cr 合金抗高温氧化性能的影响[J]. 材料保护, 2005, 38(6): 14-17.

[21] 曹中秋. 二元 Cu-Ni 和三元 Cu-Ni-Cr 合金的高温氧化[D]. 沈阳: 中国科学院金属研究所, 1997.

[22] 黄胜涛. 固体 X 射线学[M]. 北京: 高等教育出版社, 1985.

[23] Guiniers A. X-ray Diffraction[M]. Sun Francisco: Freeman, 1963.

[24] Martin G. Phase stability under irradition: Ballistic effects[J]. Physical Review, 1984, 30: 1424-1436.

[25] Bellon P, Averback R S. Nonequilibrium roughening of interfaces in crystals and shear: Application to ball milling[J]. Physical Review Letters, 1995, 74(10): 1819-1822.

[26] Koch C C. Synthesis of nanostructured materials by mechanical milling: Problems and opportunities[J]. Nanostructural Materials, 1997, 9(1-8): 13-22.

[27] Basu S N, Yurek G J. Effect of alloy grain size and silicon content on the oxidation of austenitic Fe-Cr-Ni-Mn-Si alloys in pure O_2[J]. Oxidation of Metals, 1991, 36(3-4): 281-315.

[28] Wang F H. Oxidation resistance of sputtered $Ni_3(AlCr)$ nanocrystalline coating[J]. Oxidation of Metals, 1997, 47(3-4): 247-258.

[29] Chiang K T, Meier G H, Pettit F S. Microscopy of Oxidation. III[M]. London: Institute of Metals,

1997.

[30] Perez P, Gonzalez-Carrasco J L, Adeva P. Influence of powder particle size on the oxidation behavior of a PM Ni₃Al alloy[J]. Oxidation of Metals, 1998, 49(5-6): 485-507.

[31] Wang F H, Young D J. Effect of nanocrystalline on the corrosion resistance of K38G superalloy in $CO+CO_2$ atmospheres[J]. Oxidation of Metals, 1997, 48(5-6): 497-509.

[32] Liu Z, Gao W, Dahm K L, et al. Oxidation behaviour of sputter-deposited Ni-Cr-Al micro-crystalline coatings[J]. Acta Materialia, 1998, 46(5): 1691-1700.

[33] Chen G F, Lou H Y. The effect of nanocrystallization on the oxidation resistance of Ni-5Cr-5Al alloy[J]. Scripta Materialia, 1999, 41(8): 883-887.

[34] Wang G, Gleeson B, Douglass D L. A diffusional analysis of the oxidation of binary multiphase alloys[J]. Oxidation of Metals, 1991, 35(5-6): 333-348.

[35] Hart E W. On the role of dislocation in bulk diffusion[J]. Acta Metallurgica, 1957, 5(10): 597-602.

[36] Gesmundo F, Viani F, Niu Y, et al. Further aspects of the oxidation of binary two-phase alloys[J]. Oxidation of Metals, 1993, 39(3-4): 197-209.

[37] Gesmundo F, Viani F, Niu Y. The internal oxidation of two-phase binary alloys under low oxidant pressures[J]. Oxidation of Metals, 1996, 45(1-2): 51-76.

[38] Niu Y, Gesmundo F, Viani F, et al. The air oxidation of two-phase Cu-Ag alloys at 650-750℃[J]. Oxidation of Metals, 1997, 47(1-2): 21-52.

[39] Gesmundo F, Viani F, Niu Y. The interal oxidation of two-phase binary alloys beneath an external scale of the less-stable oxide[J]. Oxidation of Metals, 1997, 47(3-4): 355-380.

[40] 徐祖耀. 金属材料热力学[M]. 北京: 科学出版社, 1983.

[41] Chiang K T, Mieier G, Pettit F. Oxidation behaviors of copper-chromium composites[C]. Microscopy of Oxidation, 1998, (3): 453-461.

[42] Wagner C. Theoretical analysis of the diffusion process determining the oxidation rate of alloys[J]. Journal of the Electrochemical Society, 1952, 99(10): 369-381.

第7章 添加组元对 Cu-Ni-Cr 合金高温腐蚀性能的影响

7.1 引　言

对于三元合金，由于三组元及其氧化物在热力学上的差异和组元在合金以及氧化膜之间扩散行为的不同，它们的氧化动力学行为和氧化膜结构等都较纯金属或二元合金复杂且腐蚀机理不同。三元合金有广泛的应用背景，其高温腐蚀机理研究已有报道，例如，以 M-Cr-Al 系为例绘制的氧化物图，通过划分形成每种氧化物所对应的合金成分区来探讨所选择合金在限定环境中的氧化膜结构，由于此氧化图无法定性解释和定量描述三元合金(即使是理想固溶体合金)发生各种氧化模式的热力学条件、各组元扩散、反应速率以及各氧化模式之间相互转化的动力学过程等，至今很少应用。又如，假设三元 A-B-C 固溶体合金中三组元氧化物不互溶且不形成复合氧化物，人们尝试把 Wagner 关于二元合金经典理论扩展到三元合金系，绘制了三元合金理论氧化物图并较为系统地研究了常规尺寸的三元合金的高温氧化问题[1-19]。例如，通过向二元双相 Cu-Cr 合金中添加第三组元 Ni 形成三元 Cu-Ni-Cr 合金系，研究它们的高温腐蚀机理时发现 20%Cr 可使单相合金表面形成连续的 Cr_2O_3 外氧化膜，双相合金内部形成连续的 Cr_2O_3 内氧化层[11]，而三相合金表面或内部均未能形成连续的 Cr_2O_3 膜；30%Cr 可使三相合金表面和内部同时形成 Cr_2O_3 氧化膜[14]；40%Cr 可使三相合金表面形成连续的 Cr_2O_3 外氧化膜[17]。可见，向 Cu-Cr 合金中添加第三组元 Ni 后明显降低了复相合金表面形成活泼组元外氧化膜所需的临界浓度，这主要是由于在三元双相合金中，根据 Gibbs 相律，在等温等压条件下尚存在一个自由度，而在三元三相合金中，第三组元 Ni 的加入增加了组元间的互溶度,这些因素都使三元复相合金表面形成活泼组元选择性外氧化膜所需临界浓度较二元双相合金有所下降，但与单相固溶体合金相比仍然较高，合金中含有较高浓度的活泼组元会影响合金的其他性能，如电性能、热性能及力学性能等。本章介绍向三元 Cu-Ni-Cr 合金中加入第四组元 Fe、Co、Al 和 Si 等形成四元 Cu-Ni-Cr-M 合金的高温腐蚀性能，目的在于通过向三元合金中添加第四组元，促使合金表面在含较低活泼组元浓度的条件下形成保护性氧化膜[20-23]。

7.2　Cu-20Ni-20Cr-5Fe 合金的高温腐蚀性能

7.2.1　实验方法

设计成分为 55%Cu、20%Ni、20%Cr 和 5%Fe 的 Cu-20Ni-20Cr-5Fe 合金由纯度为 99.99%的金属原料在氩气保护下，经非自耗电弧炉反复熔炼而成。随后合金锭经 800℃真空退火 24h 消除其残留应力。Cu-20Ni-20Cr-5Fe 合金由三相组成，其显微组织如图 7.1 所示。

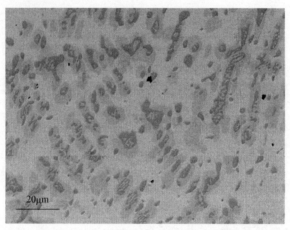

20μm

图 7.1　Cu-20Ni-20Cr-5Fe 合金的显微组织

根据 EDX 分析，Cu-20Ni-20Cr-5Fe 合金的实际平均成分为 53.6%Cu、19.9%Ni、21.8%Cr 和 4.7%Fe，富 Cu 的亮色α相约含 80.9%Cu、12.4%Ni、3.9%Cr 和 2.8%Fe；中等 Cr 含量的暗色β相约含 55.5%Cu、20.2%Ni、10.3%Cr 和 14.0%Fe；富 Cr 的黑色γ相约含 21.3%Cu、26.1%Ni、44.5%Cr 和 8.2%Fe。合金基体由α相组成，β相以孤立的颗粒形式存在，有些聚集成枝状，而γ相以孤立小颗粒形式存在，有些镶嵌在β相大颗粒之中，有些则分散在α相中，在γ相颗粒中有亮色颗粒的沉积物存在。

将合金锭线切割成厚度约为 1mm、面积约为 2cm² 的试片，用砂纸将其打磨至 800#，经水和丙酮清洗并干燥后，用 Cahn Versa Therm HM 型热分析天平测量 700～900℃、0.1MPa 纯氧气下连续氧化 24h 的质量变化。氧化样品采用 SEM/EDX 和 XRD 进行观察及分析。

7.2.2　高温腐蚀性能

Cu-20Ni-20Cr-5Fe 合金在 700～900℃、0.1MPa 纯氧气下氧化 24h 的动力学

曲线如图 7.2 所示。在三种温度下，合金氧化动力学曲线不规则且偏离抛物线规律。700℃时的氧化动力学曲线大体上由三段抛物线段组成，2h 之前，抛物线速率常数 $k_p=3.42\times10^{-3}g^2/(m^4 \cdot s)$，2～6h，抛物线速率常数 $k_p=2.95\times10^{-4}g^2/(m^4 \cdot s)$，而 6h 之后，抛物线速率常数 $k_p=9.86\times10^{-5}g^2/(m^4 \cdot s)$。800℃时的氧化动力学曲线大体上由两段抛物线段组成，10h 之前，抛物线速率常数 $k_p=4.51\times10^{-2}g^2/(m^4 \cdot s)$，10h 之后，抛物线速率常数 $k_p=2.42\times10^{-2}g^2/(m^4 \cdot s)$。900℃时的氧化动力学曲线大体上也由三段抛物线段组成，2h 之前，抛物线速率常数 $k_p=7.84\times10^{-1}g^2/(m^4 \cdot s)$，2～14h，抛物线速率常数 $k_p=1.66\times10^{-1}g^2/(m^4 \cdot s)$，而 14h 之后，抛物线速率常数 $k_p=4.57\times10^{-2}g^2/(m^4 \cdot s)$。在三种温度下，合金的氧化速率降低幅度要比相应的按抛物线规律变化大，其瞬时抛物线速率常数随时间增加而减小，这说明随着氧化时间的增加，氧化膜变得更具有保护性，这可能是 Cr 的氧化物相对数量增加的结果。图 7.3 是 Cu-20Ni-20Cr-5Fe 合金与前面研究的合金表面和内部未能形成连

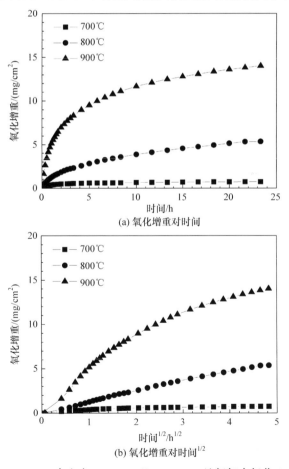

图 7.2　Cu-20Ni-20Cr-5Fe 合金在 700～900℃、0.1MPa 纯氧气中氧化 24h 的动力学曲线

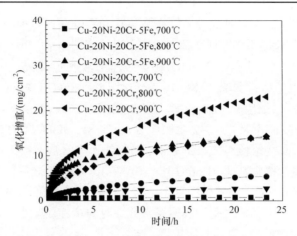

图 7.3　Cu-20Ni-20Cr-5Fe 合金与 Cu-20Ni-20Cr 合金在 700～900℃、0.1MPa 纯氧气中氧化 24h
的动力学曲线比较

续的 Cr_2O_3 氧化膜的三相 Cu-20Ni-20Cr 合金在 700～900℃、0.1MPa 纯氧气中氧
化 24h 的动力学曲线比较。显然，在三种温度下，Cu-20Ni-20Cr-5Fe 合金的氧化
速率明显低于 Cu-20Ni-20Cr 合金。

　　Cu-20Ni-20Cr-5Fe 合金在 700～900℃、0.1MPa 纯氧气中氧化 24h 后的断面
形貌如图 7.4 所示。根据 EDX 分析，在 700℃时，合金表面形成了几乎由 CuO 组
成的亮色不连续的外氧化膜，在某些地方薄黑色的 Cr_2O_3 层直接与合金相连，在其
他地方由 Cu、Ni、Cr 和 Fe 的氧化物组成的混合氧化层伸入合金内部，而最内黑色
层是连续的 Cr_2O_3 层。在 800～900℃时，合金表面氧化膜外层由亮色 Cu 的氧化物
组成，紧接着是由 Cu、Ni、Cr 和 Fe 的氧化物组成的黑色氧化物区，下面是合金和
氧化物形成的混合物内氧化区，这不是典型的内氧化。事实上，被氧化的岛状物不
是富 Cr 的 β 相和 γ 相，而是富 Cu 的 α 相。β 相和 γ 相岛状物被薄黑色的 Cr_2O_3 包围，
α 相岛状物在靠近合金/氧化膜界面处被氧化成 Ni 和 Fe 的氧化物，而在较深处，
Cu 则以金属颗粒的形式存在于 Ni 和 Fe 的氧化物中。在某些情况下，Cr_2O_3 层沿
β 相和 γ 相颗粒周围生长，且与 Cr_2O_3 层直接相连，随着时间的延长，不规则薄且
连续的 Cr_2O_3 层在混合内氧化区下面形成，此时合金的氧化速率明显降低。

　　向 Cu-20Ni-20Cr 合金中添加 5%Fe 形成四元 Cu-20Ni-20Cr-5Fe 合金系后，合
金的氧化行为与前面研究的三相 Cu-20Ni-20Cr 合金不同。事实上，尽管
Cu-20Ni-20Cr 合金中 Cr 的含量相对较高，但在 700～900℃、0.1MPa 纯氧气中氧
化 24h 后，合金表面和内部均没有形成连续的 Cr_2O_3 氧化膜。相反，合金表面形
成了含有所有组元氧化物及其复合氧化物的复杂氧化膜结构，合金/氧化膜界面极
不规则，氧化物伸向了合金内部。目前研究的三相 Cu-20Ni-20Cr-5Fe 合金尽管在
相对较短的时间内也不能形成连续的 Cr_2O_3 外氧化膜，但最终在合金内部形成了
薄且连续的 Cr_2O_3 层，它抑制了合金的进一步氧化。对于 Cu-Ni-Cr-Fe 合金，在热

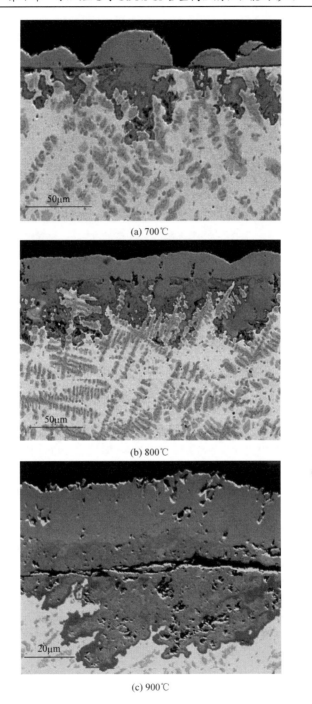

(a) 700℃

(b) 800℃

(c) 900℃

图 7.4　Cu-20Ni-20Cr-5Fe 合金在 700～900℃、0.1MPa 纯氧气中氧化 24h 后的断面形貌

力学上，四种组元所形成氧化物的稳定性以 CuO、Cu_2O、Fe_2O_3、NiO、Fe_3O_4、FeO 和 Cr_2O_3 顺序递增，因此 Cr 是最活泼组元，Cu 是惰性组元。由于气相中的氧分压均大于四种组元形成氧化物的平衡氧分压，当氧化开始时，所有氧化物都可能生成，其中 Cr_2O_3 最为稳定。在动力学上，通过金属空位 Cu 离子向外扩散最快并与氧气反应，所以最初合金表面形成外氧化膜几乎完全是 Cu 的氧化物。随着氧化膜逐渐增厚，Cu 离子向外扩散变得困难，氧向合金内部扩散，在合金内部与 Ni、Fe 和 Cr 反应。事实上，合金内氧化主要沿网状α相颗粒进行，而富 Cr 的β相和γ相颗粒被薄且连续的 Cr_2O_3 层包围，以防止内部进一步被氧化，因此合金和氧化物的前沿变得不规则。在α相岛状物的内部，Cu、Fe 和 Ni 在最外层被氧化，而在合金的深处，Cu 作为金属颗粒存在于 Ni 和 Fe 的氧化物中，这由动力学因素所致。更确切的是，沿着β相和γ相颗粒外表面的 Cr_2O_3 层的形成能使岛状物内部氧的活度降低，阻止合金的进一步氧化。

20%Cr 可使三相 Cu-Ni-Cr-Fe 合金中活泼组元产生选择性氧化膜。三相 Cu-Ni-Cr-Fe 合金表面形成选择性外氧化膜所需活泼组元 Cr 的临界浓度比三元三相 Cu-Ni-Cr 合金和许多二元双相合金要低[24-43]。事实上，在相关参数相同的条件下，二元双相 A-B 合金中活泼组元 B 从内氧化向外氧化转变所需 B 的临界浓度要高于二元单相合金，这主要取决于 B 在 A 中的溶解度，活泼组元 B 形成选择性外氧化膜所需的临界浓度随着它在惰性组元 A 中溶解度的增加而降低。例如，二元双相 Cu-Cr 合金，即使 Cr 的含量达到 75%，也不足以在合金表面形成 Cr_2O_3 外氧化膜，这是因为 Cr 在 Cu 中有很低的溶解度，且两相平衡限制了活泼组元的扩散。对于目前研究的 Cu-20Ni-20Cr-5Fe 合金，通过 EDX 分析，Cr 在 Cu 中的溶解度比在纯 Cu、Cu-Cr 合金和 Cu-20Ni-20Cr 合金中要大，它加速了活泼组元 Cr 由合金内部向外扩散的速率，因此合金表面形成活泼组元氧化膜所需 Cr 的临界浓度要低。

75%Cr 不足以使二元双相 Cu-Cr 合金形成连续的 Cr_2O_3 氧化膜。20%Cr 含量可以使单相 Cu-60Ni-20Cr 合金和双相 Cu-40Ni-20Cr 合金形成连续的 Cr_2O_3 氧化膜，而 20%Cr 含量不能使三相 Cu-20Ni-20Cr 合金形成连续的 Cr_2O_3 氧化膜。因此，在合金表面形成保护性的 Cr_2O_3 外氧化膜所需 Cr 的临界浓度主要取决于合金的相数和合金的组成。对于合金中可能存在的相数，根据 Gibbs 相律，在等温等压条件下，三元 A-B-C 合金体系可能共存的相数最多为 3。对于三元双相合金，体系有一个自由度，可以在给定的成分范围内达到平衡。如果其中某相与氧化介质发生反应，相间平衡就被打破，它加速了活泼组元由合金内部向外的扩散，合金表面容易形成 Cr_2O_3 氧化膜，而对于三元三相合金，体系的自由度为零，三相不能和任何一个氧化物同时共存，合金中没有化学梯度，特别是当活泼组元 A 在惰性组元 C 中的溶解度很小时，在不同相之间的扩散几乎不能发生，因此合金表面很难形成 Cr_2O_3 外氧化膜。由此可以得出结论，在三元合金中三相的存在使合金表面发生活泼组元选择性氧化所需的临界浓度比三元单相和双相合金要大。对于四元三相 A-B-C-D 合金，情况有所不同，因为在等温等压条件下，其可以共存相的数目最多为 4，因此在组成有限的范围内，三相只能同一个氧化物共存，体系变成单变，尽管它们维持局部的平衡，但三相的组成可以沿着垂直于金属表面的方向改变。所以，在有化学梯度存在的情况下，活泼组元由合金内部向外扩散加快，这有利于四元合金形成 Cr_2O_3 氧化膜。

Cu-20Ni-20Cr-5Fe 合金内部发生了合金和氧化物相共存的混合内氧化，这与经典的内氧化明显不同。经典的内氧化是氧向合金内部扩散并与 Ni、Fe 和 Cr 在单一或两种不同的规则平坦前沿反应形成氧化物，并分散在 Cu 基体中。事实上，Cu-20Ni-20Cr-5Fe 合金的内氧化过程主要是沿着α相颗粒的网状进行的，活泼组元β相和γ相主要保持着金属性，而且被薄且连续的 Cr_2O_3 层包围，防止它的内部进一步被氧化。因此，在合金和被氧化区域的前沿变得不规则。随着时间的增加，薄且不规则的 Cr_2O_3 层逐渐生长到混合区内表面的大部分区域，直到在这个区域的底部最终形成连续的 Cr_2O_3 层。这种情况下，Ni、Cu、Fe 氧化物的进一步生长完全被抑制。这同合金抛物线速率逐渐减小相一致，随着 Cr_2O_3 层的不断生长，最后的氧化动力学行为受 Cr_2O_3 生长控制。

7.2.3　结论

(1) 在三种温度下，Cu-20Ni-20Cr-5Fe 合金氧化动力学曲线不规则且偏离抛物线规律，其中在 900℃时合金的氧化速率明显高于 800℃和 700℃时的氧化速率。并且 Cu-20Ni-20Cr-5Fe 合金的氧化速率明显低于以前研究过的 Cu-20Ni-20Cr 合金。

(2) Cu-20Ni-20Cr-5Fe 合金基体由α相组成，β相以孤立的颗粒形式存在，有些聚集成枝状；而γ相以孤立小颗粒形式存在，有些镶嵌在β相大颗粒之中，有些则分散在α相中，在γ相颗粒中有亮色颗粒的沉积物存在。

(3) 三相 Cu-20Ni-20Cr-5Fe 合金表面形成了由四组元氧化物组成的复杂氧化膜结构，最终合金能在混合内氧化区形成连续的 Cr_2O_3 层，它阻止了合金的进一步氧化。

7.3　Cu-20Ni-20Cr-5Co 合金的高温腐蚀性能

7.3.1　实验方法

Cu-20Ni-20Cr-5Co 合金由纯度为 99.99%的金属原料在氩气保护下，经非自耗电弧炉反复熔炼而成。随后，合金锭经 800℃真空退火 24h 消除其残余应力。Cu-20Ni-20Cr-5Co 合金由三相组成，其显微组织如图 7.5 所示。

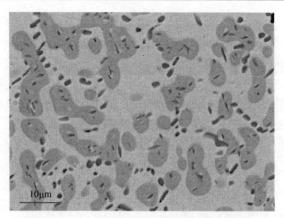

图 7.5　Cu-20Ni-20Cr-5Co 合金的显微组织

　　根据 EDX 分析,Cu-20Ni-20Cr-5Co 合金的实际平均成分为 Cu-19.5Ni-19.7Cr-4.8Co,亮色富 Cu 的α相的平均成分为 Cu-9.3Ni-9.2Cr-1.1Co,暗色中等 Cr 含量的β相的平均成分为 Cu-37.4Ni-33.6Cr-12.7Co,黑色富 Cr 的γ相的平均成分为 Cu-11.8Ni-64.9Cr-5.3Co。合金基体由α相组成,β相以孤立的岛状物形式存在,而γ相以孤立的颗粒形式存在,有些镶嵌在β相中,有些则分散在α相中。在β相颗粒中出现非常小的亮色相沉积物。

　　将合金锭线切割成厚度为 1mm、面积约为 2cm^2 的试片,用砂纸将其打磨至 800$^{\#}$,经水、乙醇及丙酮清洗并干燥后,用 Cahn Versa Therm HM 型热天平测量其 700～900℃、0.1MPa 纯氧气下连续氧化 24h 的质量变化,用 SEM/EDX 和 XRD 观察、分析氧化样品。

7.3.2　高温腐蚀性能

　　Cu-20Ni-20Cr-5Co 合金在 700～900℃、0.1MPa 纯氧气下氧化 24h 的动力学曲线如图 7.6 所示。三种温度下,合金的氧化动力学曲线不规则且偏离抛物线规律。在 700℃时,氧化动力学曲线大体上由两段抛物线段组成,4h 之前的抛物线速率常数 k_p=1.6×10^{-3}g^2/(m^4·s),4h 之后的抛物线速率常数 k_p=6.2×10^{-4}g^2/(m^4·s)。在 800℃时,氧化动力学曲线也由两段抛物线段组成,10h 之前的抛物线速率常数 k_p=2.1×10^{-2}g^2/(m^4·s),10h 之后的抛物线速率常数 k_p=9.7×10^{-3}g^2/(m^4·s)。900℃时的氧化动力学曲线大体上由三段抛物线段组成,2h 之前的抛物线速率常数 k_p=1.2×10^{-1}g^2/(m^4·s),2～5h 的抛物线速率常数 k_p=1.7×10^{-2} g^2/(cm^4·s),而 5h 之后的抛物线速率常数 k_p=1.1×10^{-3}g^2/(m^4·s)。图 7.7 对比了 Cu-20Ni-20Cr-5Co 合金与前面研究的合金表面和内部均未能形成连续的 Cr$_2$O$_3$ 氧化膜的三相 Cu-20Ni-20Cr 合金在 700～900℃、0.1MPa 纯氧气中氧化 24h 的动力学曲线。显然,在三种温度下,Cu-20Ni-20Cr-5Co 合金的氧化速率明显低于 Cu-20Ni-20Cr 合金。

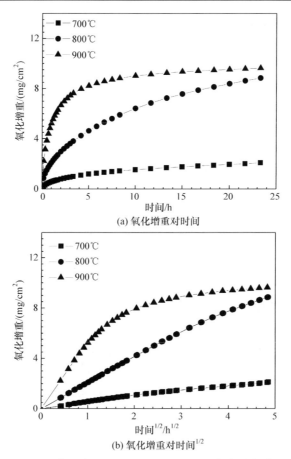

(a) 氧化增重对时间

(b) 氧化增重对时间$^{1/2}$

图 7.6　Cu-20Ni-20Cr-5Co 合金在 700～900℃、0.1MPa 纯氧气中氧化 24h 的动力学曲线

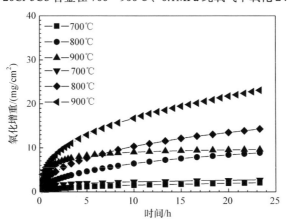

图 7.7　Cu-20Ni-20Cr-5Co 和 Cu-20Ni-20Cr 合金在 700～900℃、0.1MPa 纯氧气中氧化 24h 的
动力学曲线比较

Cu-20Ni-20Cr-5Co 合金在 700～900℃、0.1MPa 纯氧气中氧化 24h 后的断面形貌如图 7.8 所示。根据 EDX 分析，700℃和 800℃时，合金表面形成了几乎是由 CuO 组成的外氧化膜，紧接着是合金与氧化物形成的混合物内氧化区。在合金内部形成了薄且连续的 Cr_2O_3 层。事实上，被氧化的岛状物不是富 Cr 的β相和γ相，而是富 Cu 的α相。β相与γ相岛状物周围形成了薄黑色的 Cr_2O_3 层，它阻止了合金的进一步氧化。900℃，Cu-20Ni-20Cr-5Co 合金表面的氧化膜的结构较为复杂，外氧化膜是 CuO 层，中间是由 Cu、Ni、Cr 和 Co 的氧化物组成的混合氧化层，下面是合金与氧化物形成的混合内氧化区。合金内部形成了较厚且连续的 Cr_2O_3 层，阻止了合金的进一步氧化。

在探讨四元 Cu-20Ni-20Cr-5Co 合金的氧化行为之前，首先回顾一下三元 Cu-Ni-20Cr 合金的氧化行为。依据合金中 Cu 与 Ni 含量的不同，Cu-Ni-20Cr 合金的氧化行为差别较大。实际上，只有 Cu-60Ni-20Cr 合金表面形成了连续的 Cr_2O_3

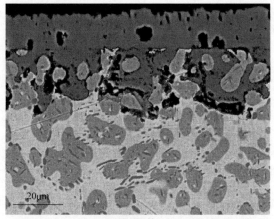

(a) 700℃

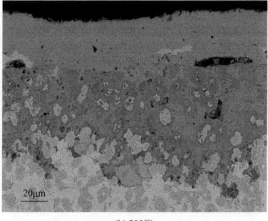

(b) 800℃

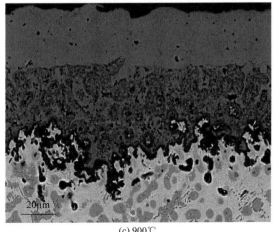

(c) 900℃

图 7.8　Cu-20Ni-20Cr-5Co 合金在 700～900℃、0.1MPa 纯氧气中氧化 24h 后的断面形貌

外氧化膜，双相 Cu-40Ni-20Cr 合金由于两相处于热力学平衡状态的限制，合金表面没有形成连续的 Cr₂O₃ 外氧化膜。但在氧化初期，合金内部形成了合金与氧化物相共存的混合内氧化区并在合金内部形成了薄且连续的 Cr₂O₃ 层，抑制了合金的进一步氧化。三元 Cu-20Ni-20Cr 合金经过较长时间氧化后，合金表面和内部均没有形成连续的 Cr₂O₃ 氧化膜。相反，合金表面形成了含有所有组元氧化物及其复合氧化物的复杂氧化膜结构，而合金/氧化膜界面极不规则，氧化物伸向了合金内部。

　　向三元三相 Cu-20Ni-20Cr 合金中添加 5%Co 形成四元三相 Cu-20Ni-20Cr-5Co 合金后，合金的氧化行为与前面研究的三元三相 Cu-20Ni-20Cr 合金不同。目前研究的三相 Cu-20Ni-20Cr-5Co 合金尽管在相对较短的时间内也不能形成连续的 Cr₂O₃ 外氧化膜，但最终在合金内部形成了具有保护性的 Cr₂O₃ 氧化层，抑制了合金的进一步氧化。事实上，Cu-Ni-Cr-Co 四元合金系中，在热力学上四种组元所形成氧化物的稳定性以 Cr₂O₃、CoO、NiO、CuO 顺序递减，因此 Cr 是最活泼组元，而 Cu 是惰性组元。但在动力学曲线上，可能形成的氧化物的抛物线速率常数以 Cu、Ni、Co 和 Cr 顺序递减。由于 Cu-20Ni-20Cr-5Co 合金中三相处于平衡，那么在任意两相之间组元的扩散不会发生。在该条件下，合金的氧化主要受体积分数较大的相所控制，而目前合金中体积分数较大的相是富 Cu 的α相。氧化开始后，四种组元同时被"原位氧化"，由于气相中的氧分压大于四组元氧化物的平衡氧分压，合金表面可能形成 Cu、Ni、Co 和 Cr 的各种氧化物。由于 Cu 通过氧化膜的扩散速率较大，α相中 Cu 能快速向外扩散在合金/氧化膜界面处被氧化，由于α相中 Cr 的含量较少不足以形成连续的 Cr₂O₃ 层，从而形成了最外面的 CuO 层。

随着氧化膜的增厚，Cu 向外扩散变得困难，氧融入合金中并向内扩散与 Ni、Co 或 Cr 反应。事实上，合金内氧化主要沿网状α相颗粒进行，而富 Cr 的β相和γ相颗粒被薄 Cr_2O_3 层包围着，防止了其内部进一步氧化。在某些情况下，Cr_2O_3 层沿β相和γ相颗粒周围生长，随着氧化的不断进行，在合金内部形成了非常薄且连续的 Cr_2O_3 层，此时 Ni 和 Cu 氧化物的生长被抑制，最后扩散过程主要受 Cr_2O_3 生长控制，合金氧化速率逐渐降低。

20%Cr 可使三相 Cu-Ni-Cr-Co 合金表面形成活泼组元选择性氧化膜。四元三相 Cu-Ni-Cr-Co 合金表面形成选择性氧化膜所需活泼组元 Cr 的临界浓度要比三元三相 Cu-Ni-Cr 合金和许多二元双相合金低。事实上，在相关参数相同的条件下，二元双相 A-B 合金中活泼组元 B 从内氧化向外氧化转变所需 B 的临界浓度要高于二元单相合金。这主要取决于活泼组元 B 在惰性组元 A 中的溶解度，由于双相对活泼组元由合金内部向外扩散起阻挡作用，活泼组元由合金内部向外扩散主要靠活泼组元 B 在 A 中的不断溶解来实现。因此，活泼组元 B 在惰性组元 A 中的溶解度越小，双相对活泼组元由合金内部向外扩散的阻挡作用就越大，活泼组元由合金内部向外的扩散速率就越慢，合金表面形成选择性外氧化膜所需的临界浓度越高，即活泼组元 B 形成选择性外氧化膜所需的临界浓度随其在惰性组元 A 中溶解度的降低而增加。例如，对于 Fe-Cr 等无限固溶体合金，合金表面形成 Cr_2O_3 外氧化膜所需要 Cr 的临界浓度仅为 15%～25%。但对于二元双相 Cu-Cr 合金，由于 Cr 在 Cu 中的固溶度很低，Cu-Cr 合金中活泼组元 Cr 的含量达到 75%，不足以在合金表面形成 Cr_2O_3 外氧化膜。对于三元三相 Cu-20Ni-20Cr 合金，Cr 在 Cu 中的溶解度较低，20%Cr 不足以在合金表面形成 Cr_2O_3 外氧化膜。对于目前研究的 Cu-20Ni-20Cr-5Co 合金，通过 EDXA 分析，Cr 在 Cu 中的溶解度比在 Cu-Cr 和 Cu-Ni-Cr 合金中要大，它加速了活泼组元 Cr 由合金内部向外的扩散速率，有利于合金表面或内部形成 Cr_2O_3 外氧化膜。

正如前面分析的，对于二元单相合金，如 Fe-Cr，15%～25%Cr 含量能使其合金表面形成连续的 Cr_2O_3 外氧化膜；对于二元双相合金，如 Cu-Cr，75%Cr 含量不能使其合金表面形成连续的 Cr_2O_3 氧化膜；对于三元合金，如 Cu-Cu-Cr，20%Cr 能使单相和双相合金表面形成连续的 Cr_2O_3 氧化膜，不能使三相合金表面形成连续的 Cr_2O_3 氧化膜。然而，对于目前研究的三相 Cu-Ni-Cr-Co 合金，20%Cr 却能使其合金形成连续的 Cr_2O_3 氧化膜，这主要是因为根据 Gibbs 相律，在等温等压条件下，体系可以共存的相数最多为 4。因此，对于四元三相合金，体系尚存在一个自由度，体系是单变的，在组成有限的范围内三相能有同一个氧化物共存，尽管它们维持局部的平衡，但三相的组成可以沿着垂直于金属表面的方向改变。因此，在有化学梯度存在的情况下，活泼组元由合金内部向外扩散加快，能降低合金表面形成保护性 Cr_2O_3 所需 Cr 的临界浓度，有利于四元三相合金形成 Cr_2O_3 氧化膜。

7.3.3　结论

(1) 在三种温度下，四元三相 Cu-20Ni-20Cr-5Co 合金氧化动力学曲线不规则且偏离抛物线规律。合金的氧化速率明显低于前面研究过的三元三相 Cu-20Ni-20Cr 合金。

(2) Cu-20Ni-20Cr-5Co 合金基体由α相组成，β相以孤立的岛状物形式存在，而γ相以孤立的颗粒形式存在，有些镶嵌在β相中，有些则分散在α相中。在β相颗粒中出现非常小的亮色相的沉积物。

(3) 三相 Cu-20Ni-20Cr-5Co 合金表面形成了由四组元氧化物组成的复杂氧化膜结构，最终合金在混合内氧化区形成了保护性的 Cr_2O_3 层，它阻止了合金的进一步氧化。

7.4　Cu-40Ni-Cr-2.5Al 合金的高温腐蚀性能

7.4.1　实验方法

设计成分为 40%Cu、40%Ni、17.5%Cr 和 2.5%Al 的 Cu-40Ni-17.5Cr-2.5Al 与设计成分为 45.5%Cu、40%Ni、12%Cr 和 2.5%Al 的 Cu-40Ni-12Cr-2.5Al 的两种合金由纯度为 99.99%的金属原料在氩气保护下，经非自耗电弧炉反复熔炼而成。随后，合金锭 800℃真空退火 24h 消除其残留应力。两种合金均由两相组成，其显微组织如图 7.9 所示。

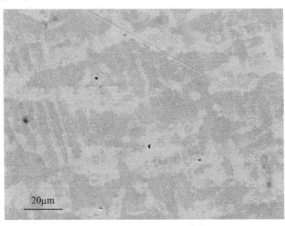

(a) Cu-40Ni-17.5Cr-2.5Al合金

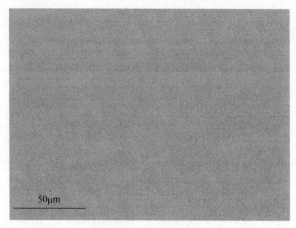

(b) Cu-40Ni-12Cr-2.5Al合金

图 7.9　Cu-40Ni-Cr-2.5Al 合金的显微组织

根据 EDX 分析，设计成分为 Cu-40Ni-17.5Cr-2.5Al 合金由双相组成，其实际平均成分为 Cu-39.6Ni-17.6Cr-2.9Al。富 Cu 的亮色α相的平均成分为 Cu-22.6Ni-4.8Cr-3.3Al。富 Cr 的暗色β相的平均组成为 Cu-53.8Ni-26.7Cr-2.7Al。设计成分为 Cu-40Ni-12Cr-2.5Al 合金由双相组成，其中亮色相是富 Cu 的α相，其实际平均成分为 Cu-22.8Ni-3.2Cr-2.9Al，暗色相是富 Cr 的β相，其平均成分为 Cu-40.0Ni-12.2Cr-2.3Al。Cu-40Ni-17.5Cr-2.5Al 合金基体由α相组成，富 Cr 的β相以枝状的形式分散在α相中，并且占据了基体相中很大的体积部分。Cu-40Ni-12Cr-2.5Al 合金基体由β相组成，富 Cu 的α相则以网状形式分散在β相中。

将合金锭线切割成厚度约为 1mm、面积约为 $2cm^2$ 的试片，用砂纸将其打磨至 800#，经水和丙酮清洗并干燥后，用 Cahn Versa Therm HM 型热分析天平测量其在 700～800℃、0.1MPa 纯氧气中氧化 24h 的质量变化，氧化样品采用 SEM/EDX 和 XRD 进行观察及分析。

7.4.2　高温腐蚀性能

Cu-40Ni-17.5Cr-2.5Al 和 Cu-40Ni-12Cr-2.5Al 合金在 700～800℃、0.1MPa 纯氧气中氧化 24h 的动力学曲线如图 7.10 和图 7.11 所示。由图可知，Cu-40Ni-17.5Cr-2.5Al 合金在 800℃时的氧化速率比在 700℃时要高。合金的氧化动力学曲线不规则且偏离抛物线规律，其瞬时抛物线速率常数随时间增加而降低。Cu-40Ni-17.5Cr-2.5Al 合金在 700℃时的氧化动力学曲线大体上由两段抛物线段和一段直线段组成，2h 之前抛物线速率常数 k_p=4.4×10^{-4}g^2/(m^4·s)，2～6h 抛物线速率常数 k_p=4.3×10^{-5}g^2/(m^4·s)，6h 之后氧化速率变得非常小。Cu-40Ni-17.5Cr-2.5Al 合金在 800℃时的氧化动力学曲线大体上由两段抛物线段和一段直线段组成，2h 之前抛物线速率常数 k_p=1.3×10^{-3}g^2/(m^4·s)，2～3h 抛物线速率常数 k_p=7.5×10^{-5}g^2/(m^4·s)，3h 之后氧化速率变得非常小。在两种温度下，两种合金的氧化速率降低幅度要比相应的按抛物线速率规则变化大，所以其瞬时抛物线速率常数随时间而降低，这说明随着氧化时间的增加，氧化膜变得更具有保护性。Cu-40Ni-12Cr-2.5Al 合金在两种温度下的氧化动力学行为比较复杂，偏离抛物线规律，其动力学曲线由三段或四段抛物线段组成。700℃时的氧化动力学曲线极不规则，2h 之前抛物线速率常数 k_p=1.20×10^{-2}g^2/(m^4·s)，2～9h 抛物线速率常数 k_p=2.30×10^{-3}g^2/(m^4·s)，9～16h 抛物线速率常数 k_p=3.75×10^{-4}g^2/(m^4·s)，而 16h 之后的抛物速率常数 k_p=7.74×10^{-3}g^2/(m^4·s)。800℃时的氧化动力学曲线也非常不规则，2h 之前抛物线速率常数 k_p=3.50×10^{-3}g^2/(m^4·s)，2～6h 抛物线速率常数 k_p=1.84×10^{-4}g^2/(m^4·s)，6～12h 抛物线速率常数 k_p=3.96×10^{-4}g^2/(m^4·s)，12～16h 的氧化速率变得很小，16h 之后氧化速率又增加。800℃时的氧化增重明显低于 700℃。在两种温度下，目前研究的两种合金的氧化速率明显低于双相 Cu-40Ni-20Cr 合金，如图 7.12 所示。

　　Cu-40Ni-17.5Cr-2.5Al 合金在 700～800℃、0.1MPa 纯氧气中氧化 24h 的断面形貌如图 7.13 所示。由图可知，合金的最外层是亮色的镀镍层以防止氧化膜剥落。在 700℃时，外氧化膜是薄且连续的 Cr$_2$O$_3$ 层(黑色)。外氧化膜下面是连续但不规则的由 Cu、Ni、Cr 和 Al 的氧化物形成的混合物区域(亮色)。在 800℃时，最内层是薄但不连续的 Al$_2$O$_3$ 层，而且有 Al$_2$O$_3$ 层伸入合金内部。

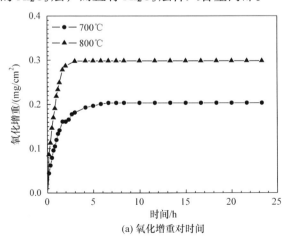

(a) 氧化增重对时间

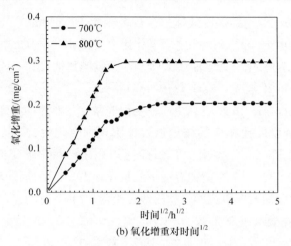

(b) 氧化增重对时间$^{1/2}$

图 7.10　Cu-40Ni-17.5Cr-2.5Al 合金在 700～800℃、0.1MPa 纯氧气中氧化 24h 的动力学曲线

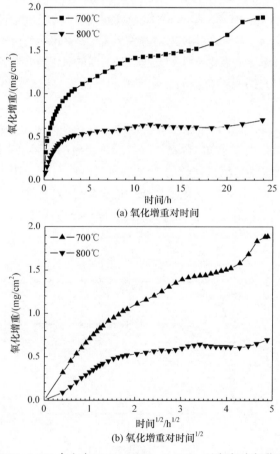

(a) 氧化增重对时间

(b) 氧化增重对时间$^{1/2}$

图 7.11　Cu-40Ni-12Cr-2.5Al 合金在 700～800℃、0.1MPa 纯氧气中氧化 24h 的动力学曲线

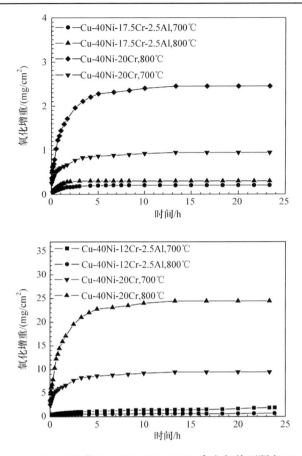

图 7.12　Cu-40Ni-17.5Cr-2.5Al 和 Cu-40Ni-12Cr-2.5Al 合金与前面研究 Cu-40Ni-20Cr 合金氧化动力学曲线比较

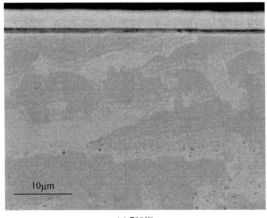

(a) 700℃

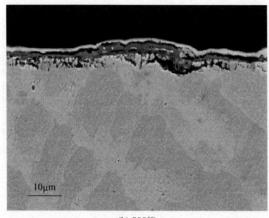

(b) 800℃

图 7.13　Cu-40Ni-17.5Cr-2.5Al 合金在 700~800℃、0.1MPa 纯氧气中氧化 24h 的断面形貌

Cu-40Ni-12Cr-2.5Al 合金在 700~800℃、0.1MPa 纯氧气中氧化 24h 的断面形貌如图 7.14 所示。根据 EDX 分析，Cu-40Ni-12Cr-2.5Al 合金表面氧化膜的外层几乎全部由亮色 CuO 组成，紧接着是 Cu、Ni、Cr 和 Al 的复杂混合氧化层，氧化物的体积分数和内氧化深度随合金表面不同区域变化很大。另外，这些岛状氧化物是由不同氧化物相组成的，在岛状氧化物周围形成了薄且连续的黑色 Cr_2O_3 氧化膜，抑制了合金的进一步氧化。

在探讨 Cu-Ni-Cr-Al 合金的氧化行为之前，先回顾一下相关三元合金的氧化行为。事实上，对于 Cu-Ni-Al 合金系，富 Cu 的 Cu-Ni-5Al 和富 Ni 的 Cu-Ni-5Al 单相合金在 800℃和 900℃、0.1MPa 纯氧气中氧化时合金表面形成了 NiO 外氧化层，同时发生了 Al 的内氧化。与富 Ni 三元合金相比，富 Cu 三元 Ni-85Cu-5Al 合金更容易形成 Al_2O_3 保护层，实际上，Ni-85Cu-5Al 合金在 800℃氧化时，经过初始的快速氧化阶段后，在氧化膜底层形成了连续的 Al_2O_3 层，阻止了铝的内氧化；而在 900℃时由于生成的 Al_2O_3 层有反复破裂的趋势，内氧化不能完全被消除。因此，富 Cu 三元合金在 900℃的腐蚀比在 800℃快得多，类似于纯铜和贫铝的二元 Cu-Al 合金。Ni-45Cu-10Al 和 Ni-30Cu-10Al 合金在 800℃和 900℃、0.1MPa 纯氧气中氧化时经过初始阶段的快速氧化之后，合金表面最后形成了连续的 Al_2O_3 层。在氧化初始阶段，两种 Ni-Cu-10Al 合金在 800℃的氧化比在 900℃快，随着氧化的进行，在 800℃时的氧化速率减缓，到氧化 24h 结束时，两种合金在 800℃的氧化总增重比在 900℃时小。由于表面能更快地形成 Al_2O_3 层从而更早地抑制 Cu 和 Ni 的氧化，Ni-45Cu-10Al 合金的氧化膜中 Cu 和 Ni 的氧化物较少[44, 45]。

(a) 700℃

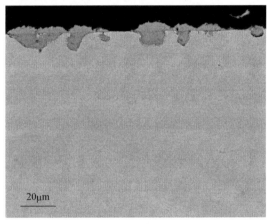

(b) 800℃

图 7.14　Cu-40Ni-12Cr-2.5Al 合金在 700～800℃、0.1MPa 纯氧气中氧化 24h 的断面形貌

对于 Cu-Ni-Cr 合金系，Cu-40Ni-20Cr 为双相合金，亮色富 Cu 贫 Cr 的α相形成了合金的基体，黑色富 Cr 的β相以网状岛状物的形式分散在α相中。合金在 700～800℃氧化时的氧化膜结构相当复杂，外层是连续的 CuO 层，其靠近合金方向分布着一些薄但不连续的黑色 Ni-Cr 尖晶石，内层是合金和氧化物相共存的混合区。被氧化的岛状物不是富 Ni 和 Cr 的β相，而是贫 Cr 富 Cu 的α相，β相岛状物被薄的 Cr_2O_3 层包围。随着氧化时间的延长，相邻的β相颗粒周围的 Cr_2O_3 不断扩展，最后形成了连续的网状 Cr_2O_3 膜。在 700℃时混合内氧化区还有未氧化的α相岛状物存在，但在 800℃时α相岛状物完全消失。

用 2.5%Al 替代 Cu-40Ni-20Cr 合金 Cr，形成 Cu-40Ni-17.5Cr-2.5Al 合金，也发生了 Cr 的选择性外氧化，最终在合金表面形成了连续的 Cr_2O_3 外氧化膜。向 Cu-Ni-Cr 合金中添加 2.5%Al 形成的 Cu-40Ni-12Cr-2.5Al 合金的表面氧化膜的外层几乎全部由亮色 CuO 组成，紧接着是含有各成分的复杂混合氧化层，最后合金形成了连续、慢速生长且具有保护性的 Cr_2O_3 膜，抑制了合金的进一步氧化。因此，向 Cu-Ni-Cr 合金中添加 Al，由于 Cr 和 Al 的共同作用，降低了合金表面形成 Cr_2O_3 或 Al_2O_3 所需的临界浓度，正如 Giggins 等[42,43]研究 Ni-Cr-Al 合金氧化行为时发现，在 Ni-Cr-Al 合金外层形成单一的 Al_2O_3 和 Cr_2O_3 氧化膜前，表面会形成 Ni、Cr、Al 三种元素氧化物的混合物，随着氧化的进行，合金中 Al、Cr 含量不同，在这层复合氧化层的下部会逐渐生成连续的 Al_2O_3 或 Cr_2O_3 氧化层，此连续的 Al_2O_3 或 Cr_2O_3 氧化层因致密而有优良的保护性，降低了氧化速率，提高了合金的高温抗氧化性能。

用 2.5%Al 替代 Cu-40Ni-20Cr 合金中的 Cr 后形成 Cu-40Ni-17.5Cr- 2.5Al 合金的氧化行为与 Cu-40Ni-20Cr 合金明显不同，即四元 Cu-40Ni-17.5Cr- 2.5Al 双相合金表面形成了连续的 Cr_2O_3 外氧化膜。事实上，三元 Cu-40Ni-20Cr 双相合金发生了合金与氧化物共存的混合内氧化，这种混合内氧化主要沿网状α相颗粒进行，而富 Ni 和 Cr 的β相未被氧化，但其周围被薄且连续的 Cr_2O_3 层包围，随着氧化的不断进行，β相颗粒周围的薄 Cr_2O_3 层在混合区内表面逐渐扩展，最后形成了连续的 Cr_2O_3 内氧化层，抑制了合金的进一步氧化。对于 Cu-40Ni-17.5Cr- 2.5Al 合金尽管仍为双相组织，但合金组分数却增加了，根据 Gibbs 相律，在等温等压条件下三元双相合金系尚有 1 个自由度，而四元双相合金系尚有 2 个自由度，自由度的增加使活泼组元在高温下，当相间物质的化学势不同时更容易有物质的相互扩散，它加速了活泼组元由合金内向外扩散的速率，降低了活泼组元由内氧化向外氧化的转变，促使合金表面形成了具有保护性的 Cr_2O_3 外氧化膜。

当向 Cu-Ni-Cr 合金中添加 2.5%Al 后，Cu-40Ni-12Cr-2.5Al 合金发生合金和氧化物相共存的混合内氧化，与前面研究的三相 Cu-45Ni-30Cr 合金有些相似[19]，但也存在不同。事实上，三相 Cu-45Ni-30Cr 合金形成 Cr_2O_3 膜所需临界 Cr 含量为 30%，而双相 Cu-40Ni-12Cr-2.5Al 合金仅为 12%，这主要是因为在等温等压条件下三元三相合金系的自由度为零，没有化学势梯度存在，扩散缺乏驱动力，所以形成 Cr_2O_3 膜比较困难，需要合金中含有更高的 Cr 才能形成连续有保护性的 Cr_2O_3 膜。

与前面研究的 Cu-40Ni-20Cr 相比，目前研究合金形成的内氧化程度已经大大降低。事实上，要实现合金中活泼组元由内氧化向外氧化转变，合金中 Cr 的含量必须超过某一临界含量，由 Wagner 理论可知，这一临界含量可表示为 $N_B=[(\pi g^* N_O D_O V_M)/(2D_B V_{OX})]^{1/2}$[6]，其中，$g^*$ 为一常数；D_B 是 B 在合金中的扩散系数；V_M 是合金的摩尔体积；$N_O D_O$ 是氧在合金中的扩散通量；V_{OX} 是氧化物的摩尔体积。可见，$N_B \propto D_B^{-1/2}$。由于添加第四组元 Al 到 Cu-Ni-Cr 合金后，一方面增加了 Cr 在富 Cu 相中的溶解度；另一方面形成四元双相系后，根据 Gibbs 相律，等温等压条件下存在 2 个自由度，尽管两相处于原位平衡，但由合金内部到合金表面相的组成发生变化，有浓度梯度的存在，扩散驱动力加大，因此活泼组元由合金内部向合金表面的扩散速率加快。另外，添加第四组元可以降低合金/氧化膜界面的氧分压，起到"吸氧剂"的作用，降低了氧向合金内部扩散的驱动力，当合金表面因活泼组元形成氧化物而出现贫化时，氧向合金内的扩散速率变慢，以上这些都会增加活泼组元 Cr 的扩散系数，降低活泼组元由内氧化向外氧化转变所需的临界含量，有利于合金在较低的 Cr 含量下形成连续的 Cr_2O_3 膜。

7.4.3　结论

(1) Cu-40Ni-17.5Cr-2.5Al 和 Cu-40Ni-12Cr-2.5Al 合金氧化动力学行为较复杂，其瞬时抛物线速率常数随时间增加而降低，氧化动力学曲线通常不是由单一的抛物线或直线组成的，而是由几段组成，而且在两种温度下，目前研究的两种合金的氧化增重明显低于前面研究的 Cu-40Ni-20Cr 合金。

(2) 两个 Cu-Ni-Cr-Al 合金均由双相组成，其中亮色相是富 Cu 的 α 相，暗色相是富 Cr 的 β 相，Cu-40Ni-17.5Cr-2.5Al 合金基体由 α 相组成，富 Cr 的 β 相以枝状的形式分散在 α 相中，并且占据了基体相中很大的体积部分，而 Cu-40Ni-12Cr-2.5Al 合金基体主要由 β 相组成，富 Cu 的 α 相以网状形式分散在 β 相中。

(3) Cu-40Ni-17.5Cr-2.5Al 合金外氧化膜是薄且连续的 Cr_2O_3 层。外氧化膜下面是连续但不规则的由四组元的氧化物形成的混合物区域。在 800℃时，最内层是薄但不连续的 Al_2O_3 层，而且有 Al_2O_3 层伸入合金内部，Cu-40Ni-12Cr-2.5Al 合金表面氧化膜的外层几乎全部由亮色 CuO 组成，紧接着是含有各成分的复杂的混合氧化层，最后形成了薄且连续的 Cr_2O_3 膜，抑制了合金的进一步氧化。

7.5　Cu-20Ni-Cr-2.5Al 合金的高温腐蚀性能

7.5.1　实验方法

设计成分为 57.5%Cu、20%Ni、20%Cr 和 2.5%Al 的 Cu-20Ni-20Cr-2.5Al 和设计成分为 62.5%Cu、20%Ni、15%Cr 和 2.5%Al 的 Cu-20Ni-15Cr-2.5Al 的两种合金由纯度为 99.99%的金属原料在氩气保护下，经非自耗电弧炉反复熔炼而成。随后，合金锭 800℃真空退火 24h 消除其残余应力。两种合金均由两相组成，其显微组织如图 7.15 所示。

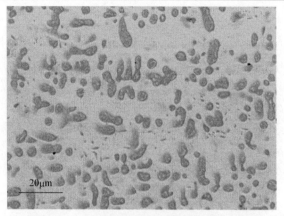

(a) Cu-20Ni-20Cr-2.5Al合金

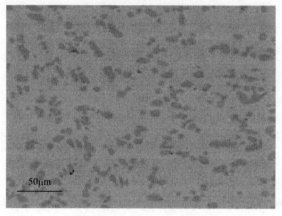

(b) Cu-20Ni-15Cr-2.5Al合金

图 7.15　Cu-20Ni-Cr-2.5Al 合金的显微组织

根据 EDX 分析，设计成分为 Cu-20Ni-20Cr-2.5Al 合金的实际平均成分为 58.8%Cu、19.1%Ni、19.7%Cr 和 2.4%Al。富 Cu 的亮色α相约含 71.5%Cu、19.9%Ni、2.8%Cr 和 5.8%Al。富 Cr 的暗色β相约含 5.4%Cu、9.9%Ni、83.2%Cr 和 1.5%Al。设计成分为 Cu-20Ni-15Cr-2.5Al 合金的实际平均成分为 64.4%Cu、19.2%Ni、14.1%Cr 和 2.3%Al。富 Cu 的亮色α相约含 78.0%Cu、16.7%Ni、2.3%Cr 和 3.0%Al。富 Cr 的暗色β相约含 3.6%Cu、13.3%Ni、82.9%Cr 和 0.2%Al。Cu-20Ni-20Cr-2.5Al 和 Cu-20Ni-15Cr-2.5Al 合金基体由α相组成，富 Cr 的β相以孤立的小颗粒分散在α相中，而且在 Cu-20Ni-20Cr-2.5Al 中，β相颗粒中出现非常小的亮色相的沉积物。

将合金锭线切割成厚度约为 1mm、面积约为 2cm² 的试片，用砂纸将其打磨至 800#，经水和丙酮清洗并干燥后，用 Cahn Versa Therm HM 型热天平测量其在 700～800℃、0.1MPa 纯氧气中氧化 24h 的质量变化，氧化样品采用 SEM/EDX

和 XRD 进行观察及分析。

7.5.2 高温腐蚀性能

Cu-20Ni-20Cr-2.5Al 和 Cu-20Ni-15Cr-2.5Al 合金在 700～800℃、0.1MPa 纯氧气中氧化 24h 的动力学曲线如图 7.16 和图 7.17 所示。由图可知，两种合金在 800℃时的氧化速率比在 700℃时要快，合金氧化的动力学曲线不规则且偏离抛物线规律，其瞬时抛物线速率常数随时间增加而降低。Cu-20Ni-20Cr-2.5Al 合金在 700℃的氧化动力学曲线大体上是由三段抛物线段组成的，1.5h 之前抛物线速率常数 $k_p=1.04\times10^{-3}g^2/(m^4\cdot s)$，1.5～3h 抛物线速率常数 $k_p=4.62\times10^{-4}g^2/(m^4\cdot s)$，3h 之后，氧化速率变得非常小，抛物线速率常数 $k_p=3.89\times10^{-6}g^2/(m^4\cdot s)$。Cu-20Ni-20Cr-2.5Al 合金在 800℃时的氧化动力学曲线大体上由四段抛物线段组成：1.5h 之前抛物线速率常数 $k_p=2.15\times10^{-4}g^2/(m^4\cdot s)$，1.5～4h 抛物线速率常数 $k_p=7.72\times10^{-4}g^2/(m^4\cdot s)$，4～9h 抛物线速率常数 $k_p=6.07\times10^{-5}g^2/(m^4\cdot s)$，9～24h 抛物线速率常数为 $1.19\times10^{-5}g^2/(m^4\cdot s)$。Cu-20Ni-15Cr-2.5Al 合金在 700～800℃的氧化动力学曲线是不规则的，且与抛物线规律有很大偏差，700℃时的氧化动力学曲线由四段组成，氧化开始时有较大的氧化增重，而后经历三个阶段，其中较低氧化速率的第一阶段和最后阶段通过中间较快速率的阶段相连。3h 之前，抛物线速率常数 $k_p=7.44\times10^{-4}g^2/(m^4\cdot s)$，3～16h 抛物线速率常数 $k_p=6.13\times10^{-5}g^2/(m^4\cdot s)$，16～20h 抛物线速率常数等于 $k_p=6.13\times10^{-5}g^2/(m^4\cdot s)$，20～24h 抛物线速率常数已经变得很小。800℃时，合金的氧化动力学曲线近似由四段抛物线段组成：2h 之前的抛物线速率常数 $k_p=1.90\times10^{-3}g^2/(m^4\cdot s)$，2～5h 抛物线速率常数 $k_p=4.22\times10^{-4}g^2/(m^4\cdot s)$，5～16h 抛物线速率常数 $k_p=3.95\times10^{-5}g^2/(m^4\cdot s)$，16～24h 抛物线速率常数 $k_p=2.8\times10^{-4}g^2/(m^4\cdot s)$。在两种温度下，目前研究的两种合金的氧化速率明显低于前面研究的三相 Cu-20Ni-20Cr 合金，如图 7.18 所示。

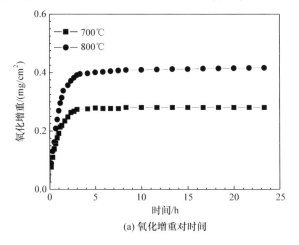

(a) 氧化增重对时间

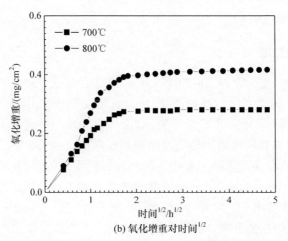

(b) 氧化增重对时间$^{1/2}$

图 7.16　Cu-20Ni-20Cr-2.5Al 合金在 700～800℃、0.1MPa 纯氧气中氧化 24h 的动力学曲线

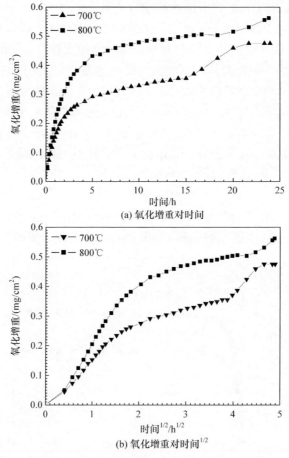

图 7.17　Cu-20Ni-15Cr-2.5Al 合金在 700～800℃、0.1MPa 纯氧气中氧化 24h 的动力学曲线

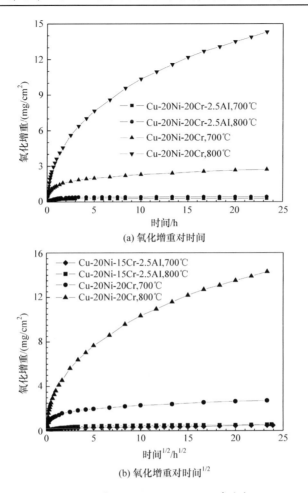

(a) 氧化增重对时间

(b) 氧化增重对时间$^{1/2}$

图 7.18　Cu-20Ni-20Cr-2.5Al 和 Cu-20Ni-15Cr-2.5Al 合金与 Cu-20Ni-20Cr 合金
氧化动力学曲线比较

　　Cu-20Ni-20Cr-2.5Al 合金在 700～800℃、0.1MPa 纯氧气中氧化 24h 后的断面形貌如图 7.19 所示。合金的最外层是亮色的镀镍层以防止氧化膜剥落。根据 EDX 分析，Cu-20Ni-20Cr-2.5Al 合金形成了含有少量亮色α相的沉积物，特别是在 800℃ 时生成连续的 Cr$_2$O$_3$ 外氧化膜。不连续的外层含有一些 Cu 和 Ni 的氧化物。同时，Cr$_2$O$_3$ 氧化膜下部选择区域内含有少量的 Al$_2$O$_3$ 颗粒。此外，Cr$_2$O$_3$ 氧化膜凹凸不平，在其下有非常薄的贫 Cr 层形成。

　　Cu-20Ni-15Cr-2.5Al 合金在 700～800℃、0.1MPa 纯氧气中氧化 24h 后的断面形貌如图 7.20 所示。合金的最外层是亮色的镀镍层以防止氧化膜剥落。合金表面氧化膜的外层主要由不连续的亮色 CuO 组成，紧接着形成了连续、有保护性的、非常薄的 Cr$_2$O$_3$ 氧化膜，其中大部分与合金直接接触，极少部分沿β相伸向合金内部，同时 Cr_2O_3 氧化膜下面有非常薄的贫 Cr 层。这种合金与氧化物共存的混合内氧化可认为α和β相同时参与了氧化，α相表面形成了非常薄的 Cr_2O_3 膜，而富 Ni 和 Cr 的β相岛状物被薄的 Cr_2O_3 氧化层包围，随着时间的延长，Cr_2O_3 逐渐扩展，最后形成了连续的 Cr_2O_3 膜，它阻止了合金的进一步氧化。这种合金与氧化物共存的混合内氧化与经典的形成规则的内氧化明显不同。

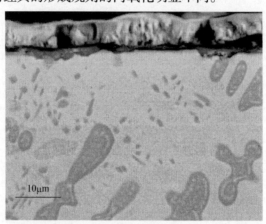

(a) 700℃

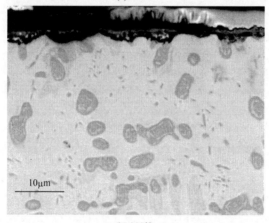

(b) 800℃

图 7.19　Cu-20Ni-20Cr-2.5Al 合金在 700～800℃、0.1MPa 纯氧气中氧化 24h 后的断面形貌

　　向 Cu-Ni-Cr 合金中添加 2.5%的 Al 导致目前研究的 Cu-20Ni-20Cr- 2.5Al 和 Cu-20Ni-15Cr-2.5Al 合金与前面研究的 Cu-20Ni-20Cr 合金的氧化行为明显不同。前面研究的三相 Cu-20Ni-20Cr 合金实际上不能在合金表面和膜的底部形成连续的 Cr_2O_3 氧化膜，主要是由于活泼组元 Cr 在α相中的溶解度非常低，三相处于平衡状态，阻止最活泼组元 Cr 从合金快速扩散到合金/氧化膜界面。事实上，这种合金形成了由 Cu、Ni 和 Cr 氧化物或它们的复合物组成的外氧化膜，而 Cr 沿β

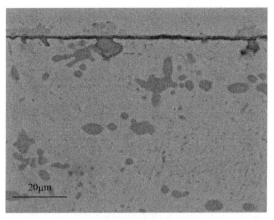

(a) 700℃

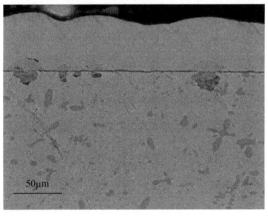

(b) 800℃

图 7.20　Cu-20Ni-15Cr-2.5Al 合金在 700～800℃、0.1MPa 纯氧气中氧化 24h 的断面形貌

相和γ相颗粒发生原位氧化，形成隔离的 Cr$_2$O$_3$ 颗粒，最终转化为不连续的和较少保护的双重氧化物。因此，合金/氧化膜的界面是非常不规则的，并且有氧化物沟伸向合金内部。这种氧化行为与前面研究的二元双相合金的氧化行为相似[23,24]。相反，向 Cu-Ni-Cr 合金中添加 2.5%Al 形成四元双相 Cu-20Ni-20Cr-2.5Al 和 Cu-20Ni-15Cr-2.5Al 合金能够在相对长的氧化时间内形成连续的 Cr$_2$O$_3$ 外氧化膜。因此，约 15%Cr 能够使四元双相 Cu-Ni-Cr-Al 合金形成连续的 Cr$_2$O$_3$ 外氧化膜。在三相 Cu-Ni-Cr-Al 合金表面形成连续 Cr$_2$O$_3$ 外氧化膜所需临界 Cr 含量要比三元双相或三相及二元双相合金低[22,26-28]。

添加 Al 对 Cu-Ni-Cr 合金氧化行为有重要影响，主要涉及合金组元相固溶度。事实上，双相 A-B 合金中只要两相处于平衡，扩散就没有驱动力。在这种情况下，活泼组元 B 从合金到合金/氧化膜界面的扩散主要通过活泼组元 B 在 A 中的溶解来完成。如果活泼组元 B 在惰性组元 A 中的溶解度较高，那么活泼组元 B 从合金到合金/氧化膜界面的扩散变得更快。因此，根据 Wagnar 理论，在 A-B 合金表面上形成连续 BO_v 外氧化膜所需 B 的临界含量低。也就是说，活泼组元 B 在惰性组元 A 中溶解度增加能够降低 A-B 合金表面形成连续 BO_v 外氧化膜所需 B 的临界含量。例如，Ni-Cr 合金中形成连续的 Cr_2O_3 外氧化膜所需临界 Cr 含量非常低（15%~25%），因为 Ni 在很大的成分范围内能溶解 Cr[2]。然而，在 Cu-Cr 合金中形成连续 Cr_2O_3 外氧化膜所需临界 Cr 含量由于两组元之间非常低的溶解度而变得非常高[33]。例如，75%Cr 不能使二元双相 Cu-Cr 合金形成连续的 Cr_2O_3 外氧化膜。相反，合金形成了由 Cu 和 Cr 的氧化物及其复合氧化物 $CuCr_2O_4$ 组成的复合氧化膜。前面研究的 Cu-20Ni-20Cr 合金由三相组成，α相是富 Cu 相，β相含有较多的 Cr，而γ相为富 Cr 相。对于目前研究的 Cu-20Ni-20Cr-2.5Al 和 Cu-20Ni-15Cr-2.5Al 合金，将 2.5%的 Al 添加到 Cu-Ni-Cr 合金中，γ相消失，导致α相和β相中 Cr 含量增加。因此，Cr 溶解度的增加使活泼组元 Cr 从合金扩散到合金/氧化膜界面中足够快以保持活泼组元 Cr 氧化物的生长，并且容易形成连续的 Cr_2O_3 外氧化膜。

对于 Cu-Ni-Cr-Al 合金体系，可能形成的五种氧化物的热力学稳定性按 CuO、Cu_2O、NiO、Cr_2O_3 和 Al_2O_3 的顺序增加，可能形成的五种氧化物的动力学增长速率按 CuO、Cu_2O、NiO、Cr_2O_3 和 Al_2O_3 的顺序降低。因此，Al 是最活泼组元，Cu 是惰性组元。根据 Wagnar 理论，当 Cu-Ni-Cr-Al 合金中 Al 含量超过某一临界值时，合金能够形成最活泼组元 Al 的连续氧化膜。然而，目前形成连续和最稳定组元 Al 的氧化膜时所需临界 Al 含量的计算非常困难，因为它不仅涉及合金组元的自扩散，还涉及合金组元的互扩散。此外，计算中所需的大量参数尚不能获得。事实上，Cu-20Ni-20Cr-2.5Al 和 Cu-20Ni-15Cr-2.5Al 合金不能形成 Al 的连续外氧化膜，这表明 2.5%Al 含量低于形成连续和最稳定 Al 的氧化膜所需的临界 Al 含量。然而，与前面研究的 Cu-20Ni-20Cr 合金不同，目前研究的 Cu-20Ni-20Cr-2.5Al 和 Cu-20Ni-15Cr-2.5Al 合金能够形成连续的 Cr_2O_3 氧化膜。这也表明在 Cu-Ni-Cr 合金中添加 2.5%的 Al，有助于在较低的 Cr 含量下形成连续的 Cr_2O_3 外氧化膜。

目前研究的 Cu-20Ni-20Cr-2.5Al 和 Cu-20Ni-15Cr-2.5Al 合金的氧化动力学曲线偏离抛物线规律，由三段或四段抛物线段组成。反应开始时，它们有较大的质量增加，之后氧化速率降低。事实上，在氧化初始阶段，所有组元都可以被氧化，但 Cu 向外扩散比其他组元快。因此，首先在合金表面形成一些 Cu 的氧化物，氧化增重较大。随着氧化的进行，形成与合金接触稳定的 Cr_2O_3，氧化增重降低，这主要是由于添加到 Cu-Ni-Cr 合金中的 Al 能够阻止其他组元通过氧化膜向外扩散。

Cu-20Ni-20Cr-2.5Al 合金形成了连续的 Cr_2O_3 外氧化膜，但在合金不同区域内，Cr_2O_3 氧化膜最内部区域有一些卷曲，独立于与其接触的金属相。这表明合金氧化主要沿着α相和β相进行，活泼组元 Cr 从合金到合金/氧化膜界面的扩散足够快，以保持 Cr_2O_3 外氧化膜的生长。实际上，β相含有比α相更多的 Cr，Cr 从β相向外扩散比从α相向外扩散快。因此，与β相接触的 Cr_2O_3 膜的厚度比与α相接触的 Cr_2O_3 膜的厚度大。此外，Cu-20Ni-20Cr-2.5Al 合金形成了连续的 Cr_2O_3 外氧化膜，但含有少量亮色未氧化的α相沉积物，这是由纯动力学因素导致的。事实上，沉淀物的组成与α相相同。当氧化开始时，β相中的 Cr 从合金到合金/氧化膜界面的扩散非常快，这是因为β相中 Cr 含量非常高。能够在相对短的时间内形成 Cr_2O_3，并且β相内氧的活度非常低。因此，它防止了非常小的亮色的富 Cu 的沉淀物形成其氧化物。最后，由于快速形成 Cr_2O_3，亮色的沉积物被带进氧化膜中。

Cu-20Ni-15Cr-2.5Al 合金形成了连续的 Cr_2O_3 外氧化膜，但其中一部分直接与合金接触，另一部分沿β相伸向合金内部。相反，Cu-20Ni-20Cr-2.5Al 合金则形成了连续的 Cr_2O_3 外氧化膜。事实上，添加 Al 到 Cu-Ni-Cr 合金后，Cr 从合金到合金/氧化膜界面的扩散变得更快，但 Cu-20Ni-20Cr-2.5Al 合金中 Cr 向外扩散的速率要比 Cu-20Ni-15Cr-2.5Al 合金快，这主要是由于 Cu-20Ni-20Cr-2.5Al 合金中 Cr 的含量高于 Cu-20Ni-15Cr-2.5Al 合金。同时，Cu-20Ni-20Cr-2.5Al 合金α相或β相中 Cr 或 Al 的含量比 Cu-20Ni-15Cr-2.5Al 合金高。

目前，还不能采用一般的处理方法预测三元或多元合金的氧化行为，这主要是因为它们的氧化行为在多种可能的情况下更复杂，许多参数还无法获知。事实上，组分和相数可能会对二元、三元或多元合金的氧化行为产生很大影响，用 Gibbs 相律可以进行一些定性分析。如果选择合金作为体系，则在恒定温度和压力下，二元合金中可以共存的最大相数为 2。二元单相合金系有一个自由度，体系变为单变，而二元双相合金系没有自由度，体系变为不变。因此，与二元单相合金相比，二元双相合金形成连续的 Cr_2O_3 外氧化膜比较困难，这在许多理论和实验研究中已被证明[32-34]。类似地，在恒定温度和压力下，三元合金中可以共存的最大相数为 3。例如，前面研究的三元单相 Cu-60Ni-20Cr 合金变为双变，因此很容易形成连续的 Cr_2O_3 外氧化膜。前面研究的三元双相 Cu-40Ni-20C 合金变为单变，因此难以形成连续的 Cr_2O_3 外氧化膜，但能在混合内氧化区底部形成薄且不规则、连续的 Cr_2O_3 氧化膜。前面研究的三元三相 Cu-20Ni-20Cr 合金没有自由度，体系变为不变，每相都有固定的组成，金属基体内的扩散被大大抑制。因此，在合金表面和氧化膜底部不能形成连续的 Cr_2O_3 氧化膜，除非合金基体中由于氧化消耗至少有一相消失。此外，在恒定温度和压力下，四元合金系中可以共存的最大相数为 4。例如，前面研究的四元三相 Cu-20Ni-20Ni-5Fe 合金变为单变，并且三相的组成可能在有限范围内变化。因此，通过扩散传输是可能的，不需要消耗一相。四元三相 Cu-20Ni-20Cr-5Fe 合金能够在混合内氧化区底部形成非常不规则、薄且连续的 Cr₂O₃ 氧化膜，氧化速率逐渐降低[20]。然而，将 2.5%的 Al 添加到三相 Cu-Ni-Cr 合金中后，γ相分解转变成α相和β相的混合物。两相 Cu-Ni-Cr-2.5Al 合金系变为双变量，两金属相可在有限组成范围内共存。因此，由于在垂直于合金表面方向上具有浓度梯度，活泼组元 Cr 从合金扩散到合金/氧化膜界面变得更快。活泼组元 Cr 的供应足以保持整个合金表面 Cr₂O₃ 氧化膜的生长，因此合金能够形成连续的 Cr₂O₃ 外氧化膜。这也表明，通过向 Cu-Ni-Cr 合金中添加第四成分 Al，形成的 Cu-20Ni-20Cr-2.5Al 和 Cu-20Ni-15Cr-2.5Al 合金在相同条件下比三元三相 Cu-20Ni-20Cr 合金更容易形成 Cr₂O₃ 外氧化膜。

7.5.3　结论

(1) Cu-20Ni-20Cr-2.5Al 和 Cu-20Ni-15Cr-2.5Al 合金均由两相组成，亮色富 Cu 的α相形成合金基体，而β相以更大孤立颗粒的形式存在。Cu-20Ni-20Cr-2.5Al 和 Cu-20Ni-15Cr-2.5Al 合金的氧化动力学行为较复杂，通常不是由单一抛物线或直线组成，而是由几段组成，其中在 800℃时的氧化速率明显高于 700℃。目前研究的两种合金的氧化速率明显低于前面研究的三相 Cu-20Ni-20Cr 合金。

(2) Cu-20Ni-20Cr-2.5Al 合金形成了含有少量亮色α相的沉积物，特别是在 800℃时生成连续的 Cr₂O₃ 外氧化膜。不连续的外层含有一些 Cu 和 Ni 的氧化物。同时，Cr₂O₃ 氧化膜底部选择区域内含有少量的 Al₂O₃ 颗粒，在 Cr₂O₃ 氧化膜下有非常薄的贫 Cr 层形成。

(3) Cu-20Ni-15Cr-2.5Al 合金表面氧化膜的外层主要由不连续的亮色 CuO 组成，紧接着形成了连续有保护性的非常薄的 Cr₂O₃ 氧化膜，其中大部分与合金直接接触，极少部分沿β相伸向合金内部，同时 Cr₂O₃ 氧化膜下面有非常薄的贫 Cr 层。

7.6　Cu-20Ni-20Cr-2Si 合金的高温腐蚀性能

7.6.1　实验方法

合金由纯度为 99.99%的金属 Cu、Ni、Cr 和 Si 按照设计成分 Cu-20Ni-20Cr-2Si 配比混合，在氩气保护下，经非自耗电弧炉反复熔炼而成。随后合金锭在 800℃真空条件下退火 24h 消除其残余应力。

Cu-20Ni-20Cr-2Si 合金的显微组织如图 7.21 所示。依据 SEM/EDX 分析，Cu-20Ni-20Cr-2Si 合金的实际平均成分为 Cu-20.01Ni-19.22Cr-2.38Si，合金由三相组成，其中亮色相是富 Cu 的α相，其平均成分为 Cu-14.48Ni-3.38Cr-3.52Si，暗色相是中等 Cr 含量的β相，其平均成分为 Cu-17.81Ni-69.08Cr-8.39Si，而黑色相是

富 Cr 贫 Cu 的γ相，其平均成分为 Cu-12.62Ni-79.74Cr-4.44Si。合金基体由α相组成，β相以孤立的岛状物形式存在，γ相有些以孤立的颗粒形式存在，有些则聚集以枝状的形式存在。

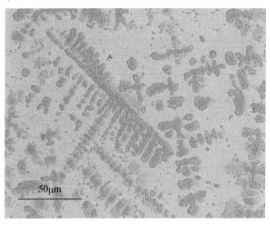

图 7.21　Cu-20Ni-20Cr-2Si 合金的显微组织

将合金锭线切割成厚度为 1mm、面积约为 2cm² 的试片，用砂纸将其打磨至 1000#，分别经水、乙醇及丙酮清洗并干燥后，用 Cahn Versa Therm HM 型热天平测量其在 700～800℃、0.1MPa 纯氧气中连续氧化 24h 的质量变化，用 SEM/EDX 观察、分析氧化样品。

7.6.2　高温腐蚀性能

Cu-20Ni-20Cr-2Si 合金在 700～800℃、0.1MPa 纯氧气中氧化 24h 的动力学曲线如图 7.22 所示。在两种温度下，合金的氧化动力学曲线极不规则，偏离抛物线规律，由三段抛物线段组成。开始时它们的氧化速率很快，而后直到 24h 氧化速率降低很多。在 700℃时，3h 之前抛物线速率常数 k_p=2.15×10⁻³g²/(m⁴·s)，3～7h 抛物线速率常数 k_p=2.70×10⁻⁴g²/(m⁴·s)，7～19h 抛物线速率常数 k_p=3.47×10⁻⁶g²/(m⁴·s)，而后直到 24h 它们的氧化速率降低。在 800℃时，1.5h 之前抛物线速率常数 k_p=5.06×10⁻³g²/(m⁴·s)，1.5～5h 抛物线速率常数 k_p=1.31×10⁻⁴g²/(m⁴·s)，5～24h 抛物线速率常数 k_p=1.43×10⁻⁵g²/(m⁴·s)。在两种温度下，合金的氧化速率随时间降低要比按抛物线规律降低得快，这表明随着反应时间的延长，形成的氧化膜更具有保护性，合金表面可能形成了连续致密的 Cr_2O_3 膜。图 7.23 对比了目前研究的三相 Cu-20Ni-20Cr-2Si 合金与前面研究的合金表面和内部均未能形成连续的 Cr_2O_3 氧化膜的三相 Cu-20Ni-20Cr 合金在 700～800℃、0.1MPa 纯氧气中氧化 24h 的动力学曲线。显然，在两种温度下，Cu-20Ni-20Cr-2Si 合金的氧化增重明显低于 Cu-20Ni-20Cr 合金。

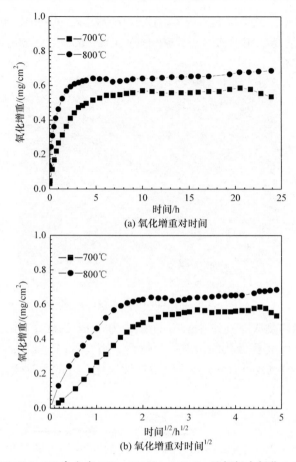

(a) 氧化增重对时间

(b) 氧化增重对时间$^{1/2}$

图 7.22　Cu-20Ni-20Cr-2Si 合金在 700~800℃、0.1MPa 纯氧气中氧化 24h 的动力学曲线

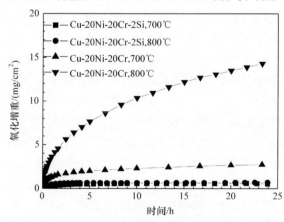

图 7.23　Cu-20Ni-20Cr-2Si 和 Cu-20Ni-20Cr 合金在 700~800℃、0.1MPa 纯氧气中氧化 24h 的动力学曲线比较

　　图 7.24 是 Cu-20Ni-20Cr-2Si 合金在 700～800℃、0.1MPa 纯氧中氧化 24h 的断面形貌。由图可见，Cu-20Ni-20Cr-2Si 合金与前面研究的 Cu-20Ni-20Cr 合金表面形成的氧化膜结构不同，前面研究的三相 Cu-20Ni-20Cr 合金表面或内部均没有形成连续的 Cr_2O_3 氧化膜，相反合金表面形成连续的 CuO 外氧化层，中间层是含有所有组元的混合氧化层，内部形成了合金与岛状氧化物相共存的混合内氧化区，氧化物的体积分数和内氧化深度随合金表面不同区域变化很大，这种混合区极不规则。而目前研究的三相 Cu-20Ni-20Cr-2Si 合金表面最外层是由 Cu 和 Ni 氧化物组成的氧化膜，而内层形成了黑色、连续、不规则的 Cr_2O_3 氧化膜，其中部分与合金直接接触，部分沿β相伸向合金内部。这种合金与氧化物相共存的混合内氧化，事实上可认为α、β和γ相同时参与了氧化，α相表面形成了非常薄的 Cr_2O_3 膜，而富 Ni 和 Cr 的β相岛状物被薄的 Cr_2O_3 氧化层包围，随着时间的延长，Cr_2O_3

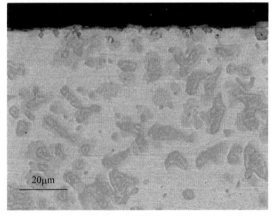

(a) 700℃

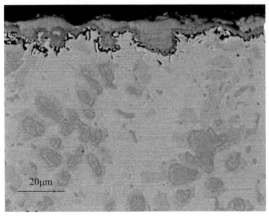

(b) 800℃

图 7.24　Cu-20Ni-20Cr-2Si 合金在 700～800℃、0.1MPa 纯氧气中氧化 24h 的断面形貌

逐渐扩展，最后形成了连续的 Cr_2O_3 氧化膜，它阻止了合金的进一步氧化。这种合金与氧化物相共存的混合内氧化与经典的形成规则的内氧化明显不同。800℃时，合金/氧化膜界面极不规则，在一些地方氧化物伸进合金较深处，而在另外一些地方合金伸进氧化膜中，合金形成了黑色连续的 Cr_2O_3 氧化膜。同时，在 Cr_2O_3 氧化膜下形成了薄的贫 Cr 层。

Cu-20Ni-20Cr-2Si 合金的高温氧化行为与前面研究的 Cu-20Ni-20Cr 合金的氧化行为明显不同。前面研究的三相 Cu-20Ni-20Cr 合金表面和内部均没有形成连续的 Cr_2O_3 膜，三组元 Cu、Ni 和 Cr 均发生了氧化。尽管合金的瞬时抛物线速率常数随时间增加不断地降低，但其氧化速率仍很高。因此，在合金表面和内部形成的氧化膜不具有保护性。而目前研究的 Cu-20Ni-20Cr-2Si 合金则形成了连续的 Cr_2O_3 氧化膜，它阻止了氧向合金内部或金属向外的扩散，起到了保护合金的作用。可见，向三相 Cu-20Ni-20Cr 合金中添加 2% Si 形成 Cu-20Ni-20Cr-2Si 合金后，降低了合金表面形成连续 Cr_2O_3 氧化膜所需活泼组元 Cr 的临界浓度，促使合金表面在较低 Cr 含量的情况下能形成连续的 Cr_2O_3 氧化膜。

有关 Si 的添加有益于形成连续的 Cr_2O_3 膜的研究在相关文献中已有报道[46-51]，例如，Kumar 等[46]研究发现，没有添加 Si 的奥氏体 Fe-14Cr-14Ni 合金在 900～1000℃、空气中氧化形成了富 Fe、Ni 的氧化物以及内部的尖晶石氧化物。然而，向奥氏体 Fe-14Cr-14Ni 合金中添加 4%Si 之后，则形成了连续的 Cr_2O_3 氧化膜。Li 等[47]研究发现，Ni 基合金中添加 2.7%的 Si 以后在合金/氧化膜界面处，能够形成连续的硅氧层以提高合金的抗氧化性能，进而导致氧化速率的下降。事实上，Si 的添加能够增加活泼组元 Cr 的扩散速率，因此有助于在氧化过程中 Cr_2O_3 氧化膜的形成。Wu 等[51]在研究 Ni-15Al 合金在 1000℃、0.1MPa 纯氧气中的氧化行为时发现合金表面形成了双层的氧化膜结构，外层是连续的 NiO 层，而内层是富 Al 的氧化层，合金的氧化速率很快。相反，当向 Ni-15Al 合金中添加 4%Si(原子分数)形成 Ni-15Al-4Si 合金后，合金表面形成了连续的外 Al_2O_3 层，Al_2O_3 层仅含有痕量的 NiO 和 Ni-Al 尖晶石。因此，4%Si 的添加阻止了富 Ni 氧化膜的形成，明显降低了初始阶段合金的氧化速率，有利于连续、具有保护性的 Al_2O_3 氧化膜的形成。

目前有关添加 Si 对 Cu-Ni-Cr 合金高温氧化行为的影响报道较少。实际上，Cu-Ni-Cr-Si 合金中可能形成的五种氧化物的热力学稳定性以 CuO、Cu_2O、NiO、Cr_2O_3 和 SiO_2 增加。SiO_2 最稳定，而 CuO 最不稳定。因此，Si 是最活泼组元，Cu 是最惰性组元。动力学上，SiO_2 最慢的生长速率使其在氧化初期不能有效生长，而 CuO 的快速生长使合金表面首先形成的是 CuO 氧化膜。随着氧化膜的形成，在合金与氧化膜界面处的氧分压逐渐降低，形成了 NiO 和 Cr_2O_3，随着氧化时间的增加，最后形成了连续的 Cr_2O_3 氧化膜，它阻止了合金的进一步氧化。另外，

Si 的存在减少了阳离子的运输数量，从而降低了氧化膜的增长速率。而且，对于三相 Cu-20Ni-20Cr 合金，Si 的添加能够加速 Cr 由合金内部向合金表面的扩散，增加 Cr 的有效扩散系数，同时能提供大量的 Cr，以补偿形成 Cr_2O_3 氧化膜所消耗的 Cr。

另一个影响合金表面形成 Cr_2O_3 氧化膜的重要因素是合金中组元间的固溶度。事实上，合金中活泼组元在惰性组元中的互溶度越大，活泼组元通过溶解由合金内部向合金表面扩散的速率就越快，合金表面形成 Cr_2O_3 氧化膜所需活泼组元 Cr 的临界浓度就越低，合金表面也就越容易形成连续的 Cr_2O_3 氧化膜。例如，二元单相 Ni-Cr 合金由于 Cr 和 Ni 在很大成分范围内能无限互溶，所以合金中 Cr 的含量仅为 15%~25%时就能使合金表面形成连续的 Cr_2O_3 氧化膜。然而，二元双相 Cu-Cr 合金由于 Cr 在 Cu 中非常有限的固溶度(在 800℃仅为 0.16%)，所以合金中 Cr 的含量高达 75%，合金表面仍未能形成连续的 Cr_2O_3 氧化膜。三元三相 Cu-Ni-Cr 合金由于第三组元 Ni 的加入，增加了组元间的固溶度，因此 40%Cr(原子分数)可使合金表面形成连续的 Cr_2O_3 氧化膜。对于目前研究的 Cu-20Ni-20Cr-2Si 合金，2%Si 的添加增加了 Cr 在 Cu 中的固溶度，加速了 Cr 由合金向合金/氧化膜界面扩散，降低了合金表面形成连续的 Cr_2O_3 氧化膜所需 Cr 的临界浓度，促使合金表面在较低的 Cr 含量下能形成连续的 Cr_2O_3 氧化膜。

最后，合金表面的氧化膜结构也可以通过 Gibbs 相律进行预测，例如，选择 Cu-Ni-Cr 合金作为一个合金系，在等温和等压条件下，三元合金能够共存的最大相数是 3，这样三元三相合金体系就没有自由度，每个相都有固定的组成，扩散缺乏驱动力，这样在三元三相合金中组元间的扩散就非常困难。又如，三元三相 Cu-20Ni-20Cr 合金不能在合金表面和合金内部形成具有保护性的 Cr_2O_3 氧化膜，要使三元三相合金的活泼组元 Cr 的扩散发生，至少要使一个相消失。然而，四元 Cu-Ni-Cr-Si 合金中能够共存的最大相数为 4，在等温和等压条件下，四元三相合金尚存一个自由度，因此三相的平衡就被打破，系统变成单变的，在有限的成分范围内三相的组成可能发生改变。因此，不需要消失一个相，扩散就可能发生。活泼组元 Cr 从合金向合金/氧化膜界面的扩散变得更加快速，活泼组元 Cr 的供应足以保持 Cr_2O_3 氧化膜的生长，因此 Cu-20Ni-20Cr-2Si 合金能够形成连续的 Cr_2O_3 氧化膜。

7.6.3　结论

(1) Cu-20Ni-20Cr-2Si 合金由三相组成，合金基体由α相组成，β相以孤立的岛状物形式存在，而γ相有些以孤立的颗粒形式存在，有些聚集以枝状的形式存在。

(2) 合金的氧化动力学曲线非常不规则，偏离抛物线规律，且由三段抛物线段组成；目前研究的 Cu-20Ni-20Cr-2Si 合金的氧化增重明显低于前面研究的

Cu-20Ni-20Cr 合金。

　　(3) Cu-20Ni-20Cr-2Si 合金表面最外层是由 Cu 和 Ni 氧化物组成的氧化膜，而内层形成了黑色、连续、不规则的 Cr₂O₃ 氧化膜，其中一部分与合金直接接触，另一部分沿β相伸向合金内部。向 Cu-20Ni-20Cr 合金中加入第四组元 Si 后，加速了活泼组元 Cr 由合金内部向合金/氧化膜界面扩散的速率，降低了合金表面形成选择性外氧化膜所需的临界浓度，促使合金在较低 Cr 含量下能形成连续的 Cr₂O₃ 氧化膜。

参 考 文 献

[1] Niu Y, Gesmundo F. An approximate analysis of the external oxidation of ternary alloys forming insoluble oxides. I: High oxidant pressures[J]. Oxidation of Metals, 2001, 56(5-6): 517-536.

[2] Gesmundo F, Niu Y. The internal oxidation of ternary alloys. Ⅰ: The single oxidation of the most-reactive component under low oxidant pressures[J]. Oxidation of Metals, 2003, 60(5-6): 347-370.

[3] Niu Y, Gesmundo F. The internal oxidation of ternary alloys. II: The coupled internal oxidation of the two most-reactive components under high oxidant pressures [J]. Oxidation of Metals, 2004, 62: 341-355.

[4] Niu Y, Gesmundo F. The internal oxidation of ternary alloys. VII: The transition from the internal to external oxidation of the two most-reactive components under high oxidant pressures[J]. Oxidation of Metals, 2006, 65(5-6): 329-355.

[5] Niu Y, Wang S Y, Gesmundo F. High-temperature scaling of Cu-Al and Cu-Cr-Al alloys: An example of a non-classical third-element effect[J]. Oxidation of Metals, 2006, 65(5-6): 285-306.

[6] Wagner C. Types of reaction in the oxidation of alloys[J]. Zeitschrift fur Elektrochemstry, 1959, 63(7): 772-789.

[7] Wagner C. Theoretical analysis of the diffusion process determining the oxidation rate of alloys[J]. Journal of the Electrochemical Society, 1952, 99(10): 369-380.

[8] Wang G, Gleeson B, Douglass D L. An extension of Wagner's analysis of competing scale formation[J]. Oxidation of Metals, 1991, 35(3-4): 317-332.

[9] Wahl G. Coating composition and the formation of protective oxide layers at high temperatures[J]. Thin Solid Films, 1983, 107(10): 417-426.

[10] 向军淮, 牛焱, 赵泽良. Cu-60Ni-10Al 和 Cu-60Ni-15Al 三元合金在 800℃的高温氧化行为[J]. 稀有金属材料与工程, 2005, 34(8): 1275-1278.

[11] Cao Z Q, Niu Y, Gesmundo F. The oxidation of two ternary Cu-Ni-Cr alloys at 700-800℃ under high oxygen pressures[J]. Oxidation of Metals, 2001, 56(5-6): 287-297.

[12] Cao Z Q, Niu Y, Farne G. Oxidation of the three-phase alloy Cu-20Ni-20Cr at 973-1073K in 101kPa O₂[J]. High Temperature Materials and Processes, 2001, 20(5-6): 377-384.

[13] Zhang X J, Niu Y, Gesmundo F. Oxidation of the three-phase Cu-20Ni-30Cr and Cu-20Ni-40Cr alloys at 700-800℃ in 1 atm O₂[J]. Corrosion Science, 2004, 46(11): 2837-2851.

[14] Cao Z Q, Gesmundo F, Al-Omary M, et al. Oxidation of a three-phase Cu-45Ni-30Cr alloy at

700-800℃ under 1 atm O₂[J]. Oxidation of Metals, 2002, 57(5-6): 395-407.

[15] Niu Y, Xiang J H, Gesmundo F. The oxidation of two ternary Ni-Cu-5at.%Al alloys in 1atm of pure O₂ at 800-900℃[J]. Oxidation of Metals, 2003, 60(3-4): 293-313.

[16] Cao Z Q, Li F C, Shen Y. Effect of Ni addition on high temperature oxidation of Cu-50Co alloy[J]. High Temperature Materials and Processes, 2007, 26(5-6): 391-396.

[17] Cao Z Q, Shen Y, Liu W H, et al. Oxidation of two three-phase Cu-30Ni-Cr alloys at 700-800℃ in 1atm of pure oxygen[J]. Materials Science and Engineering A, 2006, 425(1-2): 138-144.

[18] Cao Z Q, Niu Y. Oxidation of two ternary Cu-Ni-20Cr alloys at 973-1073K in $1.01×10^{-17}$kPa O₂[J]. High Temperature Materials and Processes, 2006, 25(4): 239-246.

[19] Cao Z Q, Sun Y, Sun H J, et al. Effect of grain size on high-temperature oxidation behavior of Fe-40Ni-15Cr alloys[J]. High Temperature Materials and Processes, 2012, 31(1): 83-87.

[20] Cao Z Q, Shen Y, Wang C J，et al. Oxidation of a quaternary three-phase Cu-20Ni-20Cr-5Fe alloy at 700-900℃ in 1 atm of pure O₂[J]. Corrosion Science, 2007, 49(6): 2450-2460.

[21] Cao Z Q, Yu L, Li Y, et al. Effect of Si addition on high temperature oxidation of Cu-20Ni-20Cr alloy[J]. High Temperature Materials and Processes, 2010, 29(4): 295-303.

[22] Cao Z Q, Shen Y, Li F C, et al. Oxidation of a quaternary two-phase Cu-40Ni-17.5Cr-2.5Al alloy at 973-1073K in 101kPa O₂[J]. Journal of Alloys and Compounds, 2009, 480(2): 449-453.

[23] 曹中秋, 李凤春, 于龙. 四元三相 Cu-20Ni-20Cr-5Co 合金在 700-900℃、0.1MPa 纯 O₂ 中氧化行为研究[J]. 中国有色金属学报, 2011, 21(9): 2190-2194.

[24] Gesmundo F, Viani F, Niu Y. The transition from the formation of mixed scales to the selective oxidation of the most-reactive component in the corrosion of single and two-phase binary alloys[J]. Oxidation of Metals, 1993, 40(3-4): 373-393.

[25] Gesmundo F, Niu Y, Viani F. The possible scaling modes in the high-temperature oxidation of two-phase binary alloys. Part Ⅰ: high oxidant pressures[J]. Oxidation of Metals, 1994, 42(5-6): 409-429.

[26] Gesmundo F, Niu Y, Viani F. An improved treatment of the conditions for the exclusive oxidation of the most-reactive component in the corrosion of two-phase alloys[J]. Oxidation of Metals, 1994, 42(5-6): 465-483.

[27] Gesmundo F, Niu Y, Viani F. Possile scaling modes in high temperature oxidation of two-phase binary alloy. Part Ⅱ: Low oxidant pressure[J]. Oxidation of Metals, 1995, 43(3-4): 379-394.

[28] Gesmundo F, Gleeson B. Oxidation of multicomponent two-phase alloys[J]. Oxidation of Metals, 1995, 44(1-2): 211-237.

[29] Gesmundo F, Viani F, Niu Y. The internal oxidation of two phase binary alloys under low oxidant pressures[J]. Oxidation of Metals, 1996, 45(1-2): 51-76.

[30] Smeltzer W W, Whittle D P. The criterion for the onset of internal oxidation beneath the external scales[J]. Journal of the Electrochemical Society, 1978, 125(7): 1116-1126.

[31] Gesmundo F, Viani F, Niu Y. The internal oxidation of two-phase binary alloys beneath an external scale of the less-stable oxide[J]. Oxidation of Metals, 1997, 47(3-4): 355-380.

[32] Niu Y, Gesmundo F, Wu W T. The air oxidation of two-phase Cu-Ag alloys at 650-750℃[J]. Oxidation of Metals, 1997, 47(1-2): 21-52.

[33] Niu Y, Gesmundo F, Douglass D L. The air oxidation of two-phase Cu-Cr alloys at 700-900℃[J].

Oxidation of Metals, 1997, 48(5-6): 357-380.

[34] Gesmundo F, Niu Y, Oquab D. The air oxidation of two-phase Fe-Cu alloys at 600-800℃[J]. Oxidation of Metals, 1998, 49(1-2): 115-146.

[35] Gesmundo F, Niu Y, Viani F. The effect of supersaturation on the internal oxidation of binary alloys[J]. Oxidation of Metals, 1998, 49(3-4): 237-260.

[36] Niu Y, Li Y S, Gesmundo F. High temperature scaling of two-phase Fe-Cu alloys under low oxygen pressure[J]. Corrosion Science, 2000, 42(1): 165-181.

[37] Gesmundo F, Niu Y. The criteria for the transitions between the various oxidation modes of binary solid-solution alloys forming immiscible oxides at high oxidant pressures[J]. Oxidation of Metals, 1998, 50(1-2): 1-26.

[38] Stott F H, Wood G C, Stringer J. The influence of alloying elements on the development and maintenance of protective scales[J]. Oxidation of Metals, 1995, 44(1-2): 113-145.

[39] Bastow B D, Wood G C, Whittle D P. Morphologies of uniform adherent scales on binary alloys[J]. Oxidation of Metals, 1981, 16(1-2): 1-28.

[40] 付广艳. 二元双相 Fe-Ce、Co-Ce 和 Cu-Cr 合金的高温氧化硫化[D]. 沈阳: 金属研究所, 1997.

[41] Birk N, Richert H. The oxidation mechanism of some nickel-chromium alloys[J]. Journal of the Japan Institute of Metals, 1963, 91(9): 308-313.

[42] Giggins C S, Pettit F S. Oxidation of Ni-Cr alloys between 800℃ and 1200℃[J]. Metallurgical Transactions, 1969, 245: 2495-2507.

[43] Giggins C S, Pettit F S. The effect of alloy grain-size and surface deformation on the selective oxidation of chromium in Ni-Cr alloys at temperatures of 900℃ and 1100℃[J]. Metallurgical Transaction, 1969, 245: 2509-2525.

[44] Xiang J H, Niu Y, Wu W T, et al. Oxidation of two ternary Fe-Cu-5Al alloys in 1×10^5 Pa pure oxygen[J]. Transactions of Nonferrous Metals Society of China, 2006, 16(52): 829-833.

[45] Xiang J H, Niu Y, Duan X Z. Oxidation behavior of ternary Fe-15Cu-5Al and Fe-85Gu-5Al alloys in pure oxygen at 900℃[J].　Transactions of Nonferrous Metals Society of China, 2006, 16(53): 170-175.

[46] Kumar A, Douglass D L. Modification of the oxidation behavior of high-purity austenitic Fe-14Cr-14Ni by the addition of silicon[J]. Oxidation of Metals, 1976, 10(1): 1-22.

[47] Li B, Gleeson B. Effects of silicon on the oxidation behavior of Ni-base chromia-forming alloys[J]. Oxidation Metals, 2006, 65(1-2): 101-122.

[48] Wu Y, Niu Y, Wu W T. The effect of silicon on oxidation of Ni-15Al alloy[J]. Transactions of Nonferrous Metals Society of China, 2005, 15(2): 296-299.

[49] Li B, Gleeson B. Effects of minor elements on the cyclic-oxidation behavior of commercial Fe-base 800-series alloys[J]. Oxidation of Metals, 2004, 62(1-2): 45-69.

[50] Basu S N, Yurek G J. Effect of alloy grain size and silicon content on the oxidation of austenitic Fe-Cr-Ni-Mn-Si alloys in pure O_2[J]. Oxidation of Metals, 1991, 36(3-4): 281-315.

[51] Wu Y, Niu Y. High temperature scaling of Ni-xSi-10at.% Al alloys in 1atm of pure O_2[J]. Corrosion Science, 2007, 49(3): 1656-1672.

第 8 章　Cu-20Co-30Cr 合金的高温腐蚀性能

8.1　引　　言

前面研究了 Cu-Ni-Cr 合金的高温氧化行为，在三元 Cu-Ni-Cr 合金中，相应的二元 Cu-Ni 系和 Ni-Cr 系两组元能完全互溶，仅 Cu-Cr 系中两组元不能互溶[1]。三元 Cu-Co-Cr 合金系比 Cu-Ni-Cr 合金系复杂，在 Cu-Co-Cr 合金中，只有相应的二元 Co-Cr 系中两组元在整个成分范围内形成无限固溶体，而 Cu-Cr 系和 Cu-Co 系中两组元不互溶，不形成任何中间相[1]。同时，在 Cu-Co-Cr 合金中，Cu、Co 和 Cr 氧化物的热力学稳定性及其生长速率相差较大[2]。目前，尚未发现 Cu-Co-Cr 三元合金系相图。基于二元相图，可以预见三元 Cu-Co-Cr 合金系可能由双相组成，其中一相是含有少量 Co 和 Cr 的富 Cu 相，另一相则是含有少量 Cu 的富 Cr 相。事实上，即使用传统电弧熔炼方法经反复熔炼也不能制备显微组织均匀的 Cu-Co-Cr 合金，得到的是两个独立完全不同的部分，即富 Cr 相周围完全被富 Cu 相包围。因此，本章介绍利用粉末冶金(powders metallurgy，PM)和机械合金化技术通过热压分别制备常规尺寸 PM Cu-20Co-30Cr 和纳米晶 MA Cu-20Co-30Cr 合金的高温氧化行为以及晶粒细化对其合金氧化行为的影响[3]。

8.2　实 验 方 法

PM Cu-20Co-30Cr 合金的制备包括球磨和热压两个过程。将粒径小于 100μm 的纯铜、纯钴和铬粉(≥99.99%)按比例混合后在行星式球磨机上球磨，球料质量比为 10∶1。为防止球磨过程中样品被氧化，将球罐抽真空后再充入氩气保护。球磨转速为 300r/min，共球磨 1h。将粉末放入ϕ20mm 的石墨模具，将模具置于 0.06Pa 的真空炉中，并在 800℃、70MPa 压力下保持 10min，然后随炉冷却。PM Cu-20Co-30Cr 合金的显微组织如图 8.1(a) 所示，合金的设计成分为 PM Cu-20Co-30Cr，而依据 SEM/EDX 分析，实际平均成分为 PM Cu-19.71Co-33.09Cr。合金由三相组成，富 Cu 的亮色α相的平均成分为 Cu-15.00Co-2.53Cr，富 Co 的灰色β相的平均成分为 Cu-66.60Co-33.40Cr，而富 Cr 的黑色γ相是纯 Cr 的颗粒。合金基体为富 Cu 的α相，富 Co 的β相则以网状形式分散在α相中，富 Cr 的黑色γ相以孤立的岛状弥散分布在合金基体中。

MA Cu-20Co-30Cr 合金的制备也包括球磨和热压过程。将粒径小于 100μm 的纯铜、纯钴和铬粉(≥99.99%)按比例混合后在南京大学生产的 QR-1SP 行星式球磨机上球磨，球罐与磨球材质均为 1Cr18Ni9Ti 不锈钢，球料质量比为 10∶1。为防止球磨过程中样品被氧化，将球罐抽真空后再充入氩气保护。每球磨 1h，停机 15min 避免过热，共球磨 60h，球磨转速为 300r/min。将粉末放入ϕ20mm 的石墨模具中，将模具置于 0.06Pa 的真空炉中，并在 800℃、70MPa 压力下保持 10min，然后随炉冷却。Scherrer 公式计算表明，MA Cu-20Co-30Cr 合金球磨 60h 后的晶粒尺寸约为 12nm，热压后的晶粒尺寸约为 23nm。MA Cu-20Co-30Cr 合金的显微组织如图 8.1(b)所示，合金的设计成分为 MA Cu-20Co-30Cr，而依据 SEM/EDX 分析实际合金的成分为 MA Cu-19.00Co-33.29Cr。合金由三相组成，富 Cu 的亮色α相的平均成分为 Cu-3.04Co-2.27Cr，富 Cr 的灰色β相的平均成分为 Cu-39.30Co-58.26Cr，黑色γ相是纯 Cr 的颗粒。合金基体为富 Cu 的α相，富 Co 的β相则以网状形式分散在α相中，富 Cr 的黑色γ相以孤立的岛状弥散分布在合金基体中。

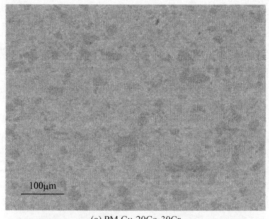

(a) PM Cu-20Co-30Cr

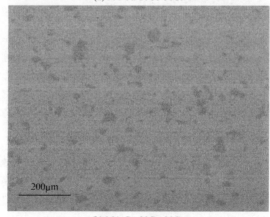

(b) MA Cu-20Co-30Cr

图 8.1　PM Cu-20Co-30Cr 和 MA Cu-20Co-30Cr 合金的显微组织

从合金锭切取面积约为 2.5cm² 的试片，用砂纸将其打磨至 3000#，经水、无水乙醇及丙酮清洗并干燥后备用。用热天平连续测量合金在 700～900℃纯氧气中的质量变化，用 SEM/EDX 和 XRD 观察、分析氧化样品。

8.3　高温腐蚀性能

PM Cu-20Co-30Cr 合金在 700～900℃、0.1MPa 纯氧气中氧化 24h 的动力学曲线如图 8.2 所示。由图可见，在 700℃和 800℃，合金的氧化动力学曲线遵循近似的抛物线规律，在 700℃时的抛物线速率常数 k_p=2.15×10⁻²g²/(m⁴·s)，而 800℃时的抛物线速率常数 k_p=2.08×10⁻¹g²/(m⁴·s)。在 900℃时，合金的氧化动力学曲线偏离抛物线规律，其瞬时抛物线速率常数随时间增加而降低。氧化动力学曲线大体上由三段抛物线段组成，6.5h 之前抛物线速率常数 k_p=5.91×10⁻¹g²/(m⁴·s)，6.5～15h 抛物线速率常数 k_p=2.76×10⁻¹g²/(m⁴·s)，15～24h 抛物线速率常数 k_p=1.24×10⁻¹g²/(m⁴·s)。

MA Cu-20Co-30Cr 合金在 700～900℃、0.1MPa 纯氧气中氧化 24h 的动力学曲线如图 8.3 所示。由图可知，MA Cu-20Co-30Cr 合金的氧化动力学曲线偏离抛物线规律，其瞬时抛物线速率常数随时间不规则变化。在 700℃，3.5h 之前抛物线速率常数 k_p=2.31×10⁻⁴g²/(m⁴·s)；在 800℃，2.5h 之前抛物线速率常数 k_p=6.64×10⁻³g²/(m⁴·s)；在 900℃，6h 之前抛物线速率常数 k_p=1.68×10⁻³g²/(m⁴·s)，而后氧化速率明显减小。在三种温度下，合金的氧化速率降低幅度比相应的按抛物线规律要大，其瞬时抛物线速率常数随时间增加而降低，这说明随着氧化时间的增加，氧化膜变得更具有保护性。

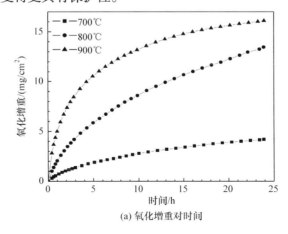

(a) 氧化增重对时间

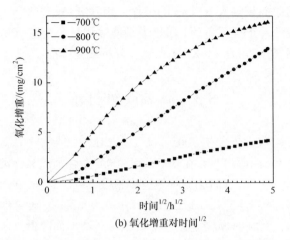

(b) 氧化增重对时间$^{1/2}$

图 8.2　PM Cu-20Co-30Cr 合金在 700～900℃、0.1MPa 纯氧气中氧化 24h 的动力学曲线

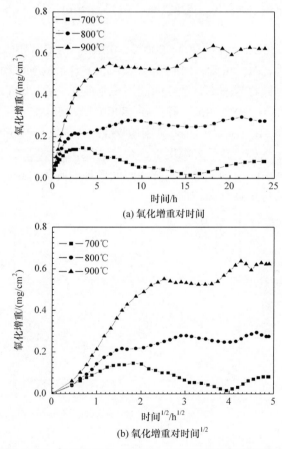

(a) 氧化增重对时间

(b) 氧化增重对时间$^{1/2}$

图 8.3　MA Cu-20Co-30Cr 合金在 700～900℃、0.1MPa 纯氧气中氧化 24h 的动力学曲线

图 8.4 对比了 MA Cu-20Co-30Cr 合金与 PM Cu-20Co-30Cr 合金在 700～900℃、0.1MPa 纯氧气中氧化 24h 的动力学曲线。显然，在三种温度下，MA Cu-20Co-30Cr 合金的氧化速率明显低于 PM Cu-20Co-30Cr 合金。

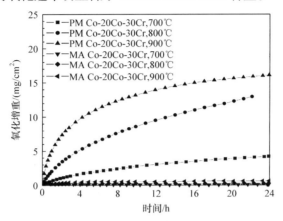

图 8.4　PM Cu-20Co-30Cr 和 MA Cu-20Co-30Cr 合金在 700～900℃、0.1MPa 纯氧气中
氧化 24h 的动力学曲线比较

PM Cu-20Co-30Cr 与 MA Cu-20Co-30Cr 合金在 700～900℃、0.1MPa 纯氧中氧化 24h 后的断面形貌如图 8.5～图 8.7 所示。最亮色的外层是一层镀镍层以防止氧化膜的剥落。PM Cu-20Co-30Cr 合金表面形成的氧化膜是多层结构，在 700～900℃时氧化膜是类似的，最外层是亮色含有少量 Co_3O_4 的 CuO 层，内层是由合金、Cu 和 Co 氧化物及其复合氧化物组成的混合氧化区，合金的氧化物沿 α 相伸向合金内部，β 相和 γ 相保持原始状态，与原始合金对比未发生变化，因此内氧化的前沿是非常不规则的。内氧化区暗色部分主要是由含有少量 Cr_2O_3 的 Cu_2O、

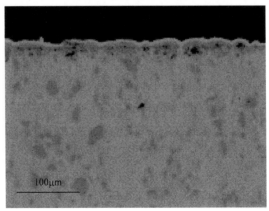

(a) PM Cu-20Co-30Cr

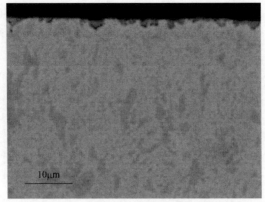

(b) MA Cu-20Co-30Cr

图 8.5　PM Cu-20Co-30Cr 和 MA Cu-20Co-30Cr 合金在 700℃、0.1MPa 纯氧气中
氧化 24h 后的断面形貌

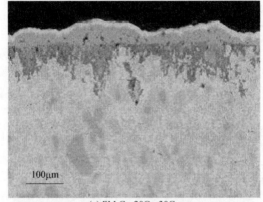

(a) PM Cu-20Co-30Cr

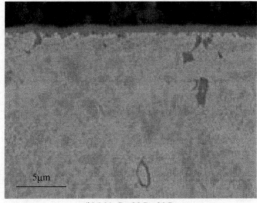

(b) MA Cu-20Co-30Cr

图 8.6　PM Cu-20Co-30Cr 和 MA Cu-20Co-30Cr 合金在 800℃、0.1MPa 纯氧气中
氧化 24h 后的断面形貌

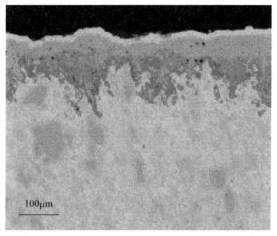

(a) PM Cu-20Co-30Cr

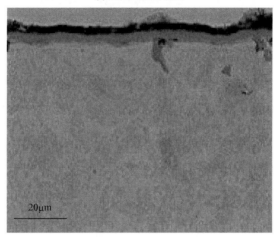

(b) MA Cu-20Co-30Cr

图 8.7 PM Cu-20Co-30Cr 和 MA Cu-20Co-30Cr 合金在 900℃、0.1MPa 纯氧气中
氧化 24h 后的断面形貌

CoO 和 Cu_2CoO_2 组成的, 在内氧化区底部黑色部分主要由 Cr_2O_3、CoO 和 Cu_2CrO_2 组成, 最终没有形成连续且具有保护性的 Cr_2O_3 膜。合金表面形成的氧化膜厚度随氧化温度的升高而增大。相反, MA Cu-20Co-30Cr 合金表面形成了致密且连续的 Cr_2O_3 外氧化膜, 在 700℃时, Cr_2O_3 外氧化膜非常不规则, 有些与合金直接接触, 有些则伸向合金内部, 而在 800℃和 900℃, Cr_2O_3 外氧化膜是非常平坦的。在三种温度下, 氧化膜下面都形成了亮色贫 Cr 带。

在讨论 Cu-20Co-30Cr 合金的氧化行为之前,先回顾一下前面研究的二元合金的氧化行为。Cu-Co 合金系由双相组成, 在 600～800℃空气中氧化形成的氧化膜外层由 Co 和 Cu 的氧化物组成，且最外部中 Cu 的含量明显增多；Cu-25Co 和 Cu-50Co 合金表面氧化膜内层是富 Cu 金属相和 Co 氧化物的混合区，发生了 Co 的内氧化；而 Cu-75Co 金表面氧化膜内层是在 CoO 母体上弥散分布有金属 Cu 颗粒。与典型的固溶体合金内氧化带不一样，此氧化带中氧化物颗粒尺度比固溶体合金内氧化带中的大得多，而且继承了原始合金中富 Co 相的空间分布。Cu-50Co 合金中活泼组元 Co 的含量高达 50%，合金仍发生内氧化，这是由于两相的存在和组元间有限的互溶度强烈制约着组元在合金中的扩散。因此，双相合金中，合金表面形成 Co 的选择性外氧化膜所需 Co 的含量比相应的单相固溶体合金大[4]。

对于 Cu-Cr 合金系，Cu-Cr 合金由两相几乎不相溶的 Cu 相和 Cr 相构成。因此，在氧化过程中，两相单独被氧化，形成不同的氧化物，且氧化速率不同。Cu-Cr 合金在 700~900℃ 空气中的氧化动力学曲线基本符合抛物线规律，随着温度的升高，其氧化速率加快。Cu-Cr 合金优先在 Cu/Cr 两相界面处氧化，Cu 较 Cr 氧化严重，其最外层氧化物为 CuO，内层为 Cu_2O 和 Cr_2O_3，其中生成的 Cr_2O_3 由 Cr 内氧化所致[5]。

对于目前研究的 PM Cu-20Co-30Cr 和 MA Cu-20Co-30Cr 合金，由于三组元氧化速率的差异及多种扩散过程的存在，情况变得更为复杂。事实上，预言合金表面氧化膜的结构通常是基于热力学的考虑。例如，在二元双相 Cu-Cr 合金中，可能形成的氧化物的平衡氧分压按 Cr_2O_3、$Cu_2Cr_2O_4$、$CuCr_2O_4$、Cu_2O 和 CuO 的顺序增加。因此，CuO 仅存在于最外层，此处氧的活度足够高。Cr 被限制在内层以 Cr_2O_3 或 $Cu_2Cr_2O_4$ 和 $CuCr_2O_4$ 形式存在。在二元双相 Cu-Co 合金中，可能形成的氧化物的平衡氧分压按 Cu_2O-CuO、CoO-Co_3O_4、α-Cu_2O-CoO、Cu-Cu_2O、α-β-CoO 和 Co-CoO 的顺序降低，而且 Cu_2O-CuO 和 CoO-Co_3O_4 的平衡氧分压是非常接近的，因此三个 Cu-Co 合金形成了 Cu 和 Co 氧化物组成的外氧化膜，Cu 主要富集在最外层，此处氧的活度足够高。在内氧化前沿氧分压条件下足以氧化 Co，但不能氧化 Cu，因此三个 Cu-Co 合金发生了由金属 Cu 和 CoO 组成的混合内氧化。

同样的分析可应用于目前研究的三元三相 Cu-Co-Cr 合金中。在常规尺寸 PM Cu-20Co-30Cr 合金中，可能形成的氧化物的平衡氧分压以 Cr_2O_3、CoO、Cu_2O、Co_3O_4 和 CuO 的顺序增加。当合金在 0.1MPa 纯氧气中氧化时，气氛中的氧分压远高于所有 Cu、Co 和 Cr 氧化物或其复合氧化物的平衡氧分压。在氧化开始后，各种 Cu、Co 和 Cr 氧化物或它们的复合氧化物形成，Cu 首先与氧反应在外部形成 Cu 的氧化物，此处氧的活度足够高。由于 Co_3O_4 和 CuO 的平衡氧分压非常接近，所以 Cu 氧化物中含有少量的 Co_3O_4 颗粒。紧接着，随着 Cu 氧化物的形成，合金/氧化膜界面向内移动，合金/氧化膜界面的氧分压降低，因此形成了 Cu_2O、CoO 和 Cr_2O_3 或其复合氧化物。合金沿 α 相氧化伸向混合内氧化区，内氧化前沿变得非常不规则，然而合金最终不能在内氧化区的底部形成连续的 Cr_2O_3 膜。如果合金要从内氧化转变为外氧化并形成连续的 Cr_2O_3 膜，根据 Wagner 理论，Cr 含量必须超过某一个临界值。到目前为止，还无法计算这个临界值，因为计算过程非常复杂，并且涉及大量参数还无法得到。事实上，由于常规尺寸 PM Cu-20Co-30Cr 合金在 700～900℃氧化时不能形成连续的 Cr_2O_3 膜，所以可以定性地认为 30%Cr 一定低于临界 Cr 含量。

虽然纳米晶 MA Cu-20Co-30Cr 合金和常规尺寸 PM Cu-20Co-30Cr 合金具有相同的组成，但它们的氧化行为十分不同。事实上，纳米晶 MA Cu-20Co-30Cr 合金形成了连续的 Cr_2O_3 外氧化膜。影响这种氧化行为的重要因素是晶粒细化导致合金组元扩散速率的增加。事实上，在二元 A-B 合金中，A 为惰性组元，B 为活泼组元，根据 Wagner 理论，合金中只有 B 含量超过某一临界值时，合金才能形成活泼组元 B 的连续氧化膜。这个临界 B 含量与活泼组元 B 的扩散有关。如果活泼组元 B 能快速从合金扩散到合金/氧化膜界面，那么临界 B 含量将会降低。类似的情况也可应用于更复杂的三元合金。常规尺寸 PM Cu-20Co-30Cr 合金由处于热力学平衡状态的三相组成,没有扩散驱动力,活泼组元 Cr 向外扩散非常缓慢。活泼组元 Cr 主要在合金内部被氧化，因此合金表面形成连续的 Cr_2O_3 膜是非常困难的。然而，纳米晶 MA Cu-20Co-30Cr 合金的情况完全不同。通过机械合金化法制备细晶合金，晶粒细小。通过该方法使晶粒细化，能够产生大量的可作为快速扩散通道的晶界和位错。因此，活泼组元 Cr 从合金到合金/氧化膜界面的扩散变得很快，能够降低合金表面形成连续 Cr_2O_3 外氧化膜的临界 Cr 含量，纳米晶 MA Cu-20Co-30Cr 合金能够形成连续的 Cr_2O_3 外氧化膜，合金氧化速率明显降低。

此外，常规尺寸 PM Cu-20Co-30Cr 合金中发生的内氧化膜与三相 Cu-30Ni-30Cr 合金相似，但与二元合金则完全不同[6-11]。事实上，PM Cu-20Co-30Cr 合金中的这种氧化主要沿α相进行，β相含有约 66.60% Co 和 33.40% Cr，而γ相实际上由纯 Cr 颗粒组成，它们保持金属状态。因此，合金和氧化区域之间的前沿变得非常不规则。薄且不规则的氧化膜随着时间延长逐渐延伸到混合氧化区内表面的较大部分，但最终未能形成连续的氧化膜。根据 Wagner 理论，二元 A-B 合金中从内氧化到外氧化过渡所需的活泼组元 B 的临界含量 N_B 可以描述如下：

$$N_B = [(\pi g^* N_O D_O V_M) / (2 D_{eff} V_{OX})]^{1/2} \tag{8.1}$$

其中，g^*是常数；$N_O D_O$是合金中氧的扩散通量；D_{eff}是合金中活泼组元 B 的扩散系数；V_M是合金的摩尔体积；V_{OX}是氧化物的摩尔体积。N_B显然与 D_{eff}有关。类似的情况可应用于三元合金。常规尺寸 PM Cu-20Co-30Cr 合金由三相组成，由于三相保持平衡，合金组元非常难从合金扩散到合金/氧化膜界面，该合金以原位扩散的方式氧化。30%Cr 含量(原子分数)不能实现从内氧化到外氧化的过渡。相反，采用机械合金化通过热压获得的纳米晶 MA Cu-20Co-30Cr 合金能够产生大量的晶界和位错，使活泼组元 Cr 从合金到合金/氧化膜界面的扩散变得更快[12]。晶粒尺寸对合金高温氧化行为的影响主要与组元的扩散系数有关。实际上，根据 Hart 理论的有效扩散系数 D_{eff} 应包括体积系数 D_b 和晶界系数 D_g，表达式为[13]

$$D_{eff} = (1-f)D_b + fD_g = f(D_g - D_b) + D_b \tag{8.2}$$

其中，f 是晶界的体积分数，且对于边长为 d 的立方晶格可由 $2\delta/d$ 求出，其中 δ 是晶界宽度(通常约为 10^{-9}m)。对于常规尺寸合金，f 是小的，因此 D_{eff} 几乎由 D_b 组成。然而，对于含有大量晶界和位错的纳米晶合金，f 大得多，D_g/D_b 更高。例如，在二元 Ag-Ni 合金中，晶界扩散的活化能为 76.99kJ/mol，体扩散的活化能为 279.20kJ/mol[14]。根据 Arrhenius 方程，在 800℃下，D_g/D_b 的计算值约为 7×10^9。在纳米晶合金中，D_{eff} 的值明显更大[15]。因此，活泼组元 Cr 向外扩散更快，有助于形成连续和保护性的 Cr_2O_3 外氧化膜。纳米晶 MA Cu-20Co-30Cr 合金尽管由三相组成，但活泼组元 Cr 能够实现由内氧化到外氧化的过渡，最终能形成连续的 Cr_2O_3 外氧化膜。

常规尺寸 PM Cu-20Co-30Cr 合金在 900℃的氧化动力学曲线偏离抛物线规律，其瞬时抛物线速率常数随时间的增加而减小，这说明尽管合金最终未能形成连续的 Cr_2O_3 膜，但随着 Cr 氧化物相对量的增加，氧化膜变得更具有保护性。此外，常规尺寸 PM Cu-20Co-30Cr 合金在 900℃的氧化动力学曲线由三个阶段组成，表明在腐蚀过程中存在不同的控制步骤。初始阶段的腐蚀过程主要受先形成的 Cu 氧化物的生长控制，随着合金/氧化膜界面氧分压的降低，腐蚀过程受 Co、Cu 或 Cr 的氧化物或其复合氧化物生长的控制。在相同温度下，纳米晶 MA Cu-20Co-30Cr 的氧化速率明显低于常规尺寸 PM Cu-20Co-30Cr 合金。实际上，晶粒尺寸对合金的氧化速率有重要的影响。晶粒细化能够产生大量的晶界和位错。因此，合金组元能快速从合金扩散到合金/氧化膜界面。如果合金不能形成连续的具有保护作用的氧化膜，那么氧化速率必须很大。相反，如果合金能够形成阻止 Cu 和 Co 氧化物形成的连续具有保护性的 Cr_2O_3 氧化膜，则氧化速率必须明显降低。很明显，纳米晶 MA Cu-20Co-30Cr 合金最终形成了连续且具有保护性的 Cr_2O_3 外氧化膜。

8.4　结　论

(1) 常规尺寸 PM Cu-20Co-30Cr 和纳米晶 MA Cu-20Co-30Cr 合金均为三相，合金基体为富 Cu 的α相，富 Co 的β相则以网状形式分散在α相中，富 Cr 的黑色γ相以孤立的岛状弥散分布在合金基体中。

(2) PM Cu-20Co-30Cr 合金除在 900℃外，合金的氧化动力学曲线近似遵循抛物线规律。MA Cu-20Co-30Cr 合金的氧化动力学曲线偏离抛物线规律，其瞬时抛物线速率常数随时间不规则变化。在三个温度下，MA Cu-20Co-30Cr 合金的氧化速率明显低于 PM Cu-20Co-30Cr 合金。

(3) PM Cu-20Co-30Cr 合金表面形成的氧化膜最外层是亮色含有少量 Co_3O_4 的 CuO，内层是由合金、Cu 和 Co 氧化物及其复合氧化物组成的混合氧化区，合金的氧化物沿 α 相伸向合金内部，β 相和 γ 相保持原始的状态，与原始合金对比未发生变化，因此内氧化的前沿是非常不规则的，最终没有形成连续且具有保护性的 Cr_2O_3 氧化膜。MA Cu-20Co-30Cr 合金表面形成了致密且连续的 Cr_2O_3 外氧化膜。

参 考 文 献

[1] ASM International Alloy Phase Diagram and the Handbook Committees. Alloy Phase Diagram[M]. Ohio: ASM, 1992.

[2] Kofstad P. High Temperature Corrosion[M]. New York: Elsevier Applied Science, 1988.

[3] Cao Z Q, Sun H J, Lu J, et al. High temperature corrosion behavior of Cu-20Co-30Cr alloys with different grain size[J]. Corrosion Science, 2014, 80: 184-190.

[4] Niu Y, Song J, Gesmundo F, et al. The air oxidation of two-phase Co-Cu alloys at 600-800℃[J]. Corrosion Science, 2000, 42(5): 799-815.

[5] Niu Y, Gesmundo F, Viani F, et al. The air oxidation of two-phase Cu-Cr alloys at 700-900℃[J]. Oxidation of Metals, 1997, 48(5-6): 357-380.

[6] Gesmundo F, Viani F, Niu Y. The possible scaling modes in the high-temperature oxidation of two-phase binary alloys. Part II: High oxidant pressures[J]. Oxidation of Metals, 1994, 42(5-6): 409-429.

[7] Niu Y, Li Y S, Gesmundo F. High temperature scaling of two-phase Fe-Cu alloys under low oxygen pressure[J]. Corrosion Science, 2000, 42(1): 165-181.

[8] Gao F, Wang S, Gesmundo F, et al. Transitions between different oxidation modes of binary Cu-Zn alloys in 0.1MPa O_2 at 1073K[J]. Oxidation of Metals, 2008, 69(5-6): 287-297.

[9] Niu Y, Gesmundo F. The internal oxidation of ternary alloys. VIII: The transition from the internal to the external oxidation of the two most-reactive components under high-oxidant pressures[J]. Oxidation of Metals, 2006, 65(5-6): 329-355.

[10] Niu Y, Wang S Y, Gesmundo F. High-temperature scaling of Cu-Al and Cu-Cr-Al alloys. An example of a non-classical third-element effect[J]. Oxidation of Metals, 2006, 65(5-6): 285-306.

[11] Fu G Y, Niu Y, Gesmundo F. Microstructual effects on the high temperature oxidation of two-phase Cu-Cr alloys in 1atm O_2[J]. Corrosion Science, 2003, 45(3): 559-574.

[12] Niu Y, Wang S, Gao F, et al. The nature of the third-element effect in the oxidation of Fe-xCr-3 at.% Al alloys in 1atm O_2 at 1000℃[J]. Corrosion Science, 2008, 50(2): 345-356.

[13] Hart E W. On the role of dislocations in bulk diffusion[J]. Acta Materialia, 1957, 5: 597-601.

[14] Wang C L, Zhao Y, Wu W T, et al. Densification phenomenon of Powders by hot pressing[C]. Proceedings of 2000 Powder Metallurgy World Congress, Kyoto, 2000.

[15] Birringer R. Nanocrystalline materials[J]. Materials Science and Engineering, 1989, A117: 33-43.

第9章　Cu-20Ag-20Cr 合金的高温腐蚀性能

9.1　引　　言

前面研究了 Cu-Ni-Cr 和 Cu-Co-Cr 合金的高温氧化行为。实际上，Cu-Ni-Cr 合金中，相应的 Cu-Ni 系和 Ni-Cr 系中两组元能完全互溶，仅 Cu-Cr 系中两组元不能互溶。Cu-Co-Cr 合金系比 Cu-Ni-Cr 合金系复杂，在 Cu-Co-Cr 合金系中，只有相应的 Co-Cr 系中两组元在整个成分范围内形成无限固溶体，而 Cu-Cr 和 Cu-Co 合金系中两组元彼此不互溶，不形成任何中间相。目前研究的 Cu-Ag-Cr 合金系比 Cu-Ni-Cr 合金系和 Cu-Co-Cr 合金系更复杂。在 Cu-Ag-Cr 合金系中，有三个相应的二元 Cu-Ag、Cu-Cr 和 Ag-Cr 合金，两组元均不互溶，不形成任何中间相[1]。同时，在 Cu-Ag-Cr 合金中，Cu、Ag 和 Cr 氧化物的热力学稳定性及其生长速率相差较大[2]。有关 Cu-Ag-Cr 三元合金系相图尚未发现，基于二元相图，可以预见三元 Cu-Ag-Cr 合金系可能由两相或三相组成，其中一相是含有少量 Ag 和 Cr 的富 Cu 相，另一相是含有少量 Cu 和 Ag 的富 Cr 相，而第三相可能是含有少量 Cu 和 Cr 的富 Ag 相。事实上，即使用传统电弧熔炼方法经反复熔炼也不能制备显微组织均匀的 Cu-Ag-Cr 合金，得到的是两个或三个独立、完全不同的部分，即富 Cr 相或富 Ag 相周围完全被富 Cu 相包围。因此，本章利用粉末冶金和机械合金化技术通过热压分别制备常规尺寸 PM Cu-20Ag-20Cr 合金和纳米晶 MA Cu-20Ag-20Cr 合金，以分析其高温腐蚀性能以及晶粒细化对其高温腐蚀性能的影响机制[3,4]。

9.2　样　品　制　备

常规尺寸 PM Cu-20Ag-20Cr 块体合金的制备过程为将粒径约为 200μm 的纯铜(>99.99%)、纯银(>99.9%)和纯铬(>99.99%)粉末按比例混合放入球磨罐中，抽真空并充入氩气保护，然后在南京大学生产的 QR-1SP 行星式球磨机上球磨 0.5h，球罐及磨球的材质是 1Cr18Ni9Ti 不锈钢，球料质量的比例为 10:1，球磨机转速为 375r/min。然后在真空热压炉内压片，压片过程中温度为 700℃，压力为 95.5MPa，热压时间为 10min, 最后随炉冷却。纳米晶 MA Cu-20Ag-20Cr 块体合金的制备过程与粉末冶金法相似, 但球磨时间延长至 60h。为防止在球磨过程中金属粉末过热氧化结块, 每球磨 1h, 停机 15min。通过排水法测得块体合金致密度达到理论值的 97%以上。采用 X 射线衍射法测定球磨 60h 之后的粉末晶粒尺寸约 20nm, 经过热压之后块体合金的晶粒尺寸为 46nm。

9.3　显　微　组　织

利用 SEM/EDX 分析样品的显微组织, 并对不同相进行定性和定量分析。

图 9.1(a)是 PM Cu-20Ag-20Cr 合金的显微组织。从图中可以看出, 合金由三相组成。经 EDX 分析可知, 合金实际平均成分为 Cu-24.13Ag-23.16Cr。亮色相是富 Ag 的α相, 其平均成分为 Cu-94.28Ag-2.47Cr; 暗色相是富 Cu 的β相, 其平均成分为 Cu-2.96Ag-0.58Cr; 黑色相则是富 Cr 的γ相, 其平均成分为 Cu-0.15Ag-99.79Cr。

图 9.1(b)是 MA Cu-20Ag-20Cr 合金的显微组织。从图中可以看出, 合金也由三相组成。经 EDX 分析可知, 合金实际平均成分为 Cu-26.14Ag-23.93Cr; 亮色相是富 Ag 的α相, 其平均成分为 Cu-90.16Ag-4.96Cr; 暗色相是富 Cu 的β相, 其平均成分为 Cu-33.05Ag-16.97Cr, 黑色相是富 Cr 的γ相, 其平均成分为 Cu-0.62Ag-97.51Cr。

由图 9.1 可知, PM Cu-20Ag-20Cr 合金和 MA Cu-20Ag-20Cr 合金基体都由β相组成, 亮色的α相以网状的形式存在, 而黑色的γ相以孤立的颗粒形式存在, MA Cu-20Ag-20Cr 合金显微组织较 PM Cu-20Ag-20Cr 均匀。

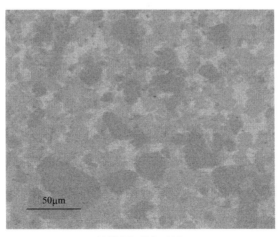

50μm

(a) PM Cu-20Ag-20Cr

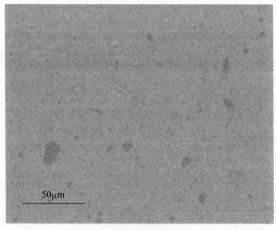

(b) MA Cu-20Ag-20Cr

图 9.1　PM Cu-20Ag-20Cr 和 MA Cu-20Ag-20Cr 合金的显微组织

9.4　晶体结构

用 XRD(CuKα)测量合金样品的射线衍射曲线，额定电压为 50kV，额定电流为 80mA，工作环境温度(26±2)℃，依据 Bragg 衍射公式计算出晶格常数及每次测定的误差。

$$a^2 = d_{hkl}^2 / (h^2 + k^2 + l^2) \tag{9.1}$$

$$2d_{hkl} = \lambda_{\mathrm{CuK}\alpha} / \sin\theta \tag{9.2}$$

$$\Delta a = a \cot\theta \Delta\theta \tag{9.3}$$

其中，a 为晶格常数，nm；d_{hkl} 为(hkl)面间距，nm；Δa 为晶格常数的误差，nm。射线衍射理论表明，晶粒细化和合金内部的残余应力可导致射线峰展宽，在考虑只存在晶粒细化的情况下，晶粒尺寸和峰值扩大的关系可用 Scherrer 公式表示[5-7]

$$L = 0.89\lambda / [4\Delta\theta_{1/2}\cos\theta] \tag{9.4}$$

$$L = \lambda / [(F / h)\cos\theta] \tag{9.5}$$

$$\mathrm{d}L / L = \mathrm{d}(4\Delta\theta_{1/2}) / (4\Delta\theta_{1/2}) + \tan\theta\mathrm{d}\theta \tag{9.6}$$

其中，L 为晶粒度，nm；$4\Delta\theta_{1/2}$ 为 X 衍射曲线的半高峰展宽，rad；F/h 为宽度积分，F 为衍射曲线区间面积，h 为峰高。

图 9.2 是球磨 0.5h、10h、20h、40h 和 60h 后 Cu-20Ag-20Cr 合金粉末及热压后的 XRD 曲线，表 9.1 是 MA Cu-20Ag-20Cr 合金在不同晶面的晶格常数及其他参数。从图 9.2 可以看出，球磨 0.5h 粉末基本保持原有的晶格结构。富 Ag 的α

相(111)面的衍射角为 38.02°；富 Cu 的β相(111)面的衍射角为 43.18°；富 Cr 相(110)面的衍射角为 44.24°。随着球磨时间的延长，颗粒与球磨材料、颗粒之间不断碰撞，颗粒发生破碎、渗透、熔融及晶格重组，最终达到合金化。球磨 10h 之前，晶粒只存在小角度晶界，随着球磨时间延长，小角度晶界逐渐被大角度晶界取代。这个过程不断重复，最终微米级材料晶体破碎形成纳米级晶体。随球磨时间增加，衍射峰峰高降低，衍射峰伴有明显的宽化偏移现象。球磨 10h 后富 Ag 的α相(111)面的衍射峰大幅降低；球磨 20h 后富 Cu 的β相(111)面的衍射角左移 1.78°；球磨 40h 之后富 Cr 相的(110)面的衍射角右移 0.05°。其余各元素的相面的衍射峰在球磨 20h 后均大幅降低。因此，经过 60h 球磨后，合金内部各组元之间的固溶度增大。

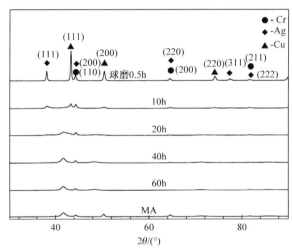

图 9.2　Cu-20Ag-20Cr 混合粉末经过球磨和热压后的 XRD 图

表 9.1　MA Cu-20Ag-20Cr 合金晶体内不同晶面的晶格常数及其他参数

组元	状态	(hkl)	晶格常数±晶格常数误差/nm	a/nm	Δa/nm	Δa_max/nm
Cu	0.5h	(111)	0.361017±0.000341	0.361163	−0.000337	0.000236
		(200)	0.361422±0.000060			
		(220)	0.361051±0.000308			
	10h	(111)	0.361130±0.001579	0.361001	−0.000499	0.000649
		(200)	0.360643±0.000060			
		(220)	0.360601±0.000308			
	20h	(111)	0.361290±0.000934	0.361073	−0.000427	0.000468
		(200)	0.360690±0.000329			
		(220)	0.360218±0.000142			

续表

组元	状态	(hkl)	晶格常数±晶格常数误差/nm	a/nm	Δa/nm	Δa_{max}/nm
Cu	40h	(111)	0.349971±0.000625	0.360089	−0.001411	0.010520
		(200)	0.364851±0.016592			
		(220)	0.365445±0.014343			
	60h	(111)	0.352672±0.008461	0.359399	−0.002101	0.013241
		(200)	0.368031±0.017520			
		(220)	0.357494±0.013742			
	MA	(111)	0.354561±0.016871	0.359710	−0.00179	0.019500
		(200)	0.361184±0.049760			
		(220)	0.363385±0.008129			
Ag	0.5h	(111)	0.407171±0.001455	0.408031	−0.000539	0.001298
		(200)	0.408979±0.003135			
		(220)	0.408026±0.000869			
		(311)	0.408094±0.000284			
		(222)	0.407885±0.000745			
	10h	(111)	0.408818±0.000186	0.407841	−0.000729	0.000585
		(200)	0.406190±0.000320			
		(220)	0.408026±0.000869			
		(311)	0.408450±0.000641			
		(222)	0.407720±0.000909			
	20h	(111)	0.407171±0.001455	0.407419	−0.001151	0.000912
		(200)	0.407231±0.001366			
		(220)	0.407575±0.000416			
		(311)	0.407562±0.000248			
		(222)	0.407556±0.001072			
	40h	(111)	0.396353±0.002266	0.403441	−0.005129	0.008017
		(200)	0.396883±0.001016			
		(220)	0.397126±0.000034			
		(311)	0.429778±0.035209			
		(222)	0.397064±0.001560			
	60h	(111)	0.395132±0.003468	0.403158	−0.005412	0.008153
		(200)	0.397231±0.001366			
		(220)	0.396902±0.000258			
		(311)	0.429133±0.034437			
		(222)	0.397391±0.001235			

续表

组元	状态	(hkl)	晶格常数±晶格常数误差/nm	a/nm	Δa/nm	Δa_max/nm
Ag	MA	(111)	0.408150±0.036580	0.407613	−0.000957	0.004956
		(200)	0.407380±0.078285			
		(220)	0.407508±0.010950			
		(311)	0.407481±0.004057			
		(222)	0.407550±0.072925			
Cr	0.5h	(110)	0.289192±0.000919	0.288709	0.000319	0.000485
		(200)	0.288518±0.000239			
		(211)	0.288418±0.000297			
	10h	(110)	0.287220±0.001052	0.288013	−0.000377	0.000508
		(200)	0.288518±0.000239			
		(211)	0.288302±0.000233			
	20h	(110)	0.287956±0.000320	0.288113	−0.000277	0.000164
		(200)	0.288199±0.000080			
		(211)	0.288185±0.000093			
	40h	(110)	0.288790±0.000565	0.288739	0.000349	0.000467
		(200)	0.288653±0.000397			
		(211)	0.288774±0.000440			
	60h	(110)	0.288890±0.000320	0.288822	0.000432	0.002025
		(200)	0.289016±0.005548			
		(211)	0.288560±0.000209			
	MA	(110)	0.288772±0.009909	0.289027	0.000637	0.001530
		(200)	0.289343±0.013664			
		(211)	0.288968±0.000838			

注:金属 Cu 的晶格常数是 0.361500nm,金属 Ag 的晶格常数为 0.40857nm,金属的 Cr 的晶格常数是 0.288390nm[6]。

　　金属 Cu 的晶格常数是 0.361500nm，金属 Ag 的晶格常数为 0.40857nm，金属 Cr 的晶格常数是 0.288390nm[8]。经 60h 球磨后，Cu 和 Ag 的晶格常数分别为 0.359399nm 和 0.403158nm，与常规晶粒尺寸相比它们的晶格常数明显变小，相反，经 60h 球磨后，Cr 的晶格常数为 0.288822nm，与常规晶粒尺寸相比其晶格常数明显变大。由此推测，合金的三组元原子相互渗透形成亚稳相。原子半径较小的 Cr 原子在球磨过程中逐渐进入 Cu 和 Ag 晶格中，取代晶体中半径较大的 Cu 和 Ag 原子，致使 Cu 和 Ag 的晶格常数变小。相应地，被取代的 Cu 和 Ag 原子渗入富 Cr 颗粒中，致使 Cr 的晶格常数变大。

　　一方面，由于合金在球磨过程中形成了部分亚稳态的固溶体，极易受环境的影响发生脱溶现象；另一方面，纳米晶体本身具有极高的活性，在高温作用下比常规尺寸晶粒更容易生长变大。因此，从图 9.2 可以看出，热压和真空退火之后，衍射峰变锐，富 Cu 相(200)面的衍射角为 43.32°，接近初始状态，而富 Cr 相(110)面的衍射角为 44.25°，比球磨 60h 左移了 0.03°。从表 9.1 中可以看出，与球磨 60h 后相比，热压和真空退火之后，Cu 的晶格常数为 0.359710nm，增长了 3.11×10^{-4}nm；Ag 的晶格常数为 0.407613nm，增长了 4.455×10^{-3}nm；Cr 的晶格常数为 0.289027nm，增长了 2.05×10^{-4}nm。

9.5　高温腐蚀性能

常规尺寸 PM Cu-20Ag-20Cr 合金在 600～800℃、0.1MPa 纯氧气中氧化 24h 的动力学曲线如图 9.3 所示。可见，合金的氧化动力学曲线偏离抛物线规律，在 600℃时合金的氧化动力学曲线近似由四段抛物线段组成，其中 2h 之前抛物线速率常数 $k_p = 1.42 \times 10^{-5}$g^2/(m^4·s)，2～6h 抛物线速率常数 $k_p = 3.66 \times 10^{-5}$g^2/(m^4·s)，

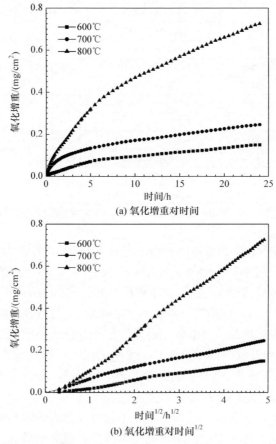

(a) 氧化增重对时间

(b) 氧化增重对时间$^{1/2}$

图 9.3　PM Cu-20Ag-20Cr 合金在 600～800℃、0.1MPa 纯氧气中氧化 24h 的动力学曲线

6～18h 抛物线速率常数 k_p=2.18×10^{-5}g^2/(m^4·s)，18～24h 抛物线速率常数 k_p=3.38×10^{-5}g^2/(m^4·s)；700℃时合金的氧化动力学曲线近似由两段抛物线段组成，其中 6h 之前抛物线速率常数 k_p=1.10×10^{-4}g^2/(m^4·s)，6～24h 抛物线速率常数 k_p=6.26×10^{-5}g^2/(m^4·s)；800℃时合金的氧化动力学曲线也由两段抛物线段组成，其中 2.6h 之前抛物线速率常数 k_p=4.10×10^{-4}g^2/(m^4·s)，2.6～24h 抛物线速率常数 k_p=6.23×10^{-4}g^2/(m^4·s)。合金的氧化速率随温度的升高而增大。

　　纳米晶 MA Cu-20Ag-20Cr 合金在 600～800℃、0.1MPa 纯氧气中氧化 24h 的动力学曲线如图 9.4 所示。可见，合金的氧化动力学曲线也偏离抛物线规律，在 600℃时合金的氧化动力学曲线近似由三段抛物线段组成，其中 2.5h 之前抛物线速率常数 k_p=6.76×10^{-5}g^2/(m^4·s)，2.5～5h 抛物线速率常数 k_p=7.69×10^{-5}g^2/(m^4·s)，5～6.5h 抛物线速率常数 k_p 存在短暂下降的趋势，表明此时氧化膜有可能脱落，6.5～24h 抛物线速率常数 k_p=8.52×10^{-5}g^2/(m^4·s)；700℃时合金的氧化动力学曲

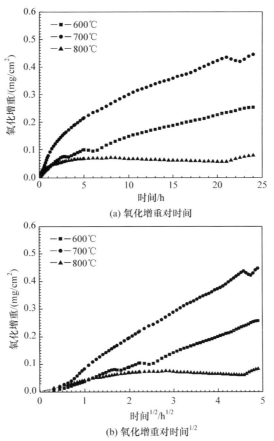

(a) 氧化增重对时间

(b) 氧化增重对时间$^{1/2}$

图 9.4　MA Cu-20Ag-20Cr 合金在 600～800℃、0.1MPa 纯氧气中氧化 24h 的动力学曲线

线由三段抛物线段组成,其中 14h 之前抛物线速率常数 k_p=2.53×10^{-4}g^2/(m^4·s),14～20h 抛物线速率常数 k_p=2.76×10^{-4}g^2/(m^4·s), 20～22h 抛物线速率常数 k_p 有短暂的波动,说明有氧化膜的剥落与修复,22～24h 抛物线速率常数 k_p=4.20×10^{-4}g^2/(m^4·s);800℃时合金的氧化动力学曲线由三段抛物线段组成,3.6h 之前抛物线速率常数 k_p=3.18×10^{-5}g^2/(m^4·s),3.6～6h 抛物线速率常数 k_p=1.02×10^{-5}g^2/(m^4·s),随后是一段不稳定的波动,20～24h 抛物线速率常数 k_p=2.92×10^{-5}g^2/(m^4·s),700℃时合金的氧化速率比 600℃大,而 800℃时氧化速率反而比 600℃小。

　　图 9.5 对比了 MA Cu-20Ag-20Cr 与 PM Cu-20Ag-20Cr 合金在 600～800℃、0.1MPa 纯氧气中氧化 24h 的动力学曲线。可见,在 800℃下,PM Cu-20Ag-20Cr 合金的氧化增重最大,而 MA Cu-20Ag-20Cr 合金氧化增重最小,这表明 MA Cu-20Ag-20Cr 合金很有可能在 800℃下形成了具有保护作用的 Cr$_2$O$_3$ 氧化膜,抑制了合金的进一步氧化。

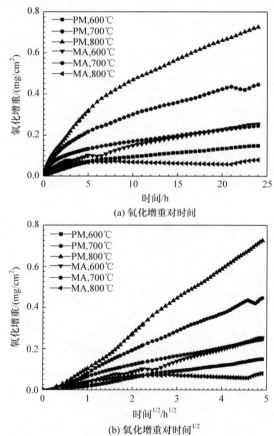

(a) 氧化增重对时间

(b) 氧化增重对时间$^{1/2}$

图 9.5　MA Cu-20Ag-20Cr 和 PM Cu-20Ag-20Cr 合金在 600～800℃、0.1MPa 氧气中氧化 24h 的动力学曲线比较

PM Cu-20Ag-20Cr 与 MA Cu-20Ag-20Cr 合金在 600～800℃、0.1MPa 纯氧中氧化 24h 的断面形貌如图 9.6～图 9.8 所示。依据 SEM/EDX 分析,在 600℃和 700℃时,PM Cu-20Ag-20Cr 合金表面形成的氧化膜分为两层,外层主要由 CuO 和 $CuCr_2O_3$ 组成,内层则是由合金及 Cu、Ag 和 Cr 氧化物组成的混合内氧化区,600℃时,两层氧化膜之间有明显的分界线,而 700℃时没有明显的分界线,越靠近合金基体,混合氧化物中 Ag 的含量越高,且随温度的升高,氧化膜中 Ag 的含量也越高。混合内氧化主要是沿富 Ag 的α相和富 Cu 的β相进行的,α相和β相均被黑色的 Cr_2O_3 包围,但未生成连续的 Cr_2O_3 氧化膜。在 800℃时,PM Cu-20Ag-20Cr 合金表面仅形成了由 CuO 和 $CuCr_2O_3$ 组成的外氧化膜。可见,20%Cr 含量(原子分数)不足以使三元三相 PM Cu-20Ag-20Cr 合金形成连续的 Cr_2O_3 膜。

(a) PM Cu-20Ag-20Cr

(b) MA Cu-20Ag-20Cr

图 9.6　PM Cu-20Ag-20Cr 和 MA Cu-20Ag-20Cr 合金在 600℃、0.1MPa 纯氧中
氧化 24h 后的断面形貌

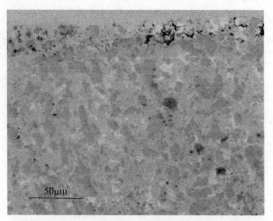

(a) PM Cu-20Ag-20Cr

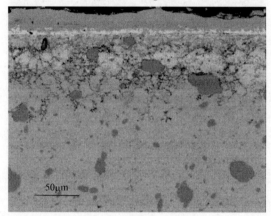

(b) MA Cu-20Ag-20Cr

图 9.7　PM Cu-20Ag-20Cr 和 MA Cu-20Ag-20Cr 合金在 700℃、0.1MPa 纯氧中氧化 24h 后的断面形貌

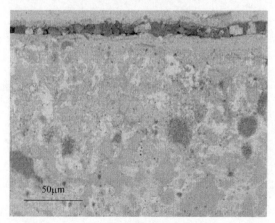

(a) PM Cu-20Ag-20Cr

(b) MA Cu-20Ag-20Cr

图 9.8　PM Cu-20Ag-20Cr 和 MA Cu-20Ag-20Cr 合金在 800℃、0.1MPa 纯氧中
氧化 24h 后的断面形貌

MA Cu-20Ag-20Cr 合金 600℃时形成的氧化膜由两层组成，依据 SEM/EDX 分析，最外层主要由 CuO 组成，其上分布着不连续的黑色 Cr_2O_3 并有一些裂纹，而内层是由 Cu、Ag 和 Cr 组成的混合氧化区，其中黑色 Cr_2O_3 呈网状分布在亮色的 Ag_2O 及富 Cr 的γ相周围，并且这些网状 Cr_2O_3 一直延续到合金基体内部。在 700℃时，MA Cu-20Ag-20Cr 合金的氧化膜大致由三层组成，最外层是亮色的 Ag_2O；靠近 Ag_2O 层则是由 Cu、Ag 和 Cr 的氧化物组成的混合氧化区，且与外层 Ag_2O 层分界明显，黑色 Cr_2O_3 呈网状分布在这一区域；靠近合金基体内部只有丝状的 Cr_2O_3 存在，未出现 Cu 和 Ag 的氧化物，此层发生了 Cr 的内氧化。在 800℃时，MA Cu-20Ag-20Cr 合金氧化膜明显分为三层，不连续外层主要由 CuO 组成，中间层由 CuO 和 Ag_2O 组成，而内层形成了连续的 Cr_2O_3，抑制了合金的进一步氧化。

在探讨三元 Cu-Ag-Cr 合金的高温氧化行为之前，先回顾一下相应二元合金的高温氧化行为。Cu-Ag 合金由两相组成，经高温氧化后，Cu-Ag 合金表面生成的氧化膜外层为 Cu_2O 和少许 CuO，内氧化层位于合金/氧化膜界面，由多孔的富 Ag 颗粒和 Cu_2O 颗粒混合物组成。内氧化层中，Ag 的体积分数比原始合金更高。Cu-Ag 合金经高温氧化后，不仅生成外氧化膜，同时也在内部发生 Cu 的内氧化。这主要是由于在合金中，活泼组元 Ag 在惰性组元 Cu 中的溶解度和扩散系数过低，活泼组元向外传输受到限制[9]。

Cu-Cr 合金由两种互不相溶的 Cu 相和 Cr 相组成，经高温氧化后，Cu 相和 Cr 相均发生氧化反应，这两相生成的氧化物及其氧化反应速率均不同。Cu-Cr 合金的氧化动力学曲线基本符合抛物线规律，氧化速率随着温度的升高而加快。氧化反应优先在 Cu/Cr 相界面处发生，Cu 较 Cr 扩散速率快，其最外层氧化物为 CuO，内层为 Cu_2O 和 Cr_2O_3 的混合产物，其中生成 Cr_2O_3 是由于 Cr 发生了内氧化[10]。

Ag-Cr 合金也由互不相溶的 Ag 相和 Cr 相组成。常规尺寸 Ag-Cr 合金经高温氧化后，Cr 从合金内部向合金/氧化膜界面的扩散受到限制，因此即使 Cr 含量高达 69%，在合金表面也未形成单一 Cr_2O_3 氧化膜[11]。纳米尺寸 Ag-Cr 合金经高温氧化后，由于晶粒细化使 Cr 颗粒溶解速率加快，Cr 向合金/氧化膜扩散速率加快，在氧化膜最内层形成了 Cr_2O_3 保护性氧化膜[11,12]。

对于目前研究的三元 Cu-Ag-Cr 合金系，虽然 PM Cu-20Ag-20Cr 和 MA Cu-20Ag-20Cr 合金具有相同的组成，但显微组织的差异，特别是晶粒尺寸的不同，导致它们的氧化行为显著不同。常规尺寸 PM Cu-20Ag-20Cr 合金在 600～800℃时均未形成连续的 Cr_2O_3 膜，纳米尺寸 MA Cu-20Ag-20Cr 合金在 600℃时未形成连续的 Cr_2O_3 膜，但在 700℃时形成了连续的 Ag_2O 膜，在 800℃时则形成了连续的 Cr_2O_3 膜，抑制了合金的进一步氧化。

事实上，决定合金表面氧化膜结构的因素主要是热力学因素和动力学因素。从热力学角度分析，高温氧化下可能形成的氧化物有 CuO、Cu_2O、Ag_2O、Cr_2O_3，其稳定性依次递增，合金中 Cu 为惰性组元，而 Ag 和 Cr 为活泼组元。在高温氧化反应过程中，气氛中的氧分压均大于三组元氧化物的平衡氧分压，因此反应开始时，依据热力学平衡理论，Cu、Ag 和 Cr 均可以在合金表面发生氧化反应。

从动力学角度分析，Cu、Ag 和 Cr 氧化反应的抛物线速率常数以 Cu、Ag 和 Cr 顺序逐渐递减。因此，合金表面的 Cu 首先发生反应形成 CuO 膜，高温下 CuO 分解生成 Cu_2O 和 O_2，随着反应的进行，氧透过合金/氧化膜界面，在合金基体内部与 Ag 和 Cr 反应生成 Ag_2O 和 Cr_2O_3。

理论上，除了要求活泼组元能够由合金内部传输到合金/气相界面外，还需要活泼组元的浓度超过某一临界值 N_B，在合金表面上才有可能形成活泼组元的选择性外氧化膜。在浓度达到 N_B 的前提下，活泼组元才能由合金内部扩散到合金/氧化膜界面，并且能够维持其氧化物以一定的速率生长。对于单相合金，由于组元之间互溶且没有相的阻碍作用，N_B 的要求要小得多，例如，15%Cr 即可实现 Fe-Cr 合金表面形成连续的 Cr_2O_3 选择性外氧化膜。然而，对于二元双相合金，其临界浓度的要求要高得多，例如，在二元双相 Cu-Cr 合金中，即使合金中 Cr 的含量高达 75%，合金表面依然未能形成连续的 Cr_2O_3 选择性外氧化膜，主要是由于互不相溶的 Cu 和 Cr 两相处于平衡的状态，致使活泼组元缺少扩散的驱动力，阻碍活泼组元由合金内部向合金/氧化膜界面的传输。

对于三元三相合金，情况变得复杂，事实上，在等温等压条件下，依据 Gibbs 相律：$f=3-\Phi$(f 是自由度，Φ 是相数)，在此合金系中相数 Φ 最大为 3，此时自由

度 f 为 0，因此组元间的相互扩散和传输受到很大的限制。同时在 PM Cu-20Ag-20Cr 合金中，由于受到合金中 Cu、Ag 及 Cr 三种组元之间极低互溶度的影响，Cr 通过颗粒溶解向外扩散变得更加困难和缓慢，N_B 也变得很高。因此，PM Cu-20Ag-20Cr 合金中 20%Cr 无法满足在合金表面发生 Cr 的选择性外氧化的浓度要求，合金最终没有形成致密连续的 Cr_2O_3 膜。

根据文献报道[13]，降低合金晶粒尺寸对氧化行为有三方面的作用。第一，可以使各组元之间的弥散分布，缩小附着在富 Cu 相上 $N(N{\geqslant}2)$ 个 Cr 颗粒之间的距离。增加 Cr 颗粒的表面积，溶解小颗粒 Cr 为富 Cu 相提供补充 Cr，进一步加快 Cr 向合金/氧化膜界面的传输速率。第二，改变与合金氧化行为有关的重要参数，如 O_2 在合金中的溶解度以及合金组元之间的固溶度等。依据 Thomson-Freundich 公式[14]

$$\ln \frac{(\chi_B^\beta)_r}{\chi_B^\beta} = \frac{2\sigma M}{rRT\rho} \tag{9.7}$$

其中，$(\chi_B^\beta)_r$ 是指当 B 粒子半径为 r 时，β 相中 B 的溶解度；χ_B^β 是指当 $r{\to}\infty$ 时，β 相中 B 的溶解度；σ 为表面势能；M 为粒子的原子量；ρ 为材料的密度；R 为理想气体常数；T 为绝对温度(K)。对式(9.7)进行推导，当晶粒粒径由 r_1 变为 r_2 时，公式推导如下：

$$\frac{(\chi_B^\beta)_{r_2}}{(\chi_B^\beta)_{r_1}} = e^{\frac{2\sigma M}{RT\rho}\left(\frac{1}{r_2}-\frac{1}{r_1}\right)} = e^{\frac{2\sigma M}{RT\rho}\left(\frac{r_1-r_2}{r_1 r_2}\right)} = e^{\frac{2\sigma M}{RT\rho r_2}} \tag{9.8}$$

其中，$r_1 > r_2$。通过式(9.8)可以看出，β 相中溶质 B(Cr)的溶解度与晶粒粒径呈负相关关系：晶粒粒径越小，溶解度越大。当晶粒粒径由常规粒径的 r_1(微米级)降到机械合金化后的 r_2(纳米级)后，β 相中溶质 B(Cr)的溶解度明显上升。虽然缺少相关的参数，目前无法精确计算 Cu-Ag-Cr 合金系晶粒粒径由微米级降到纳米级后，β 相中溶质 B(Cr)溶解度的增加量，但依据 MA Cu-20Ag-20Cr 的 SEM 照片和 EDX 分析可以发现 β 相中 Cr 的溶解度明显增大。第三，晶粒细化可以降低合金表面发生活泼组元选择性外氧化所需的临界浓度(N_B)，有两方面原因：①晶粒细化可以增加晶界密度，活泼组元的氧化物成核概率也随之增加。氧化物晶粒粒径的降低，一方面改善氧化膜的致密性和吸附性，另一方面活泼组元 A 在氧化膜与氧化膜之间的晶界扩散速率或者其他途径的扩散速率上升，A 在氧化膜中的传质过程加速，从而促进了氧化膜生长；②利用 Hart 理论对扩散系数分析，当只考虑晶界的贡献时，有效扩散系数取决于晶界扩散和体扩散的平均值，晶粒细化产生了大量的晶界通道，均可作为扩散通道的优先选择，所以可以用有效扩散系数来代替体扩散系数，那么 Hart 理论表示为[15]

$$D_{\mathrm{eff}} = (1-f)D_b + fD_g \tag{9.9}$$

其中，D_b 为体扩散系数；D_g 为晶界扩散系数；f 为晶界体积分数，其中边长为 a、晶界宽度为 Δ 的立方晶粒，$f=2\Delta/a$。机械合金化之后，有效扩散系数从大晶粒体扩散系数（D_b）升高至小晶粒晶界扩散系数（D_g），也就是说 D_{eff} 随着晶界体积分数（f）即晶粒粒径的增加而增加，活泼组元(A)在介质中的传输速率也在增加。

在 600℃下，MA Cu-20Ag-20Cr 的氧化速率明显高于 PM Cu-20Ag-20Cr，这主要是由于晶粒细化对合金的氧化速率有两方面的影响：①晶粒细化后产生了大量的相界，活泼组元利用其作为快速通道，加快了扩散速率，成为活泼组元(Cr)快速向外扩散至合金/氧化膜界面并且界面处形成一层致密、连续且具有保护性的 Cr_2O_3 膜的有利条件；②如果未形成连续的致密的 Cr_2O_3 氧化膜，那么大量晶界的存在促使 O_2 向合金基体内部扩散，氧化速率反而比 PM Cu-20Ag-20Cr 还要快。在 600℃下 MA Cu-20Ag-20Cr 的氧化行为属于后者。

在 700℃下，MA Cu-20Ag-20Cr 的氧化速率依然高于 PM Cu-20Ag-20Cr，但是在氧化膜/气相界面上生成了一层亮色间断的 Ag_2O 氧化膜，可以推断主要是由于晶粒细化后，Ag 向氧化膜/气相界面扩散的速率加快，而 Ag 的平衡氧分压要小于 Cu，Ag_2O 更为稳定，所以 Ag 优先在合金/气相界面形成氧化膜。

在 800℃下，MA Cu-20Ag-20Cr 的氧化速率最低。在外氧化膜与合金基体之间明显存在一层黑色连续且致密的 Cr_2O_3 氧化膜，在 800℃下，Cu、Ag 及 Cr 传输到合金/气相界面的速率均加快，在合金表面形成氧化层，随着反应继续进行，合金/氧化膜界面逐渐向合金内部推移，界面上的氧分压也逐渐降低，由于 Cr 的平衡氧分压最小，并且 Cr 可以快速传输到界面上，所以在合金/氧化膜界面上优先生成连续、致密具有保护性的 Cr_2O_3 氧化膜。

9.6　结　论

(1) PM Cu-20Ag-20Cr 和 MA Cu-20Ag-20Cr 合金均由三相组成，其中合金基体由富 Cu 的β相组成，亮色富 Ag 的α相以网状的形式存在，而黑色富 Cr 的γ相以孤立的颗粒形式存在，MA Cu-20Ag-20Cr合金的显微组织较 PM Cu-20Ag-20Cr 均匀。

(2) 合金三组元原子彼此相互渗透形成亚稳相。原子半径较小的 Cr 原子在球磨过程中逐渐进入 Cu 和 Ag 晶格中，取代晶体中半径较大的 Cu 和 Ag 原子，致使 Cu 和 Ag 的晶格常数变小。相应地，被取代的 Cu 和 Ag 原子渗入富 Cr 颗粒中，致使 Cr 的晶格常数变大。

(3) 合金在球磨过程中形成了部分亚稳态的固溶体，极易受到环境的影响而发生脱溶现象，并且纳米晶体本身具有极高的活性，所以在高温作用下比常规尺寸晶粒更容易生长变大，但经过热压之后晶粒粒径为 46nm，依然处于纳米尺度范围内。

(4) PM Cu-20Ag-20Cr 合金的氧化动力学曲线偏离抛物线规律，氧化速率随温度的升高而加快。MA Cu-20Ag-20Cr 合金氧化动力学曲线与抛物线规律相比有偏差，其中在 700℃时合金的氧化反应速率比 600℃大，而在 800℃时氧化反应速率反而比 600℃小。

(5) 在 600℃和 700℃时，PM Cu-20Ag-20Cr 合金表面形成由 CuO 和 $CuCr_2O_3$ 组成的外氧化层以及由合金、Cu、Ag 和 Cr 氧化物组成的混合内氧化区的双氧化层氧化膜。混合内氧化主要沿富 Ag 的α相和富 Cu 的β相进行，α相和β相均被黑色的 Cr_2O_3 包围，但未生成连续的 Cr_2O_3 氧化膜。在 800℃时，PM Cu-20Ag-20Cr 合金表面仅形成了由 CuO 和 $CuCr_2O_3$ 组成的外氧化膜。20%Cr 不足以使 PM Cu-20Ag-20Cr 合金形成连续的 Cr_2O_3 膜。

(6) 在 600℃下，由于未形成连续、致密的 Cr_2O_3 氧化膜，大量晶界的存在促使 O_2 向合金基体内部扩散，所以 MA Cu-20Ag-20Cr 的氧化速率明显高于 PM Cu-20Ag-20Cr。在 700℃下，MA Cu-20Ag-20Cr 的氧化速率虽然高于 PM Cu-20Ag-20Cr，但是在氧化膜/气相界面上生成了一层亮色间断的 Ag_2O 氧化膜。在 800℃下，MA Cu-20Ag-20Cr 的氧化速率最低。在外氧化膜与合金基体之间明显存在一层黑色连续且致密的 Cr_2O_3 氧化膜，即 20%Cr 可以在 MA Cu-20Ag-20Cr 合金表面形成连续的 Cr_2O_3 膜。

参 考 文 献

[1] ASM International Alloy Phase Diagram and the Handbook Committees. Alloy Phase Diagram[M]. Ohio: ASM, 1992.

[2] Kofstad P. High Temperature Corrosion[M]. New York: Elsevier Applied Science, 1988.

[3] Cao Z Q, Li C W, Jia Z Q, et al. High temperature corrosion of nanocrystalline three-phase Cu-20Ag-20Cr bulk alloy[J]. Corrosion Science, 2016, 110: 167-172.

[4] 李昌蔚. 纳米晶块体 Cu-20Ag-20Cr 合金化学稳定性研究[D]. 沈阳: 沈阳师范大学, 2014.

[5] 黄胜涛. 固体 X 射线学[M]. 北京: 高等教育出版社,1985.

[6] Guinier S A. X-ray Diffraction[M]. Sun Francisco: Freeman, 1963.

[7] Martin G. Phase stability under irradition: Ballistic effects[J]. Physical Review B, 1984, 30(3): 1424-1436.

[8] 王兴勇. 新型分子开关的理论研究: 量子化学与分子动力学模拟相结合[D]. 南京: 南京大学, 2013.

[9] Niu Y, Gesmundo F, Viani F, et al. The air oxidation of two-phase Cu-Ag alloys at 650-750℃[J]. Oxidation of Metals, 1997, 47(1-2): 21-52.

[10] Niu Y, Gesmundo F, Viani F, et al. The air oxidation of two-phase Cu-Cr alloys at 700-900℃[J].

Oxidation of Metals, 1997, 48(5-6): 357-380.

[11] Song J X, Wu W T, Niu Y, et al. Oxidation of powder metallurgical Ag-Cr alloys in 1atm O_2 at 700-800℃[J]. High Temperature Materials and Processes, 2000, 19(2): 117-121.

[12] Niu Y, Song J X, Gesmundo F, et al. High-temperature oxidation of two-phase nanocrystalline Ag-Cr alloys in 1atm O_2[J]. Oxidation of Metals, 2001, 55(3-4): 291-305.

[13] 李远士. 几种金属材料的高温氧化、氯化腐蚀[D]. 大连: 大连理工大学, 2001.

[14] 徐祖耀. 金属材料热力学[M]. 北京: 科学出版社, 1983.

[15] Hart E W. On the role of dislocations in bulk diffusion[J]. Acta Materialia, 1957, 5(10): 597-601.